人間の本質にせまる科学

自然人類学の挑戦

井原泰雄＋梅﨑昌裕＋米田 穣
[編]

In Pursuit of Human Nature: An Introduction to Physical Anthropology

東京大学出版会

In Pursuit of Human Nature:
An Introduction to Physical Anthropology

Yasuo IHARA, Masahiro UMEZAKI and Minoru YONEDA, Editors

University of Tokyo Press, 2021
ISBN978-4-13-062228-8

はじめに――自然人類学を学ぶ意義と魅力

長谷川壽一

本書は，自然人類学に関する待望久しい本格的な総説・教科書である．

自然人類学と聞いて，その学問領域を正確に思い描ける方は多くないだろう．わが国で人類学と言えば，研究者数からみても授業開講数からみても，まずは文化人類学である．学会規模を例にとれば，会員数が2000人近い日本文化人類学会に対し，自然人類学者が集う日本人類学会はわずか約500人の小規模学会である．そもそも国立大学の学部レベルで包括的な自然人類学の専攻・コースを構えるのは東京大学と京都大学の二校にすぎない．それゆえ，自然人類学についての社会的発信はこれまで活発とは言い難く，書籍の出版もごくわずかだった．

このように学問規模としてはつつましいにもかかわらず，自然人類学の研究対象は悠久にして広大である．「人間とは何か」という根源的な問いに対して，時間軸で言えば，先史時代から現代，そして未来まで，空間軸で言えば，ゲノムレベルから一人の個人，地球生態系までといった大きなスケールで探究する科学は，知的興奮を刺激して止まない．実際，近年大ベストセラーとなったハラリの『サピエンス全史』にしてもダイアモンドの『銃・病原菌・鉄』にしても，自然人類学の研究成果や新発見がふんだんに紹介されている．

前置きが長くなったが，あらためて自然人類学とは，生物としてのヒトを学際的，総合的に研究する学問である．さらに言えば，人類の本質（他の生物との共通性と人類の独自性・特質）と人類の変異（集団差や個人差，その意義），さらに人類の由来（起源と進化）に迫る科学である（日本人類学会ホームページ）．

本書は，自然人類学を専門とするわが国の中堅・若手研究者がスクラムを組み，いわば一念発起して，自然人類学のカッティングエッジを世に広めようと目論んだ意欲的な一冊である．今世紀に入って一気に進展したゲノム人類学，猿人から新人まで化石人類の新発見が相次ぐ古人類学，世界中の人々の多様な生物適応の仕組みを解明する生理人類学，言語やヒトに固有な認知機能の進化について論じる新興の認知人類学，ヒトを含む分類群である霊長類学の近年の展開などなど，自然人類学各分野の最新の研究成果，方法論，学説や理論がぎっしりと網羅的に述べられている．ヨーロッパにおける人類学の勃興は人種をどうとらえるかという問題と切り離せないが，本書では伝統的な人種論・人種概念の誤謬についても明解に述べられている．

本書が生まれるきっかけとなったのは東京大学教養学部の 1，2 年生向けに開講されている自然人類学のオムニバス講義である．私自身も定年前にこの講義を担当し，霊長類の特長や行動，進化を概説した．文理を問わず誰もが受講できる教養科目ということもあり，予備的な専門知識がなくとも学生がこの分野を俯瞰できることを心がけた．本書の各章も初学者にとっての読みやすさを念頭に執筆されている．

重ねて個人的なことを回顧すると，私が霊長類学や進化生物学，人間行動進化学を専門にするきっかけとなったのが，大学 1 年生に受講した人類学の講義であった．1970 年代，自分探しに悩んで哲学書や文学書，ノンフィクションなどを手当たり次第読み漁った末に，もっとも腑に落ちたメッセージが，アンデス考古学を専門とする自然人類学者寺田和夫教授の「ヒトは一介の霊長類に過ぎない」の一言だった．あれこれと思い悩む以前に，自分が生物界の一員であると明示的に理解した瞬間，私とは（人間とは）何かをより客観的に探究できる学問があることを知り，以降，研究者への道を歩みだすことになった．当初は，ヒトと他の霊長類の共通性を探ることに興奮を覚えたが，やがて生物としてのヒトの独自性についても強く意識するようになり，今に至っている．

「我々はどこから来たのか，我々は何者か，我々はどこへ行くのか」は，フランスの画家ポール・ゴーギャンが晩年タヒチで描いた彼の代表作であり，書籍のタイトルや表紙にもしばしば使われる．ゴーギャンが発したこの普遍的な問いかけに，自然人類学は多くの答えを提供してきた．とりわけ，「どこから来たのか」については，自然人類学の独断場とさえ言える．ごく端的に言えば，人類はおよそ 6 百-8 百万年前，アフリカでチンパンジーとの共通祖先から分岐し，猿人，原人を経て，現代人（ホモ・サピエンス）は約 20 万年前にアフリカで生じ，6，7 万年前にユーラシアに進出し，ネアンデルタール人やデニソワ人と交配して世界中に分布域を拡げた．くわしくは本書各章に譲るが，「何者か」

についての自然科学的知見についても然りである．さて，「どこへ行くのか」についてはどうであろうか？　人類の未来予測は極めつきの難問である．自然科学だけではなく人文・社会科学の叡知を結集しなければ答えは得られないし，得られるかどうかもわからない．しかし自然人類学者はここでも，人口動態の予測，地球生態系への人為的影響の査定，ヒトのゲノム改変の可能性などなど，未来予測の基礎となる重要な判断材料を提供する．

このように自然人類学を学ぶ最大の意義は，科学的視点から人間存在を正しく理解し，大局的な観点から人間の行く末を考える視座を提供することにある．本書を通じて，多くの読者が，人間について，そして読者ご自身についての，過去・現在・未来を大きな座標軸の中で見つめ直すきっかけになることを願ってやまない．

参考文献

長谷川寿一・長谷川眞理子（2000）『進化と人間行動』東京大学出版会．
王暁田・蘇彦捷編，平石界・長谷川寿一・的場知之監訳（2018）『進化心理学を学びたいあなたへ――パイオニアからのメッセージ』東京大学出版会．

目次

I

人類進化の歩み

第1章　ヒト以外の霊長類の行動と社会
——ヒトを相対化する

中村美知夫

1.1　霊長類の暮らしを見る

行動や社会は化石には残らない．しかしながら，行動や社会もまた，進化の結果として現在の形になっている．そして，ヒト（*Homo sapiens*）は霊長類の一種（もっといえば類人猿の一種）であるので，類人猿をはじめとしたヒト以外の霊長類との比較から，ヒトの行動や社会がどのように進化したのかを考えることも必要であろう．

このような視点から，本章ではヒト以外の霊長類の行動と社会を扱う．飼育下でも数多くの興味深い研究がなされているが，ここでは基本的に野生下でのものに着目する．つまり，霊長類が本来棲息している環境の中で自然に生じる現象を中心に論じる．また，具体例な例としてはヒトに近縁な類人猿を中心に紹介する．

1.1.1　霊長類とは

霊長類は，ゾウのように長い鼻をもっていたり，コウモリのように上肢が翼になっていたりといったわかりやすい特殊化をしているわけではない．強いていえば，四肢いずれもが手のようになっていることが特徴らしい特徴である（かつて，ヒトを除く霊長類は「四手類（Quadrumana）」と呼ばれていた）．つまり，手足の親指が残りの4本の指と離れた拇指対向性を示し（図1.1），これによって枝などをつかむことができる．ヒトは，足の拇指対向性を失っているという点で例外的である．また，両目が顔面前方にあり，立体視できることも霊長類共通の特徴である．これらの特徴は，樹上生活への適応と考えられている．

霊長目[1]（サル目：Primates）に何種が含まれるかを正確にいうのは難しい．研究者によって何を種とするかが異なるし[2]，近年ではどんどん種数が増えているからだ．たとえば，1984年の霊長類図鑑では182種であったものが，1996年には234種，2005年には376種，2012年の本では406種になっている．2020年現在，国際自然保護連合のレッドリスト（https://www.iucnredlist.org/）で検索すると493種がヒットする．種数が増加している要因としては，新種の発見だけではなく，1種とされていたものが，複数の種に細分化されるということも大きい．たとえば，かつてそれぞれ1種であったゴリラとオランウータンは，近年の分類ではそれぞれ2種と3種とされている．

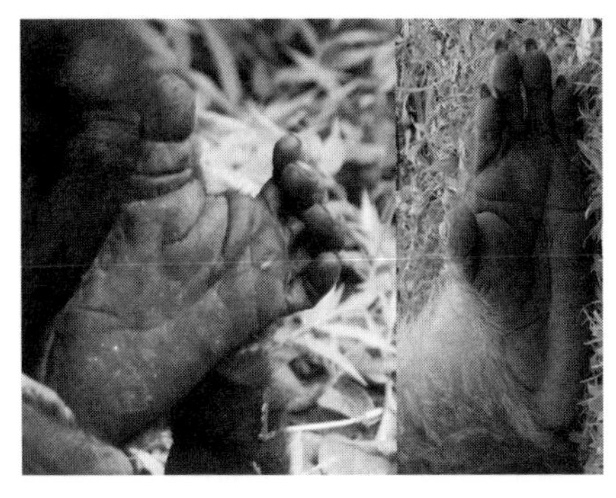

図1.1 チンパンジーの足（左）とニホンザルの足（右）．親指（拇指）が他の4本の指と離れており，ヒトの手と同じような拇指対向性を示す．

霊長目は大きく曲鼻亜目（Strepsirrhini）と直鼻亜目（Haplorhini）に分けられる（図1.2）．かつては原猿亜目と真猿亜目に二分されていたが，原猿の仲間であると考えられていたメガネザルが，系統的には真猿類に近いということで，メガネザルと真猿類をあわせて直鼻猿に分類されるようになったのである．真猿類は，私たちが普通に想像する「サル（monkey）」のことであり，さらに広鼻猿類と狭鼻猿類に分けられる．前者は中南米に，後者はアジアとアフリカに

1）目（もく）とは生物分類における基本的階級の1つである．基本的な生物分類階級は，大きなものからドメイン；界，門，綱，目，科，属，種となっており，それぞれの中間的な階級を設定する必要がある場合，上位のものには「上」を，下位のものには「亜」や「下」などを付す．たとえば，本章に出てくる「亜目」は目よりも下位の階級を，「上科」は科よりも上位の階級を表している．

2）種は生物分類の基本的な単位であるが，その定義は容易ではない．生殖的隔離（2つの生物集団が互いに交配ができないほど分化していること）が確立していることが種の定義に用いられることが多いが，必ずしもそれだけで一義的に種が決められるわけではない．たとえば，かつて連続していた棲息地が現在では分断されているために長い間交配がおこなわれていないような2つの生物集団（人為的に一緒にすれば交雑は可能）を別種扱いにするのか同種の別亜種扱いにするのかなどは研究者によって見解が分かれる．

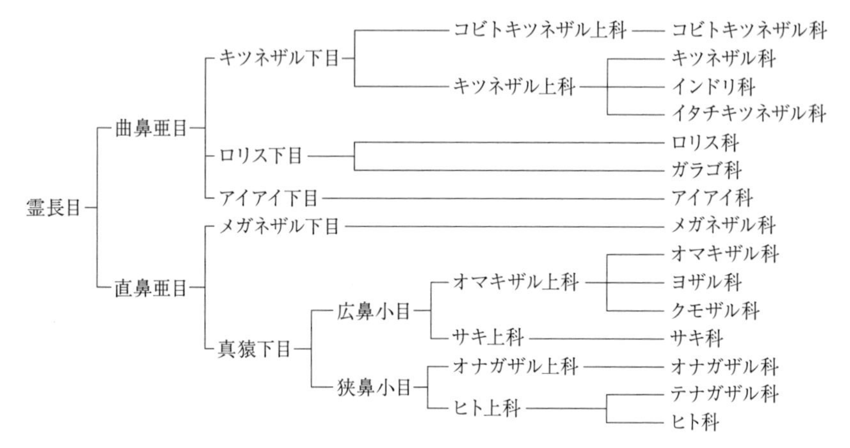

図 1.2 霊長目の系統樹

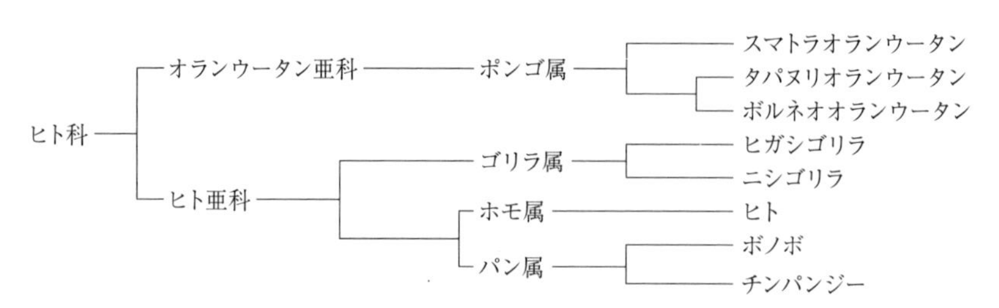

図 1.3 ヒト科の系統樹

棲む．狭鼻猿はさらにオナガザル上科とヒト上科とに区分される．前者には日本固有種であるニホンザルも含まれる．ヒト上科は，いわゆる「類人猿（ape）」の仲間で，比較的小型のテナガザル科と，大型類人猿およびヒトを含むヒト科（図 1.3）に区分されることが多い（ただし 2.1 節も参照のこと）．

1.1.2 霊長類の分布と生態

霊長類は熱帯から温帯にかけての森林を主な棲みかとしている．赤道近辺の熱帯森林では同所的に複数（場所によっては十数種）の霊長類が見られることもある．中には，乾燥地や寒冷な気候に適応した種もいる．乾燥地に適応した仲間としては，たとえばヒヒやパタスモンキーなどがおり，木がまばらなサバンナなどに棲むため，二次的に地上性が強くなっている．日本に棲むニホンザルは，積雪地帯にも棲息しており（図1.4），海外ではスノーモンキーという名で知られている．青森県下北半島がヒト以外の霊長類の分布の北限である．

図 1.4 長野県地獄谷のニホンザル．ニホンザルは霊長類の中でも寒冷地に適応しており，積雪地にも棲息している．

霊長類の祖先は樹上の昆虫食者として進化したと考えられている．現在でも夜行性曲鼻類の多くはこうした食性をもつ．一方，真猿類はほとんどが昼行性で，果実を主食とする雑食性である．葉，髄，樹皮，樹脂，花，種子などのさまざまな植物の部位を食べるほか，小型の脊椎動物や昆虫などを捕食するものもいる．葉食に適応した胃の構造をもつコロブス亜科の仲間（図1.5）や，大きな体を維持するために，草本を中心に食べるゴリラなど，草食の傾向が強い霊長類もいる．

霊長類の捕食者としては，中～大型の食肉目や大型の猛禽，爬虫類などが知られている．大型食肉目は，大型類人猿も捕食することがある．ヒトも例外ではなく，現在でもアフリカやインドなどでは肉食獣によるヒトの捕食が生じている．霊長類の進化にとって捕食圧は重要な要因であり，とくに昼行性霊長類が集団生活を送るのは，捕食者に対抗するためであると考えられている．集団で生活することで，捕食者を早く発見できるほか，捕食者にターゲットを絞らせにくくする「薄めの効果」があったり，集団防衛の効果があったりといったメリットが考えられている．一方で，集団生活をすると採食競合が大きくなるため，捕食者に対するメリットと採食に関するデメリットのバランスで集団サイズが決定されると考えられている．

動物の生態については食物と捕食者のみが取り上げられることが多いが，寄生者の存在も忘れてはならない．多くの霊長類は，回虫・条虫・線虫や蟯虫と

図1.5 アカコロブス．コロブスの仲間は葉食に適応した霊長類の仲間である．

いった内部寄生虫に感染し，その多くは複数の種で共通している．外部寄生虫もまた，霊長類社会の進化を考える上では重要で，多くの霊長類にとって重要な社会行動である毛づくろいは，外部寄生虫であるシラミを除去する行動であることが知られている（Tanaka and Takefushi 1993）．

1.2 霊長類の社会

ヒトの社会性を理解する上では，他の霊長類の社会の理解も欠かせない．初期の日本霊長類学を牽引した伊谷純一郎は，霊長類の社会構造の進化を体系的に議論している．伊谷の社会構造は，全体としての社会を念頭に置いたものであり，社会を下位の要素に分解できるとする欧米の霊長類学者たちが提示している社会概念とはやや異なる．

ピーター・カッペラーとカレル・ファンシャイックは，社会システムを，社会組織・繁殖システム・社会構造の3つに区分している（Kappeler and van Schaik 2002）（ここでの「社会構造」は伊谷の「社会構造」と同義ではない）．彼らのいう社会組織とは，社会集団の大きさ・性年齢構成・時空間的な凝集性などである．単独生活・ペア・単雄複雌群・複雄複雌群といった区分はこの社会組織に関するものである．繁殖システムは，実際にどのような雄と雌が交尾をして子を残すかということで，社会組織と密接に関連するが，区別して考えるべきである．たとえば，単独生活する霊長類でも，1頭の雄が複数の雌の行動圏をカバーしていて，繁殖に関しては一夫多妻となっている場合がある．社会構造は，社会的インタラクションのパターンと，その結果として生じる社会関係の累積のことである．たとえば，ある種では血縁雌同士の絆が強く，別の種では雄同士が強固な関係をつくるといったことを指す.

1.2.1 多様な霊長類社会

夜行性曲鼻類の多くは単独性で，交尾と子育ての間だけ同種他個体と関わる．営巣し，子を1回に複数生む種もいる点でもこれら曲鼻類の社会の特徴は昼行性真猿類とは異なる．曲鼻類の中でも比較的体の大きな昼行性のキツネザル類は母系の複雄複雌群をつくることが多い．ワオキツネザルのように，雌の方が体が大きく雄よりも優位な種もある．

広鼻猿のうち，クモザルなどは父系の複雄複雌群をつくる．小型のマーモセット類は，繁殖ペアと子供たちで集団をつくることが多く，双子が多いのも特徴的である．雄も子供の運搬などを手伝う．父親が子育てを手伝うという点で，ヒトの社会との共通点も着目されている．

ニホンザルなどのマカク属の仲間は，母系の複雄複雌群をつくる．母系の血縁（母娘・姉妹など）をもとにした雌同士の結びつきが強く，個体間で順位序列が明確なことが多い．ヒヒの仲間には，1頭の雄と複数の雌からなる「ワン・メイル・ユニット」が多数集まる重層社会をなすものも知られている．派手な顔で知られるマンドリルは，ヒト以外の霊長類で最大の集団をつくる．詳細がわかっていない部分も多いが，500-600頭の大集団が確認されている．

類人猿の仲間も，その種数の割には多様な社会をつくる．テナガザルは，多くの場合ペア型の集団をつくり，雄と雌が共同でなわばりを防衛する．オランウータンは，昼行性霊長類としては例外的に単独性が強い．典型的には，単独で動く複数の雌の遊動域を1頭のフランジ雄（顔ひだのある成熟雄）がカバーするといった形になるが，地域によっては複数の雌が小さな集団をつくることもある．ゴリラは，まとまりのよい単雄複雌群をつくる．ただし，マウンテンゴリラでは成熟した息子が群れに残り，父系的な複雄群となることもある．チンパンジーとボノボは父系の複雄複雌集団を形成する．類人猿の社会に共通しているのは，いずれも非母系であるという点である．母系社会は哺乳類の多くの種に見られるため，なぜヒト上科で母系が見られないのかについてはいまのところ明確な答えはない．

図1.6 座っている雄に手を伸ばす雌のチンパンジー．頻繁に離合集散を繰り返す種では出会いの際に特有の行動が見られることが多い．こうした行動は「挨拶」と呼ばれている．

1.2.2 離合集散性

離合集散とは，集団内のメンバーが集まったり離れたりを繰り返すことを指す．かつては，クモザルやチンパンジーなどが離合集散型の社会をつくるとされ，ニホンザルやゴリラの安定した群れ型の社会と対比されることが多かった．だが，このような二分法は必ずしも適当なものではないといわれるようになってきている．たとえば，基本的には安定した群れをつくるニホンザルでも，数日の間群れが2つに分かれてしまったり，1～数頭の個体が群れから離れてしまったりする現象が知られている．現在では，離合集散性は度合いの問題であり，離合集散性が低く遊動の際のメンバーシップが安定した社会から，離合集散性が高く遊動時のメンバーシップが大きく変わる社会まで連続的なものと捉えるべきであると考えられている（Aureli *et al.* 2008）．

離合集散性が高い社会をつくるチンパンジーの場合，単位集団のメンバー（50-200頭ほど）が，日常的には1～数十頭に分かれて遊動する．こうした一時的な小集団を「パーティ」または「サブグループ」と呼ぶ．採食の際は平均2-4頭くらいのパーティになることが多く，移動や休憩の際には十数頭くらいとなる．このため，離合集散性の度合いは，基本的には食物の分布と量に関係していると考えられている．

なお，季節によってはパーティ同士が数カ月も出会わないこともある．このように長期間の別離期間があっても，単位集団が崩壊してしまうことはない．長い別離の後でも，再会して同じパーティで一緒に遊動することができるのである．離合集散性の高い種では，こうした別離後の再会の際に，「挨拶」と呼ばれる行動が生じることも多い（図1.6）．

1.3 知性

以下では，かつてはヒトに特徴的であると考えられ，人類学的にも注目されることの多い諸特徴に着目していこう．

ヒトの生物としての特徴を問うと，多くの人が「知性」をその筆頭にあげる．そもそも，カール・フォン・リンネが付けたヒトの学名ホモ・サピエンス（*Homo sapiens*）とは「賢い人」という意味である．脳の大きさは，たしかにヒトが現生霊長類種の中で最大であるが，そもそも霊長類は体重が同じ程度の哺乳動物に比して大きな脳をもつ傾向がある．

霊長類の知性の進化に関わる仮説には，大きく分けると「生態仮説」と「社会仮説」がある．

生態仮説は，複雑な環境への対処が知性の進化にとって重要であったと考えるものである．環境の中から餌を探し出すといった際に高い知性が必要であったと考えるわけである．たとえば，行動圏の中のどこに，いつ，どんな食べ物があるのかを覚えておく「メンタルマップ」，地下や倒木の中などに隠れた食物や棘や殻などで防御された食物を利用する「取り出し採餌」などが生態仮説との関連で議論されることが多い．また，後述する道具使用もまた，生態仮説の一部として理解できる．

一方，社会仮説は，集団生活を送る中で同種の他個体と駆け引きをしたり協力したりするといった社会的問題への対処のために知性が進化したとする考え方である．多くの昼行性霊長類は集団をつくることから，社会的な環境が霊長類の知性の進化においてとくに重要な淘汰圧になったというわけである．狭鼻猿類において集団サイズと大脳新皮質の比率との間に正の相関が見られる（Dunbar 1992）ことからもこの仮説は支持されている．社会的知性仮説の中でも，とくに相手を騙したり出し抜いたりすることを強調するものは，権謀術数的な政治思想であるマキャベリズムとの関連で「マキャベリ的知性」と呼ばれる．

1.3.1 道具を使う知性

かつてはヒトのみに見られると考えられていた「知的」行動が他の霊長類で

も確認されるようになってきている．道具使用はそのような知的行動の代表格である．ただし，道具使用自体はけっして霊長類の専売特許ではない．動物の行動研究においては，道具とは，外界から切り離されて手や口などで操作可能な物体と定義される．この定義によって，道具使用は類似の機能を果たす「基盤使用」と区別される．つまり，操作可能な石を使ってナッツを割る場合は道具使用だが，岩盤にナッツを打ち付けて割る場合は基盤使用になる．種によっては，道具使用が稀でも基盤使用は多いものもある．

チンパンジーの道具使用（図 1. 7）は，おそらくヒト以外の動物の中でもっとも多様であり，もっともよく調べられている．重要なのは，道具使用自体はチンパンジーに普遍的だが，使われる道具は場所によって異なるということである．このことは，道具使用が固定的な行動ではなく，何らかの社会学習を通じて獲得されていることを示唆している．実際，道具使用の獲得には一定の時間がかかり，多くの場合 2–3 歳くらいで最初の道具使用に成功し，効率よく使えるようになるにはさらに数年ほどかかる．

ナッツ割りのように石の道具が使われる例もあるが，チンパンジーの道具の大部分は植物性のもの（棒・つる・葉など）である（図 1. 8）．この点は初期人類の道具使用についてもおそらく該当する．つまり，石器として考古学的な証拠が残っているよりもずっと前から，植物性の道具は使われていた，と考えるのが妥当であろう．

1. 3. 2　社会的知性

社会的知性を示す有名な例は，チンパンジーの「政治的」ともいえる駆け引きである．たとえば，西田利貞が報告したタンザニアのマハレの例では，第 1 位雄のカソンタと第 2 位のソボンゴが順位をめぐって争っている間，第 3 位のカメマンフは，カソンタに付いたりソボンゴに付いたりという日和見的な戦術を取った（Nishida 1983）．カメマンフがどちらに付くかによって，上位 2 個体間の形勢が逆転するため，カメマンフは実力では第 3 位であるにもかかわらず，第 1 位にも第 2 位にも一目置かれる存在となった．その間一時的にカメマンフの交尾頻度が高くなったことも確認されている．これとよく似た三者関係は，飼育下でも観察されている．

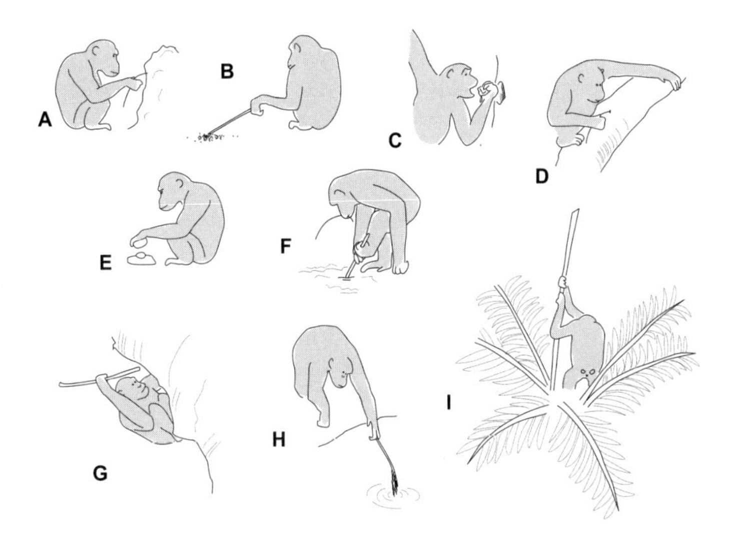

図1.7 チンパンジーの道具使用.
チンパンジーの道具使用は地域によって異なる．ここではさまざまな地域で観察されたものの一部を示している.
A：シロアリ釣り…シロアリ塚の開口部に細くて柔軟性のある釣り棒を挿入し，噛みついたシロアリを釣り上げる.
B：サファリアリ浸し釣り…地表部にいるサファリアリの集まりに長い棒の先を置き，棒に登ってきたアリを食べる.
C：葉のスポンジ…木のうろなどにたまった水に，まるめてスポンジ状にした葉を浸して水を飲む.
D：オオアリ釣り…樹の中に巣をつくるオオアリを釣り棒で釣り上げる.
E：ナッツ割り…堅い殻のあるナッツを台石の上に置いて，石のハンマーで割って中身を食べる.
F：道具セット…太い棒でシロアリの巣に穴を開け，その後口にくわえている釣り棒でシロアリを釣る．このように異なる複数の道具をセットで使う例も知られている.
G：ハチミツ採り…太い棒でハチの巣を崩してハチミツを採る.
H：水藻すくい…陸地から水の中の藻を長い棒を使ってすくい取る.
I：杵つき…アブラヤシの樹上の成長点の部分を棒でついて柔らかくし，手ですくって食べる.

この他にも，たとえば，マハレのントロギという第1位雄は，自分にとって脅威となる第2位の雄が他の雄と毛づくろいしていると突撃ディスプレイをして蹴散らす一方で，連合相手には肉分配において寛容であるなど，自分以外の個体間関係をも理解した上で，狡猾に振る舞っていたことが報告されている.

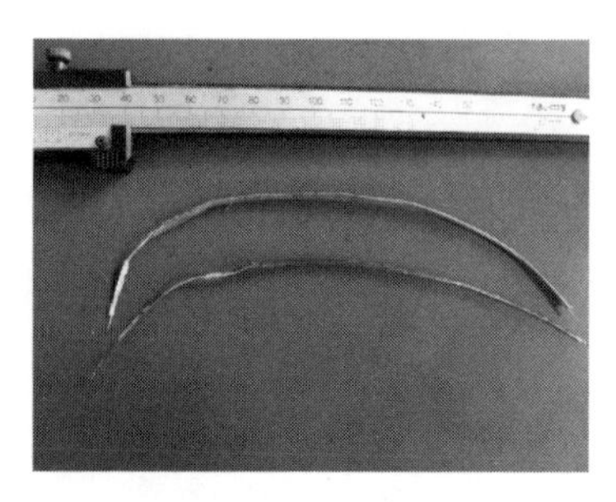

図1.8　チンパンジーがオオアリ釣りに使った道具．釣り棒には柔軟性があって丈夫な素材が使われる．この写真はつるの皮を割いたものである．

1.4　肉食と食物分配

人類進化のある段階において，肉食の重要性が増したと考えられる．これは，ヒトが他の類人猿に比べて明らかに高い割合で動物性食物を食べること，相対的に腸が短いこと（一般的に肉食動物は腸が短く，草食動物は腸が長い），そして大型化した脳が高質の栄養を必要とすることなどから支持される．

こうしたことから，かつて「狩猟仮説」が一世を風靡した．この仮説では，人類進化の過程で，家族・性的分業・直立二足歩行・食物の運搬・ホームベース・道具使用などのヒト的な特徴が，いずれも狩猟の開始とともに生じたとされていた．現在はこのような狩猟仮説は否定されている．直立二足歩行を始めた直後の猿人が，たとえば弓矢のような高度な武器を用いて体系的な狩猟をしていたとは考えにくいからである．

それでも肉食および狩猟が重要であるということは変わっておらず，それとの関係でチンパンジーの肉食が注目されることも多い．

1.4.1　チンパンジーの狩猟

チンパンジーは日常的に哺乳動物を捕らえて食べる（Hosaka, Nakamura and Takahata 2020）．その対象は自分自身よりも小型の動物である．霊長類学者はこうした捕食を「狩猟（hunting）」と呼ぶが，初期人類の「狩猟」が議論される場合には，こうした小動物の捕獲は考慮されないことも多い．狩猟獣の化石に残された痕跡などから明らかにできるのは，槍や弓矢などの道具を用いて大型獣を組織的に狩るようなものがほとんどだからある．

チンパンジーの狩猟の対象種は，アカコロブス（図1.5）というサルの仲間であることが多い．このほか，小型のレイヨウやイノシシの幼獣・げっ歯類・鳥類なども対象となる．サル以外の獲物の場合，機会的につかみ取りをすることが多いが，アカコロブスが対象の場合は，集団で狩猟をする．すなわち，多くのチンパンジーが包囲網をつくるかのようにコロブスの群れにさまざまな方向から近づき，一部の個体は木に登ってコロブスを枝先に追い，逃げそこなって地面に落ちるコロブスを別の個体が待ち伏せる．こうした状況は，一見すると勢子と待伏せ役との役割分担ができていて，「協力」をしているようにも見えるが，この点については議論が分かれている．節約的には，それぞれの個体がもっとも捕まえやすそうだと思う位置に自らを配置することで，結果的に包囲網ができ，役割分担できているように見えるといわれている．真に協力的な場合，協力の程度に見合った「分け前」があってしかるべきだが，そうなっていないことが多い．狩猟への貢献度というよりも，肉の保持者との社会関係によって（連合相手や仲の良い雌など）分配がなされることが多いのである．

1.4.2 屍肉食

初期の人類が大型獣狩猟をしていなかったと考える研究者たちが近年重要視しているのが屍肉食である．肉食獣などが殺した獲物の屍体を手に入れる形での肉食が先行していたとする仮説である．

チンパンジーも屍肉食をすることがあるが，その頻度は自ら獲物を捕まえるよりもはるかに低い（Nakamura *et al.* 2019）．これは森林で新鮮な動物の屍体に遭遇する頻度自体が低いからである．チンパンジーが動物の屍体と遭遇した場面を分析すると，屍体が狩猟対象になっている種（食べ慣れた種）のもので新しければ屍肉食をする割合は高い．また，同所的に棲息するヒョウ（チンパンジーの捕食者でもある）から獲物を手に入れることはないと考えられてきたが，チンパンジーが集団で駆けつけて実際にヒョウの獲物を手に入れて食べた事例も観察されている．

1.4.3 食物分配

チンパンジーの獲物は小型とはいえ 5-10 kg ほどあるので，一気に食べられるものではない．このため，肉食の際は，頻繁に分配が見られる（図 1.9）．

食物分配（または食物移動）もまた，人類進化を考える上で興味深い行動である．多くの霊長類が主食とする果実の場合，だいたいその場で口に入れて消費できるくらいのサイズであるし，周辺を探せば他にも手に入るため，そんなに

図 1.9　チンパンジーの肉分配．左側の雄が保持している獲物に右側の雌がかぶりついている．積極的に与えるというよりも，このように食べることを許容するというようなケースがほとんどである．

食物分配が生じる必然がない．もちろん，未成熟個体が母親から果実などの一部をもらって食べるような例（おそらく採食アイテムの学習に貢献している）はより多く見られる．

チンパンジーの肉分配は基本的に消極的な分配である．つまり，もらう側がベッギング（手のひらを上に向けて相手の口の付近に伸ばすなど）を示して初めて分配が起こることがほとんどである．このため，食物分配を「許容された盗み」と呼ぶ研究者もおり，基本的には肉を完全に防衛するよりも一部を分配したほうがコストが低いと考えられている．また，分配されるものは少量で比較的質の低いもの（たとえば肉をほとんど食べた後の骨）であることが多い．

それでも，肉はチンパンジーにとって価値の高い物であり，分配は社会的な用途にも用いられる．たとえば，第 1 位雄が地位を高めるために分配をしたり，毛づくろいやケンカでの支援，交尾といった「見返り」を期待しての分配をしたりといった戦術的な分配が知られている．

チンパンジーの肉分配では，保持者は高順位雄であることが多い．価値の高い肉を手に入れようと多くの個体が集まってくるため，非常に騒がしく攻撃的交渉も頻繁に生じる．

1.5　文化

文化は言語や知性と並びヒトのユニークさを特徴づけるものと考えられることが多い．とくに，遺伝的多様性の低いヒトの行動や社会がこれだけ多様であることは，文化の存在が大きいことを示している．

ヒト以外の霊長類にも文化がありうることは，1952 年に今西錦司が予言しており（今西は「カルチュア」といういい方をしている），その後ニホンザルの研究で実際にその存在が報告された．もっとも有名なものは，宮崎県幸島のニホンザル集団内に広まったイモ洗い（サツマイモに付いている泥を海水で落として食べる行動）である（Kawai 1965）．その後，各地のニホンザルの行動の比較がなされ，多様な行動が文化（もしくは前文化）として報告されたが（Itani and Nishimura 1973），この時点では国際的にはそれほどの認知を受けなかった．文化の存在はまだまだ人間だけのものとする考え方が強かったのかもしれない．

1.5.1 チンパンジーの文化

動物の文化が世界的に認められるようになった発端はチンパンジーの文化に関する研究である（Whiten *et al.* 1999）．この論文は大きなインパクトを与え，その後多くの研究者がチンパンジーの文化に関する研究を展開した．また，オランウータン・オマキザル・ボノボ・鯨類などでも行動の地域間比較がなされ，文化の存在が報告されている．

チンパンジーの文化研究が開花したとはいえ，その中身は物質文化が中心であった．これは1つには，チンパンジーに多様な道具使用が見られ，地域間での比較が進んだためである．上述のように，道具使用は知性の進化とも関係して興味深いトピックである上，道具自体や使用の痕跡が残るため，直接観察ができないような調査地でも研究が可能である（たとえばSuzuki, Kuroda and Nishihara 1995）ことも，理由の1つであろう．また，飼育下で新たな道具使用を導入して，その伝播や学習過程を詳細に研究できる（たとえばWhiten, Horner and de Waal 2005）というメリットもある．

1.5.2 社会的慣習

一方で，文化は物質文化だけではない．たとえば，挨拶の際にハグをするか会釈をするかといった違いも文化的なものだと考えうる．じつは，ヒト以外の霊長類では，こういった視点での研究はまだそれほど詳細にはなされていない．

社会的慣習の代表的な例はチンパンジーの対角毛づくろい（McGrew and Tutin 1978）である（図1.10）．2頭が対面して座り，互いの対応する手を宙に上げて組んで，相手の脇の下を毛づくろいするというものである．この行動はいくつかの集団で見られ，他の集団からは報告がない．また，飼育下でもこの行動が生じた例が知られている．

この他，毛づくろいの際に相手の背中などを「掻く」という単純な行動（ソーシャル・スクラッチ）が限られた集団でしか見られなかったり（Nakamura *et al.* 2000），毛づくろいの際に発せられる音（唇をブーブー鳴らしたり，パクパクいわせたりする）が集団によって違ったり（Nishida, Mitani and Watts 2004），といった現象が知られている．

図 1. 10　マハレのチンパンジーの対角毛づくろい．マハレのチンパンジーはこのように独特の姿勢で互いに毛づくろいをする．この行動はマハレでは頻繁に見られるが，150 km ほど離れたゴンベでは見られない．このため社会的慣習の例であると考えられている．

求愛ディスプレイもまた集団間で異なる．たとえば，マハレでは求愛の際に葉を唇でちぎる「リーフ・クリッピング」がなされるが，ボッソウでは同じコンテクストで「かかと叩き」がおこなわれる（Nakamura and Nishida 2006）．いずれの場合でも，微細な音（葉が破れる音やかかとが枝などに当たる音）が出て，その音で相手の注目を引き付けるのだと考えられる．類似の機能を果たすものとして，マハレの「灌木曲げ」やタイの「拳たたき」などがある．

こうした社会的慣習の興味深い点は，集団間で違いがあることに積極的な意味を見いだしにくいという点である．たとえば，「リーフ・クリッピング」か「かかと叩き」かに何か大きな機能的な違いがあるとは考えにくい．適応的な説明が難しいためか，生物学においてはあまり注目を浴びていないが，ヒトの社会的慣習についても同様の「意味がわからない」違いが存在することを考えると，人類学的には興味深い現象であるといえるだろう．

1. 5. 3　動物の文化をめぐる論争

ヒト以外の動物の研究者による「文化（culture）」の定義は「（少なくとも部分

的には）社会学習によって集団内に共有された行動変異」といえるが，ほぼこれと同じものを「伝統（tradition）」と呼んで，文化とは区別する研究者もいる．その理由として，高次の社会学習である模倣や教育で伝達されるもののみを文化とすべきであることや，文化には累積的に複雑さが増大するラチェット効果があることなどがあげられている．

文化（もしくは伝統）になんらかの社会学習が必須であるとする点ではほとんどの論者が一致している．そして，そうした社会学習についての研究はほとんどが飼育下でおこなわれている（たとえば Whiten, Horner and de Waal 2005）．これは，学習に影響しうるさまざまな要因を，コントロールしやすいからである．社会学習の存在を厳密に証明するためには，社会的影響を排除した学習との比較が必須だが，野生下で群れで暮らす動物ではそもそもそういった状況が考えにくい．

野生下で文化の存在を示すために用いられることが多いのは，「民族誌的方法」といわれるものである（「排除法」とも呼ばれる）．この方法では，まず同種の行動を複数の地域間で比較して，地域変異を把握する．もちろん，すべての変異が文化的なものではないため，遺伝的説明や環境による説明が排除されるときに文化的な違いであるとされる．この方法論についてはいくつかの批判がなされている．たとえば，未知の遺伝的・環境的要因が違いを生み出している可能性はつねに排除できない．なので，実際には文化でないものを文化であるとしている可能性がある．逆に遺伝・環境と文化がそれぞれ排他的だと考えることで，実際に文化的な変異を文化ではないとして切り捨てる恐れもある．

このように，霊長類（動物）の文化については，いまだに論争が続いている状況であるといえよう．

1.6　殺し

ヒトの行動や社会の特徴を理解する上では，知性や文化といった「良い」側面に注目するだけでは不十分である．ヒトの行動のうち，もっとも暗い側面は，ヒトはヒトを殺すことがあるという事実である．知識や技術がいくら発展しても，殺人はけっしてなくならないし，集団間の殺し合いである戦争やテロもこれまでの私たちの歴史の中で繰り返し生じている.

1960年代頃までは，こうした同種殺しもまたヒトに特有のものだと考えられていた. ヒト以外の動物にも種内攻撃はあるものの，通常は相手を殺すまでには至らないと考えられていたのである. こうした考え方が大幅に変わることになったきっかけもまた霊長類の野外研究であった.

1.6.1 子殺し

霊長類の子殺しは，1962年に杉山幸丸によって発見された. 杉山はインドのダルワールでハヌマンラングールの子殺しを観察し，世界で最初の報告をおこなった. だが，当時それは病的な異常行動として片付けられ，正当な評価を受けなかったそうである. その後，社会生物学が主流となり，子殺しは雄の繁殖戦略として有効であると認められるようになっていく.

ハヌマンラングールは，単雄複雌群を形成する. 群れ外雄による乗っ取りが生じることがあり，その際に新しい雄が前の雄の子供たちを次々と殺害するのだ. 子供を殺された雌たちは発情を再開して新しい雄と交尾をする. ふつう哺乳類の雌は授乳している間は発情しないが，乳飲み子を失うと発情を再開する. だから，新しい雄は子殺しによって前の雄の子が離乳するまで待たずに自分の子を残せることになる. つまり，こうした子殺しは，種もしくは集団の利益のためとしてではなく，個々の雄が自分の遺伝子を最大限に残す戦略として考えれば，理解可能なのだ.

その後，子殺しは霊長類を含む多くの哺乳類種に見られることが確認されるようになる. 現在では，哺乳類の約40%の種で子殺しがあるといわれている (Gómez *et al.* 2016).

1.6.2 チンパンジーの同種殺し

チンパンジーもまた，子殺しを行うことがある (Arcadi and Wrangham 1999). チンパンジーでは，殺した乳児を食べるカニバリズムがともなうことが多い. ハヌマンラングールと同様に雄の繁殖戦略と考えられることも多いが，集団内の乳児 (チンパンジーは乱婚であるため自身の子である可能性がある) を殺すケースや，雌が殺すケースもあるため，単純にそうした解釈が当てはまらない場合も多い．このため，競合者を減らすためとか，栄養（肉）のために殺すとかいった説もあげられているが，決定的なものはない．

子殺しだけではなく，チンパンジーは成熟個体を殺すこともある（Wilson *et al.* 2014）．多くの場合，複数個体が1頭を攻撃するという形をとり，数的優位性がある状態で殺害がなされる．成熟個体の殺しも，集団間のものが多いが，集団内でも生じうる．こうした複数個体による「連合での殺し（coalitionary killing）」をヒトの戦争の起源と関連付けて論じる研究者もいるが（たとえばWrangham 1999），チンパンジーの連合的殺しの場合はあくまでも多対一の攻撃であって，戦争に見られるような集団対集団の組織的な殺し合いではない点には注意が必要である．

1.7 ヒトを相対化する

形態や生理，遺伝子など，万人が認める生物学的特徴については，ヒトでも他の生物とまったく同様の手法で調べることが可能である．同様の手法が用いられるがゆえに直接的な比較ができる．一方，行動や社会については，しばしば人間[3]の特殊性が強調される．このことは，人間の行動や社会に関する研究が通常は文系の分野でなされ，場合によっては生物学とは無関係であるとすら考えられてきたこととも関連が深い．古くは霊魂や理性，最近では言語や象徴能力など，人間だけがもち，他の動物とは明確に分断されるようなメルクマールが強調され続けてきた．そうした特徴のゆえに，「人間」は生物学的な「ヒト」以上の存在である，というわけである．

しかしながら，ヒトの行動や社会を他の霊長類や動物と比較し，可能な限り相対化することで人間を知ることに繋げるといった営為も必要なものであろう．霊長類の研究は，一昔前まで人間に特有であると思われてきた数々の行動上の特徴が，程度の違いはあれ，他の霊長類にも見られることを明らかにしてきた．そして彼らが他個体と織りなすやりとりは，「社会的」という語を用いずに記述することすら困難である．

3）ここでは，単なる生物種としてのヒト以上の存在であるといった含意をもつものとして「人間」という語を用いている．

行動や社会が生物学と無縁のものと考えることはもはや不合理である．他の生物とヒトを比較することは，けっしてヒトを物質に還元して考えることでもないし，決定論的に考えることでもない．人間の研究者がそのように生物を捉えているとすれば，その責任の一端は生物学者の側にもある．ヒトが機械ではないのと同様，他の生物も機械ではない．もちろん，細胞内の物質のレベルや遺伝子のレベルでのメカニズムの中には決定論的なプロセスもあるだろう．しかし，個体の行動や個体間の相互作用が織りなす社会といったレベルになると，もはや決定論的なプロセスでは記述しきれないような現象が日常的に生じているということも忘れてはならない．そのような形で，ヒトの行動や社会もまた，他の生物たちとの比較の中で相対的なものとして捉えることこそが，本当の意味での人間性の理解に繋がるのだと私は考えている．

さらに勉強したい読者へ

伊谷純一郎（1987）『霊長類社会の進化』平凡社．
黒田末寿（1999）『人類進化再考——社会生成の考古学』以文社．
中村美知夫（2009）「霊長類の文化」『霊長類研究』24，229-240．
中村美知夫（2009）『チンパンジー——ことばのない彼らが語ること』中公新書．
中村美知夫（2015）『「サル学」の系譜——人とチンパンジーの 50 年』中公叢書．
西田利貞（1981）『野生チンパンジー観察記』中公新書．
西田利貞（1999）『人間性はどこから来たか——サル学からのアプローチ』京都大学学術出版会．
マックグルー，W・C（1996）『文化の起源をさぐる——チンパンジーの物質文化』（西田利貞監訳）中山書店．
山極寿一（2008）『人類進化論——霊長類学からの展開』裳華房．

コラム　霊長類の子育て

齋藤慈子

霊長類の子育ての特徴を見ていくために，まず霊長類の生活史について簡単に説明する．霊長類は同じ体サイズの哺乳類に比べ，生活史がゆっくりである．すなわち，成長速度が遅く，子供期，性成熟に達するまでの期間が長く，成長してからの繁殖速度が遅い，妊娠期間が長い，寿命が長い，という特徴がある．霊長類は哺乳類に含まれるため，授乳という世話・子育て行動が必須であるが，一度の出産でほとんどの場合1子を産み，長い期間をかけて子育てする．霊長類の子は，生後はゆっくり時間をかけて成長するが，出生直後からある程度運動能力が発達している（自らの力のみで母親にしがみつくことができる）ため，概して早成性（離巣性）といえる．

霊長類は，上述のような長い子供期の間に，社会の中で生きる術を学んでいる．霊長類の社会構造は，単独性から100頭を超える群れ，群れの中でも単雄単雌，単雄複雌，複雄複雌とさまざまであるが，多くの種，とくに真猿類は，個体が相互に認識し合うだけでなく，他者間の関係も認識して社会交渉を行うような群れを形成する（第1章参照）．社会構造だけでなく，配偶システムも一夫一妻から一夫多妻，乱婚まで多様であるが，そのような社会の中で，霊長類の子供は他者とのかかわり方を学んでいるようである．

多くの種では，子育ては社会の中で行われることになるが，直接的な世話を担うのは，母親であることが多い．生後しばらくの間，子供は文字通り四六時中母親と密着しており，雌による育児放棄はほとんどないといわれる．一方，雌が乱婚的に配偶する種が多く，父性の不確実性が高いため，父親による子育ては進化しにくい．実際，父親が子に直接的な世話をする種は少ないが，群れ外雄による子殺しや捕食者からの保護が，父親による間接的な子の世話として，さまざまな種で報告されている．

しかし，社会性が多様であるように，子育ても多様な例が見られる．小型の新世界ザル，マーモセットやタマリンの仲間では，子の出生直後から子を背負うなどの父親による積極的な子育て行動が見られる．コロブスの仲間では，ほかの旧世界ザルではあまり見られない，母親以外の雌による世話行動がよく見られる．チンパンジーでは，雄を含む世話好きな個体が血縁関係のない子の世話をする例も報告されている．ゴリラは主に一夫多妻制で，基本的に群れ内の子供はすべて一頭の雄の子であり，父親が離乳後の子の世話をすることが知られている．一夫一妻でペアとその子からなる群れをつくるテナガザルは，子の父性は確実であるが，父親が子を抱くということはないようである．

ヒトの子育ても，哺乳類であり霊長類であるということから，母親からの授乳が必須である点，子供期が長く，長期間の世話が必要である点は他の霊長類と共通しているが，特異な点もある．ヒトの場合，二足歩行により骨盤が変形したことと，脳が他の霊長類に比べてさらに大型化したために，未熟な状態で子供が生まれてくるようになった（生理的早産，二次的就巣性）．さらに，長寿化や脳の大型化にともない子供期はますます長くなった一方で，授乳期間は短くなり，出産間隔は短くなっている．また離乳後も食を大人に依存する．つまり，ヒトは未熟で労力的にも時間的にも非常に手のかかる子供を，同時に複数育てるような子育てをする．ほかの霊長類が，上の子が離乳しほぼ世話が必要なくなった後に，次の子を産むのとは大違いである．

このようなヒトの子育ては，母親単独で行うことが難しいのはいうまでもない．事実ヒトは，共同繁殖をする種といわれ，母親だけでなく父親や祖父母，その他の血縁者や非血縁者による子の世話が広く見られる．自身の繁殖を停止した後も生存する動物は非常にまれであるが，そのような存在であるヒトの「おばあさん」は，自身の娘や血縁者の子育てを手伝うことで，包括適応度を上昇させることができるため存在するのだという「おばあさん仮説」も提唱されている．おばあさんの存在は，ヒトの子育てが共同繁殖であることの象徴ともいえる．さらに現代では，保育所や学校などの機能を考えると，血縁者やコミュニティの枠を超えた社会の中で，子育てが行われているといえる．

参考図書

長谷川眞理子監修，齋藤慈子，平石界，久世濃子編著（2019）『正解は一つじゃない　子育てする動物たち』東京大学出版会．

第2章　猿人とはどんな人類だったのか？

――最古の人類

河野礼子

2.1　猿人とは？

猿人とはなにか．まずはその定義をはっきりさせておこう．霊長類の中で人類の身体的な独自性を3点に集約するとするならば，直立二足歩行に適した全身，拡大した脳，縮小した犬歯，となる．この章で扱う猿人とは，簡単にいってしまえば，このうち脳が拡大していない人類，である．また違ったいい方をするならば，私たち現代人も含まれる「ホモ属」とは別の属に分類される人類のことをすべてまとめて猿人と呼ぶ，ということである．なぜなら「ホモ属」とは脳が大きくなりはじめて以降の人類，であるからだ．

なお，われわれ現代人は分類学的には霊長目真猿下目ヒト上科ヒト科の，ホモ属サピエンス種（*Homo sapiens*）という位置づけとなる．生物の分類は階層状に，より大きなまとまりから単一の種類を表す「種」のレベルまで，各段階での所属先を分けていくシステムだ（第1章参照）．霊長目はすべての霊長類を，真猿下目はニホンザルやリスザルなどのサルらしいサルを含み，ヒト上科（Hominoidea）には現生および絶滅したヒトと類人猿がすべて含まれる（1.1節参照）．

ヒト科（hominidae）の定義は少々ややこしい．従来はチンパンジーとの共通祖先から分岐して以後のヒトの系統に属するすべてをヒト科としてきたが，DNAの研究の進展などによってヒトとチンパンジーの違いはごくわずかであることが示されるようになり，科レベルでは分けられないのではないかという議論がなされるようになった．結果として現在は，ヒト科にはチンパンジーとゴリラまで含める立場がどちらかといえば優勢であり，その立場に立つ場合は従来のヒト科のメンバーをひとつ下の分類階級のヒト族（hominini）として扱う．ただしオランウータンまでヒト科に含める意見や，従来的な定義の方が適切であるとの立場もあり，すっきりと誰もが認める状況にはなっていない．

なお，「猿人」というまとまりは正式な分類群（分類学的まとまり）ではない．もともと英語の「ape man」に対応した訳語として「猿人」という用語になったのであるが，英語圏では現時点ではこの「猿人」に対応した用語は正式には使われていない．つまり日本独自の用語用法である．これは，新たな属名や種名がさまざまに提唱されたり，既存の分類群の定義について研究者間で見解が異なる場合などもある状況で，ある進化段階を表す名称は実用的であり便利であるため，慣例的に用いられ続けている，との事情によるものである．ついでに同じ理由で，ホモ属の人類についても，段階を表す用語として「原人」「旧人」「新人」という表現が慣例的に用いられている．

この章では，猿人を大きく3つのグループに分けて説明する（図2.1）．ひとつは「初期の猿人」グループで，1990年代以降になって化石が発見されるようになった400万年前以前の古い時期の人類化石を指す．いい方を変えると，アウストラロピテクス属に含まれない，より早い時期の人類をこのように呼ぶということである．2つめのグループは，次に説明する狭義のアウストラロピテクス属である．3つめは，猿人独自の特徴である咀嚼器官の発達がとりわけ顕著な3種を，頑丈型の猿人としてまとめる．頑丈型の猿人は，属レベルでアウストラロピテクス属とは別のパラントロプス属として扱われることもある．この場合にアウストラロピテクス属に残る種を，2つめのグループとするということである．なお狭義のアウストラロピテクス属は，頑丈型（robust type）に対して「華奢型（gracile type）」の猿人と呼ばれたこともあったが，われわれ現代人と比べれば猿人全体で咀嚼器官が発達しているので，華奢とはいえない．現在は，頑丈型に対して「非頑丈型」という用語が使われることがある．

2.2 初期の猿人

これまでに種名がつけられている猿人各種について，表にまとめた（表2.1）．このうち，上から4つ目までが「初期の猿人」である．サヘラントロプス・チ

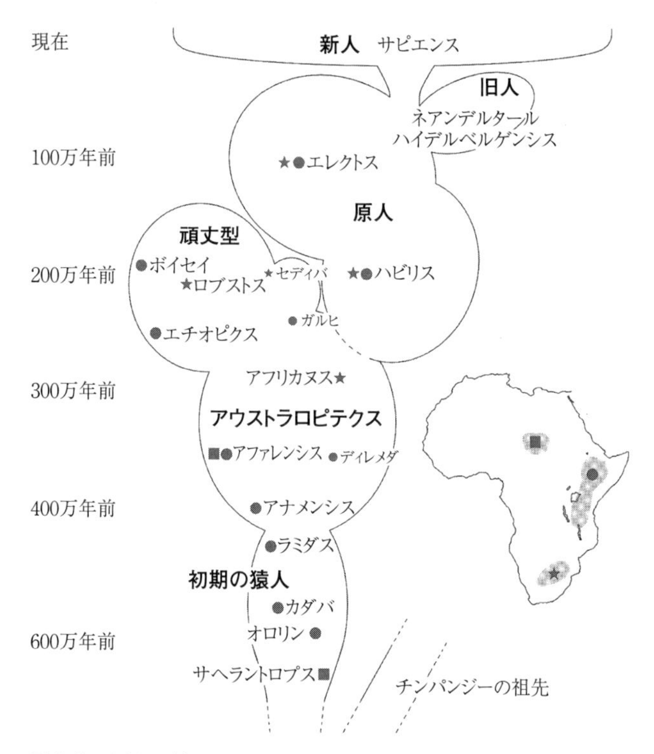

図 2.1 人類の系統図.
この章に登場する猿人のおおよその位置づけを雲状の系統図として示した. 右側の地図に猿人化石のおもな産出地域を示し, 各猿人についてはどの地域から化石が見つかるかをマークで示している. ホモ属の人類については主要な種のみ示すにとどめたので, 詳細については第3章を参照されたい. ホモ・ハビリスとホモ・エレクトスについてはアフリカでの産出地を猿人と同様に示した.

ャデンシスは, 現時点で知られる人類化石のうちで, もっとも古い年代が提示されている. 中央アフリカ・チャドの砂漠地帯で, フランスとチャドの共同チームが長年の調査の末に発見した, トゥーマイと呼ばれる頭骨化石がタイプ標本である. 化石の見つかるエリアには, 放射性年代測定法の適用が可能な火山性堆積物が存在しないため, 年代の値は他地域との化石動物層の対比による推定である. このため, 700 万-600 万年前という幅のある値となっている. 頭骨の下面には脳から体へ神経をつなぐ脊髄の出入口である大後頭孔という直径

表 2.1 本章に登場する猿人一覧

グループ*	種名	発見または報告年（年）	年代（万年前）	場所**	国***
初期	*Sahelanthropus tchadensis*	2002	700-600	中央	
初期	*Orrorin tugenensis*	2001	600	東	K
初期	*Ardipithecus kadabba*	2001	580-520	東	E
初期	*Ardipithecus ramidus*	1994	450-430	東	E
	Australopithecus anamensis	1995	420-380	東	EK
	Au. afarensis	1970 年代	370-300	東，中央	EKT
	Au. deyiremeda	2015	350-330	東	E
	Au. africanus	1924	280-230	南	
頑丈	*Au.* (*Paranthropus*) *aethiopicus*	1985	270-230	東	EK
	Au. garhi	1999	250	東	E
頑丈	*Au.* (*Paranthropus*) *boisei*	1959	200-140	東	EKT
	Au. sediba	2010	195	南	
頑丈	*Au.* (*Paranthropus*) *robustus*	1930 年代	180-150	南	

*本章での 3 つの猿人グループのうち「初期の猿人」と「頑丈型の猿人」に相当するものを示した.
**化石の見つかる地域を中央アフリカ・東アフリカ・南アフリカに大別して略記した.
***東アフリカの化石について主な化石産地の現在の国名を略記した. E：エチオピア，K：ケニア，T：タンザニア.

3-4 cm の穴があるが，発見者のミシェル・ブルネらによれば，トゥーマイの頭骨は，この大後頭孔が下方を向いており，サヘラントロプスが直立二足歩行をしていたことを示す，という（Brunet *et al.* 2002）（9.5 節参照）．ただしこれには異論もないわけではない．

東アフリカでは現時点で年代的に最古の人類化石は，ケニアのトゥゲン丘陵で発見された，オロリン・トゥゲネンシスのものである（Senut *et al.* 2001）．こちらは放射性年代測定法によっておよそ 600 万年前までさかのぼる化石であるとされる．オロリンの化石としては，大腿骨近位半や上腕骨遠位半などの四肢骨片と，下顎骨片，遊離歯などが報告されている．とくに大腿骨近位半は 3 標本あり，大腿骨頸断面の緻密骨分布パターンが類人猿よりも人類に近いことなどから，オロリンも直立二足歩行者であったということである（9.5 節参照）．

1990 年代に 400 万年前より古い時期にさかのぼる人類化石として最初に発見されたのは，アルディピテクス・ラミダスであった（White, Suwa and Asfaw, 1994）．発表当初はアウストラロピテクスの一種として報告されたが，翌年，アウストラロピテクス段階とは明瞭に異なる進化段階にあるとして，別属のアルディピテクスが提唱された．最初の報告が出版された1994年，エチオピア・アラミス現地では全身骨格標本が発見された．その後じっくりと時間をかけてこの全身骨格を含む追加標本の分析が行われ，2009年にその成果が論文集として *Science* 誌に発表され，アウストラロピテクス段階以前の人類祖先像があざやかに提示された（White *et al.* 2009）．この研究においてはラミダスの第1号化石の発見者でもある諏訪元が中心的な役割を果たし，筆者も一部参加した（Suwa *et al.* 2009 ほか）．

研究結果をかいつまんで紹介すると，アルディピテクス・ラミダスは，腰や足部の骨の形状から地上では直立二足歩行していたと考えられるが，のちの人類とは異なり足の拇指対向性を残していたため，樹上ニッチも完全に放棄していなかったようだ（9. 5節参照）．歯や顎は特殊化しておらず，果実やそのほかさまざまな食料を利用するジェネラリストであったと推測される．犬歯の大きさに関しては，発見されている20個体分以上がすべて雌のチンパンジー程度で，雄相当の大きなものが発見されないため，確率論的に雌雄の差はほぼなくなってどちらも雌の類人猿程度まで小さくなっていた，と結論されている．つまり直立二足歩行への移行と犬歯の小型化がすでに始まっている人類であるということが示されたのだ．

アルディピテクスにはラミダスよりも古い年代の別種としてカダバも報告されている（Haile-Selassie 2001）．ラミダスに比べると資料も少なめであるが，より大きな犬歯など，ラミダスの前段階である特徴が認められる．

これらの初期の猿人各種については，発見されたのが比較的最近であるということもあって，相互比較研究などはまだそれほど進んでいない．そのため，3つの属が実際に別属として成り立つのかどうか，といった観点の検討はこれから行われていくのであろう．属レベルではみな同じでよいという結論になる可能性もありそうだが，その場合は先に命名された属名に先取権があるため，すべてアルディピテクスに含められることになる．

2.3 東アフリカの狭義のアウストラロピテクス属

アウストラロピテクス属の最古の種として知られるのは，アウストラロピテクス・アナメンシスである．アナメンシスもアルディピテクスなどと同様に1990年代になってから定義された化石種であるが，大きな臼歯列などアウストラロピテクス属の特徴を示すことから，属レベルでこれと分ける必要はなく，おそらくアファレンシスの祖先筋にあたる種であろうと判断された（Leakey *et al.* 1995）．最近になって，エチオピアのウォランソ・ミレで発見された約380万年前の頭骨について，犬歯の形態などに基づいて，アナメンシスのものであると報告された（Haile-Selassie *et al.* 2019）．この頭骨には脳頭蓋が前後に長細いというサヘラントロプス似の原始的な特徴と，頬の骨が前方へ向くという頑丈型猿人にも似た派生的な特徴とが混在するとされ，非常に興味深い．年代的にもアファレンシスと共存していた可能性もあるということで，猿人進化に関する理解がこれから一段と進む（あるいは混迷する）だろう．

アウストラロピテクス・アファレンシスは，猿人を代表する種の１つである．現在のエチオピア，ケニア，タンザニアにまたがる広い領域から化石が出土しており，資料数も多いことから，猿人像についての知見のかなりの部分がアファレンシス化石の研究から明らかになったものといえる（Johanson, White and Coppens 1978）．「ルーシー」の愛称で有名な部分骨格標本（A.L.288-1標本）や，一地点からまとまって発見されたために「最初の家族」と呼ばれる化石群など，アファレンシス化石の90％近くはエチオピアのハダールから得られているが（Kimble 2007），模式標本に指定されたのはタンザニアのラエトリ出土の下顎骨である．ラエトリからは猿人が直立二足歩行者であることを決定づける足跡の化石も発見されている．なおチャドで発見され，アウストラロピテクス・バールエルガザリという新種として報告された下顎骨標本（Brunet *et al.* 1996）も，形態的にはアファレンシスの変異の範疇に収まると見られている．また，ケニアで発見され，アウストラロピテクスとは別属のケニアントロプス・プラティオプスと命名された化石（Leakey *et al.* 2001）についても，中心的標本である頭骨の保存状態が悪いため，同時代のアファレンシスとの違いが確定的とはいえないようである．

2015年に新種記載されたのが，アウストラロピテクス・デイレメダである．記載の対象となったのはエチオピアのウォランソ・ミレで発見された上下の顎骨数点である．アファレンシスとは年代も重なり，地域的にも近いが，臼歯列が小さめであることや顎骨の形態などに基づいて新種と判断された（Haile-Selassie *et al.* 2015）．これらの化石が発見されたウォランソ・ミレのブルテレ地点では，それ以前に猿人の足部の化石が発見されており，拇指対向性が見られることから，アファレンシスと同時代にアルディピテクスのような形態をもつ別種の存在が示唆されていた（Haile-Selassie *et al.* 2012）．ウォランソ・ミレの歯や顎がアファレンシスとは種レベルで異なるといえるかどうかは難しいところだが，デイレメダはその足部化石が示唆する別種として報告された，というのが実際のところであろうと推察される．ただし，論文中では顎の標本と足の標本との対応関係は確認できていない，と慎重に記述されている（Haile-Selassie *et al.* 2015）．

2.4 アウストラロピテクス・アフリカヌス

ここまで登場した猿人はいずれも東アフリカ（と中央アフリカ）で発見されたものであったが，もうひとつの人類化石産地である南アフリカからも，アウストラロピテクス・アフリカヌスなどが発見されている（図2.2（左））．研究史的にも，はじめて見つかった猿人化石はアフリカヌスのもので，南アフリカ共和国・タウングの石灰岩採石場から猿人の子供の頭骨が掘り出されたのは1924年のことであった．翌年にはレイモンド・ダートによってこの化石がヒトと類人猿の中間的な特徴を示す人類祖先の化石であると科学誌*Nature*に報告されたが（Dart 1925），折悪く学界の関心はイギリスで発見されたピルトダウンの頭骨化石に集中しており，ダートの主張はまともに受け止められず，単なる類人猿の化石だろうと一蹴されてしまった．後に完全な捏造と判明したピルトダウン人は，現代的な脳と類人猿的な咀嚼器をもつ人類祖先がヨーロッパで進化した，という当時の人類進化観にぴったりと当てはまっていたため，これと反対に脳は小さいが咀嚼器がヒト的な人類祖先がアフリカで発見された，というのはなかなか受け入れがたかったのであろう．ダートに賛同したロバート・ブ

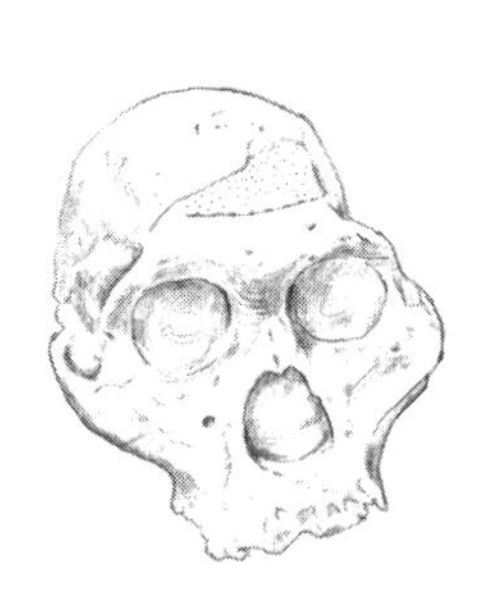
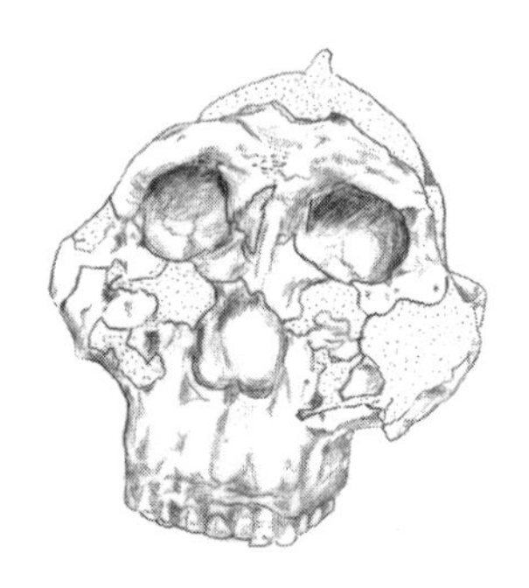

図 2.2 猿人の頭骨.
アウストラロピテクス・アフリカヌス（左）とアウストラロピテクス（パラントロプス）・ボイセイ（右）の頭骨. アフリカヌスはSts5標本, ボイセイはOH5標本. 点々を描き込んだのは欠損して復元されている箇所.

ルームの精力的な調査によってアフリカヌスの大人の頭骨化石なども追加発見されていったが, 最終的にこれらの化石が人類祖先として受け入れられるまでには, 20年近くかかったという.

アフリカヌスの化石は, 南アフリカ共和国のステルクフォンテインやマカパンスガットで発見されており, とくにステルクフォンテインからはかなりの点数が発見されている. アフリカヌスは, アファレンシスと並んで猿人の代表種といえるが, ステルクフォンテインで発見された複数個体分の部分骨格は, 残念ながらいずれも頭骨と確実にセットになってはいない. アフリカヌスの形態には個体変異が大きいことから, 2種以上が含まれているのではないか, との議論もあるが, 明瞭な境界を定義することも難しいため, アフリカヌスとしてまとめて扱われている (Kimble 2007).

アフリカヌスの系統的位置づけについては, アファレンシスから進化したとの見方以外にも, アファレンシスより原始的であるとか, ホモ属の祖先, あるいはホモ属と頑丈型のロブストス両者の祖先である, などさまざまに議論されてきた (諏訪 1994; 2006). これには, 南アフリカの化石は基本的に洞窟堆積物の中から発見されることから, 放射性年代測定による東アフリカの化石の年代と違って, 年代の推定がより難しく振れ幅が大きいということも少なからず影響している.

なおステルクフォンテインでは, 堆積物中に全身骨格化石が存在することが1997年に確認され, それ以来20年越しで発掘作業が続けられてきた. 最近ようやく化石の掘り出しとクリーニングもほぼ完了したようで, 分析結果の論文が出版され始めている. アフリカヌスを産出するよりも下層の約360万年前の化石であり，アフリカヌスとは異なる形態的特徴が認められるとのことで，ステルクフォンテインの既存標本の一部と共に，アフリカヌスとは別の種であると判断したという．ただし新種として定義するのではなく，ダートによって1948年にマカパンスガットの化石に対し命名されたアウストラロピテクス・プロメテウスに相当するものと判断したそうだ（Clarke 2019）．年代値やプロメテウスとする判断の妥当性はともかく，全身の骨格の90%以上が保存されているとのことであり，今後の研究結果が楽しみである．

2.5　頑丈型の猿人

アナメンシス以降のアウストラロピテクス属の各種は，犬歯より後ろの臼歯列，つまり小臼歯と大臼歯が大きく，表面を覆うエナメル質も厚いなど，全体に咀嚼器官が発達している．なかでもとくに顕著に咀嚼器官が発達しているのが，頑丈型あるいはロブスト型と呼ばれる猿人たちである．頑丈型の猿人には3種の存在が認められる．これらの3種は，アファレンシスやアフリカヌスとは明らかに異なる進化段階を示していると考えられるため，アウストラロピテクスとは別属のパラントロプス属とする専門家も多い（Wood and Constantino 2007）．しかし3種の系統関係が完全に解明されてはいない状況では，3種をアウストラロピテクスから独立させることの妥当性も担保されないため，引き続きアウストラロピテクス属に含める立場もある．本書では基本的に後者の立場に立って頑丈型猿人もアウストラロピテクスとし，必要に応じてパラントロプスと併記している．

頑丈型猿人3種のうちで年代的にもっとも古いのが，アウストラロピテクス（パラントロプス）・エチオピクスであり，おもに東アフリカのエチオピアとケニアから化石が出ている．資料数はあまり多くはないが，ケニアのトゥルカナ湖西岸で「ブラックスカル」と呼ばれるほぼ完全な頭骨化石（WT-17000標本）が発見されている（Walker *et al.* 1986）．広くて平たい顔面部と前突した上顎が特徴であり，歯はほとんど残っていないが歯根などから臼歯列は非常に大きかったと推測される．

東アフリカでは頑丈型猿人が2種確認されており，2種めはアウストラロピ

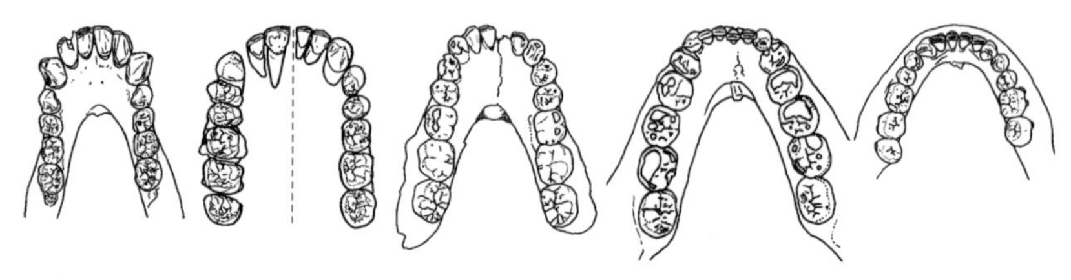

図 2. 3　猿人の下顎歯列.
左から現生チンパンジー（雌），アルディピテクス・ラミダスの ARA-VP500 標本（点線の左側は上顎歯列），アウストラロピテクス・アファレンシスの A.L.400-1 標本，アウストラロピテクス（パラントロプス）・ボイセイの Peninj 標本，現代人.

テクス（パラントロプス）・ボイセイである（図 2. 2（右））．ボイセイはおそらくエチオピクスから進化し，よりいっそう咀嚼器が発達したと考えられる．ボイセイの化石の中でも，もっとも保存のよい頭骨（OH5 標本）は，東アフリカの猿人化石としては最初に発見されたものだ．メアリー・リーキーによって発見され，最初につけられた属名から「ジンジ」の愛称でも知られる OH5 標本は，「皿状」とも評される顔面部と，分厚いエナメル質で表面を覆われたとても大きな臼歯列が特徴的である（Leakey 1959）.

ボイセイの化石は，東アフリカのエチオピアからケニア，タンザニアにかけての広い範囲から比較的多数発見されている．下顎骨が大きくがっしりとしており，頭骨にはその下顎を動かすための強大な咀嚼筋の付着部となる骨の出っ張り，すなわち矢状稜などが著しく発達し，顔面が平坦で皿状で，臼歯列の各歯の大きさはエチオピクスや後述するロブストスと比べても大きいが，前歯部，すなわち切歯と犬歯は，相対的にはもちろん，実寸でも著しく小さい，といった特徴が共通して認められ（図 2. 3），種としてのまとまりがわかりやすい種ということができる．ただしエチオピアのコンソで発見された 140 万年前の頭骨化石にはエチオピクスやロブストスと類似する特徴が混在することから，種内変異もそれなりにあったと推測されている（Suwa *et al.* 1997）.

頑丈型猿人の 3 種めは，南アフリカのアウストラロピテクス（パラントロプス）・ロブストスであり，頑丈型猿人としては最初に発見された種である．ブルームの精力的な調査によって 1930 年代にクロムドライで頭骨化石などが発見されて以降，スワルトクランスやドリモーレンなどから数百点にのぼる化石が得られている．咀嚼器官が発達している点では東アフリカの2種と共通しており，ロブストスの方がエチオピクスよりも派生的で年代的にも後であることから，頑丈型猿人3種はエチオピクスを祖先種とする単系統群と考えるのがもっとも自然である．ただし南アフリカのアフリカヌスとロブストスの間に共通点も見られることから，頑丈型猿人が東アフリカと南アフリカでそれぞれ別々に進化した可能性もまだ完全に否定されてはいない．

頑丈型猿人としてもっともあとまで存在したとみられるのはボイセイであり，ボイセイの化石としてもっとも新しい年代は前述のコンソの化石の140万年前である．これは猿人化石全体で見てももっとも新しいので，ボイセイは最後まで残った猿人ということができる．東アフリカでは140万年前から100万年前あたりの時期の化石産地があまり存在しないため，その間のことはよくわからないので，遅くとも100万年前までに猿人は絶滅したということである．ボイセイは230万年前かそれ以前から存在が認識されており，少なくとも100万年間近く存続したということになる．コンソ資料からはある程度の種内変異が示唆されるとはいえ，100万年間に生じうる進化的変化としてはそれほど大きくはなく，かなり安定した種であったといっても差し支えないだろう．ほぼ同じ期間にホモ属の人類も存在しており，ボイセイは種間競争に敗れて最終的に絶滅したのかもしれないが，100万年も続いてからの絶滅ということで，みじめな敗者というよりは，ずいぶん長く頑張った種と評価するのが適当だろう．

2.6　ホモ属の起源に関係する可能性が指摘されている猿人

猿人の次にわれわれ自身と同じホモ属の人類が登場してくるわけだが，猿人のうちどの種がホモ属の直接の祖先となったのかについて，はっきりしたことはわかっていない．ここでは，比較的最近，ホモ属とつながりがあるとして記載された猿人2種を紹介する．これら2種もいまのところは狭義のアウストラロピテクス属に含められている．

アウストラロピテクス・ガルヒは，エチオピアのミドル・アワッシュで発見された約250万年前の化石について，1999年に新種として報告された（Asfaw *et al.* 1999）．ガルヒの頭骨は頑丈型猿人には似ていないため，同時代のエチオピクスとは別種であり，四肢の長さのプロポーションが猿人よりも現代人に近いことと，同じサイトから石器による傷のついた動物骨化石も発見されたことから，ホモ属の祖先にあたる種であると判断された．エチオピクスとは別種でありながら，歯が全体的に大きいこともわかっており，この時代に咀嚼器の頑丈化が複数系統で起こっていた可能性もあるという．

そして南アフリカのマラパで発見され，2010年に新種記載されたのが，アウストラロピテクス・セディバである（Berger *et al.* 2010）．約200万年前という古さのセディバは，同時代のロブストスとは違って歯が小さいことから，発見者のリー・バーガーとしてはホモ属の新種にしたかったにちがいないが，ホモ属にしては頭骨が小さく脳の発達の気配がまったくないため，やむなくアウストラロピテクスの新種としたようだ．2個体分の部分骨格資料が発見されており，腰の骨などには現代人に近い特徴が見られるが，足部の骨には原始的な特徴も見られるという．バーガーらはセディバが猿人の中でもっともホモ属に近い種であると主張するが，200万年前ではホモ属の祖先になるには遅すぎるので，あまり説得力がない．アフリカヌスの生き残りではないかという意見や，むしろホモ属に入れる方がよいだろう，などのさまざまな意見がある．

ホモ属の起源に関して，ホモ属側の最古の証拠は，エチオピアのハダールで発見されたおよそ233万年前の上顎骨であるとされてきた．ところが最近になって，同じアファールの別地点から約280万年前のホモ属の下顎骨片の発見が報告された（Villmoare *et al.* 2015）．そもそも脳のサイズがわかればホモ属であるかどうかの判断もある程度確実にできるはずだが，歯や顎の化石でどこまで判断できるのかは難しく，ホモ属の起源の時期や場所の絞り込みは容易ではない．猿人の側でも「ホモ属の直前」というような特徴を示す化石でも出てこない限り，系統関係を確実に示すのは難しいだろうし，仮に「ホモ属の直前」の化石が見つかったとしても，それがまだホモ属でなくて猿人なのか判断するのも困難であるはずで，いずれにしても系統関係や分岐時期についてはあるレベルの解像度以上には解明できないことなのかもしれない．

2.7 猿人の特徴

猿人がどのような人類であったかについては，ここまでの各種の紹介の中で随時ふれてきたが，ここであらためて，まずはアファレンシスやアフリカヌス，すなわち2つめのグループとした狭義のアウストラロピテクスの特徴についてまとめてみるならば，骨子としては，直立二足歩行と犬歯サイズはヒト的であるが，脳サイズと四肢のプロポーションは類人猿的で，ヒト的でも類人猿的でもない独自の特徴として，咀嚼器官が発達していた，ということになろう．以下ではそれぞれについてもう少し細かく見ていくことにする．

まず猿人の直立二足歩行について，現代人に比べてどれくらい完成された移動様式であったかには異なる見解もあるものの，直立二足歩行していたこと自体を疑う者はいない（第9章参照）．直立二足歩行への適応を示す特徴は腰や大腿，膝，足部の骨の形状などに広く認められる．幅広で高さの低い骨盤は類人猿よりもヒト的で直立姿勢であったことを示唆するし，大腿骨も股関節から膝にかけて内側に傾くことによって直立姿勢で体の重心を体の真下に近づけるというヒト的な特徴が認められる（図2.4）．類人猿の足は，手と同じように親指がほかの指と向き合ってものをつかむことができる，すなわち把握性があるが，ヒトでは足の親指は他の四本の指と並列していて横にはほとんど向かないため，うまくものをつかむことができない．猿人の足はこの点においてはヒト的である（この点で特殊なのが前述のブルテレ標本である）．さらにヒトの足は縦方向にアーチをなす点で類人猿とは異なっているが，猿人の足にも同様のアーチ構造が認められ，このアーチが歩行時の着地から蹴り出しにかけて効果的に体重移動をすると同時に，体重を支えるクッションのように機能していたと考えられる．そして極めつけとして，足跡の化石が発見されていることは前述の通りであり，足跡の分析からも猿人がヒト的な二足歩行をしていたことが指摘されている．

以上，直立二足歩行であったことの根拠をあげてきたが，直立二足歩行をしてはいても，体のプロポーションにおいて猿人は類人猿的であったようだ．類人猿は基本的に下肢に対して相対的に腕が長いのに対して，現代ホモ・サピエンスは下肢が相対的に長く歩幅をかせいでいる．猿人は上肢が下肢に対して相対的に長く，この点に関してはヒトより類人猿に近かったようだ．とくに肘か

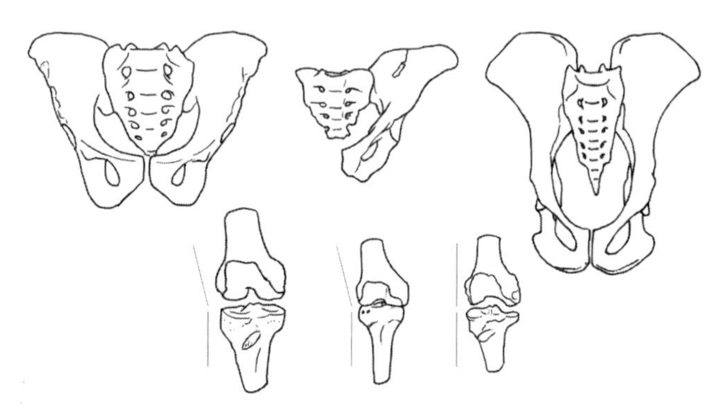

図 2.4 猿人の腰と膝.
左から現代人，アウストラロピテクス・アファレンシス，現生チンパンジー．上段は寛骨，下段は膝の部分（大腿骨遠位端と脛骨近位端）．アファレンシスの寛骨は A.L.288-1 標本，膝は A.L.129-1 標本．膝の横の線は大腿骨と脛骨の骨体の角度を示し，現代人とアファレンシスでは大腿骨が股関節から膝へ向かって内側に傾斜するために 180 度よりこの角度が小さくなる（外反角）.

ら先の前腕と手の長さが相対的に長いということである．なお猿人は現代人に比べれば身長が低かったようである．こうしたプロポーションや全身像の検討には同一個体の化石資料が必要であるため，多くの見解がアファレンシスの全身骨格（A.L.288-1 標本）の研究に基づいたものである．しかし化石はなかなかまとまっては見つからないため，難しい面もある.

一方，頭部については，全体的にヒトより類人猿的な特徴が多く見られる．まずは頭蓋内腔の容量，すなわち脳サイズは小さく（375-550 cm^3（Kimble 2007）），現生類人猿と本質的に違わないといえる．顔面についても，眼窩の上の出っ張り，すなわち眼窩上隆起が発達しており，上顎部分が前方へ突出しているなど，現代人よりは明らかに類人猿に似ている．ただし前述の大後頭孔が類人猿と比べると頭蓋底のより前方にあって，首を動かす筋肉が付着する項平面が下方を向いている点などはヒト的であり，これらも直立二足歩行と関連する特徴と理解されている.

咀嚼器官については，頭蓋の咀嚼筋付着部が全体的によく発達しており，咀嚼力が強かったことがうかがえる．また上顎も下顎もがっしりしていて，とくに下顎骨の歯の生えている部分である下顎体は分厚く，下顎枝と呼ばれる後方の垂直部分は高さが高い．歯については，臼歯列，とくに大臼歯が大きく，歯冠表面のエナメル質も厚い（図 2.5）．

一方，歯の中でも犬歯は咀嚼とは別の観点で重要である．類人猿の犬歯は三角錐型の尖った形をしており，上下の犬歯の三角の一辺同士がこすれあって研がれるように減っていくが，ヒトの犬歯は切歯とあまり違わない形で，他の歯と同じように先端からすり減る．また類人猿は雌の犬歯もヒトより大きいが，雄の犬歯はずば抜けて大きく，大きさの性差が著しいことも特徴である．類人猿の雄の犬歯が大きいことは，雄同士の競争が激しいことと関連していると考えられることから，犬歯の大きさと性差の程度には社会のあり方が反映されていると期待される．猿人の犬歯は現代人に比べれば大きく，個体によっては類人猿的に上顎歯列に下顎犬歯が収まるための隙間（歯隙）が認められる．しかし類人猿に比べれば圧倒的に犬歯は小さく，目立った大きさの性差も見られない．歯冠の形も三角錐というよりは先のとがったヘラ状に近い．そしてこのヘラの先端からすり減っていく点でもヒト的である．こうした犬歯の特徴からは，猿人の社会が類人猿に比べれば雄間競争が激しくないものであったことが想定される．

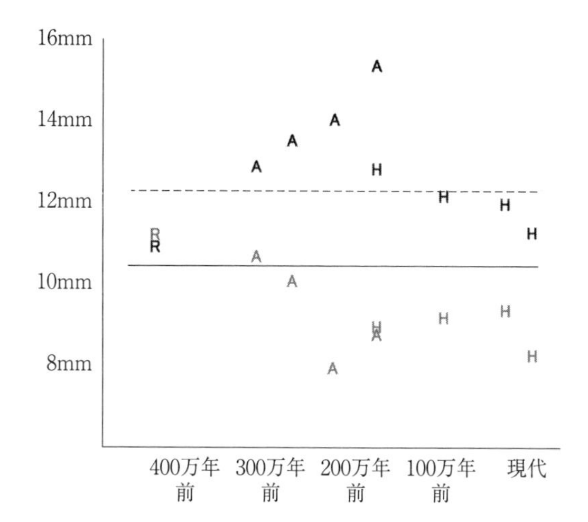

図 2.5　人類進化における歯の大きさの変化．
人類の進化の過程で歯の大きさがどのように変わってきたかをプロットした．黒字は大臼歯の大きさ（頬舌径×近遠心径の平方根），グレーの文字は犬歯の大きさ（最大径）を示す．横線 2 本は現生チンパンジーで，点線が犬歯（雌雄の平均），実線は大臼歯の大きさ．化石人類は R がアルディピテクス・ラミダス，A はアウストラロピテクス（アファレンシス，アフリカヌス，ロブストス，ボイセイ），H はホモ属（ハビリス，エレクトス，ネアンデルターレンシス，サピエンス）．

なお犬歯の大きさの性差は小さいものの，体サイズの性差はそれなりに大きかったのではないかとの指摘もあるが，確かに現代人よりは男女の差はあったにせよ，類人猿ほどではなかったという分析結果もある．現代人でも同性内での個体差はそれなりに大きく，限られた点数しか見つからない化石の比較で個体差と性差をどこまで正確に評価できるか，これまた難しい課題である．

さて，このような特徴一式を仮に猿人の「典型」と考えることにして，初期の猿人と頑丈型の猿人が典型とはどのあたりが異なるかについてもごく手短かに確認しておこう．初期の猿人では，犬歯がもう少し大きくて小型化の程度がまだ少し手前の段階にあったこと，咀嚼器官の発達が進んでいなかったこと，そして直立二足歩行をしていたものの足に拇指対向性が見られるなど樹上も生活空間として利用していたであろうこと，などが典型とは異なる部分といえるだろう．

一方，これに対して「後期の猿人」とでもいうべき頑丈型の猿人では，咀嚼器官の発達がさらに進んだことが独自の特徴である．咀嚼筋の1つである側頭筋の付着面積をかせぐための骨稜がよく発達していたことは前述の通りであるし，皿状の顔面も強大な咀嚼筋の付着領域や咀嚼力に対する強度の確保と関連して発達したと考えられる．大臼歯はさらに大きくなり，小臼歯も「大臼歯化」するなど，咀嚼のニーズが非常に大きかったことがうかがえる．なお，「頑丈型」という言葉からキングコングのような姿を想像してしまうかもしれないが，実際には体の大きさはアファレンシスやアフリカヌスと本質的には違わなかったと推測されている．ボイセイやロブストスは同時代に初期のホモ属の人類も生息していたので，四肢骨の化石が見つかってもどちらのものなのか明瞭に区別することは難しい．逆にいえば，区別がつかない程度しか違わないということで，「頑丈」なのは咀嚼器官だけだったようだ．

2.8　猿人の進化の背景

最後に，猿人の進化の背景にどのような要因があったのか，2つの観点に着目して見ていくことにする．まずは人類の最大の特徴ともいうべき直立二足歩行の起源についてである．これには古くからさまざまな理由が提案されてきた．たとえば物を運搬するため，草原で見晴らしをよくするため，エネルギー効率がよい，などである（9.6節参照）．とくに，草原に生活域が移ったことで直立したとする「サバンナ仮説」や，その発展形でとくに大地溝帯の隆起により東西で環境が異なるようになったことを理由とする「イーストサイドストーリー」などが一時期有力であったが，その後本章でいうところの「初期の猿人」化石が発見されていくにつれ，人類の起源の年代が古い方にさかのぼり，かつ初期の猿人化石の発見地の古環境が必ずしも乾燥した草原とはいえないことが明らかになったことで，これらの仮説の論拠は弱まった．それでは直立二足歩行はどうして進化したかというと，オーウェン・ラブジョイの「食料供給仮説」とでも訳すべき説（プレゼント仮説と呼ばれることもある）が一定の説得力をもつようになっている（Lovejoy 2009；9.6 節参照）．

この仮説では，直立二足歩行の起源と犬歯の小型化を同時に説明する．すなわち，現生チンパンジーにおいて雄間の競争が激しいのは，複雄複雌の群れにおいて，性皮が腫張した発情中の雌をめぐってのことであるが，ヒトの女性では発情中も周囲にはそれとわからない（本人にもわからない）．発情中か否かが明示的でないと，なるべく多くの雌と発情のタイミングを狙って交尾するという雄の繁殖戦略が成り立たず，数は少なくなっても特定の相手を常時確保する方が戦略として有効となりうるため，雌雄ペアのつがい型，一夫一妻型社会が生じうる．雄同士の競争が不要になると犬歯が大きい必要がなくなるので，犬歯が小型化する．一方，複雄複雌の群れからつがい型にシフトすることによって，雄にとって自身の子であるかどうか判断できるようになり，子の生存を助けることが自身の繁殖戦略としても有利になる．そこで子に食料をもってくるという行動が適応的に有利となり，食料運搬に適した移動様式として直立二足歩行が適応的に有利になった，と説明している．

アルディピテクス・ラミダス化石などの研究によって，初期の猿人が本格的に草原に出るより前に二足歩行を始めていたらしいこと，二足歩行をしながら樹上も生活の場として完全に捨ててはいなかったこと，そして犬歯の小型化も同時に早くから進行していたことが明らかとなり，ラブジョイの説には相当の説得力があるように思われるが，国際的には批判も多いようで，すっかり受け入れられたとはいえないようだ．

次に，咀嚼器官の発達の背景について考える．まず，アウストラロピテクス全体として咀嚼器官が発達したのは，初期の猿人段階からアウストラロピテクスへの移行が，樹上空間と決別して本格的に草原，すなわちサバンナへ進出し，地上での直立二足歩行に特化していくことを意味していると考えれば（諏訪 2012），サバンナで得られる食料に対してより有利であったため，と解釈することができよう．頑丈型猿人においてさらに咀嚼器官の発達の度合いが強まったことも，ある意味ではその延長として理解することができる．つまり，頑丈型猿人の出現した300万年前から250万年前は，地球規模の寒冷化が進行し，アフリカにおいても乾燥化が進んで一段と草原が広がった時期といわれる．このような環境変化によって食料が乏しくなる中，咀嚼器官を発達させてしのいだのが頑丈型猿人であろう，とのロジックである．一方で同じ状況下において，咀嚼器官の発達のかわりに道具製作・使用行動を進化させた系統があり，これがホモ属の祖先となったと想像される．道具使用の証拠としては，エチオピアのゴナで発見された260万年前の石器群が最古のものとされており，ホモ属の出現とタイミング的にも合致する．ただし最近，330万年前の石器が発見されたとの報告もあるため（Harmand *et al.* 2015），石器＝ホモ属と断定することはできない．

この点に関連して，諏訪は，ラミダスを含む視野で見れば，アウストラロピテクス自体がホモ属への移行の準備段階であり，形態的にはプリミティブなアウストラロピテクスにも，ホモ属を特徴づける道具使用行動や社会性・認知行動の複雑化が萌芽的に存在していたにちがいない，と述べている（諏訪 2012）．そのように考えれば，アウストラロピテクスとホモ属との間には大きな段差があるのではなく，ある程度連続的な変化であってなんら問題ないわけであり，最古の石器の証拠が少々古くさかのぼっても，とくに慌てる必要はないのかもしれない．

さらに勉強したい読者へ

河野礼子（監修）（2015）『人類の進化大研究　700万年の歴史がわかる』PHP研究所．
諏訪元（2006）「化石からみた人類の進化」石川統他編『シリーズ進化学5　ヒトの進化』岩波書店，pp. 13-64.
諏訪元（2012）「人類起源への新たな視点」『季刊考古学』118，18-23.
諏訪元（2012）「ラミダスが解き明かす初期人類の進化的変遷」『季刊考古学』118, 24-29.

コラム　人類化石の発見，いかに

諏訪 元

人類の進化史を過去へとさかのぼってゆくと，だんだん人類的特徴がうすれてゆく．そしてさまざまな中間的な化石人類の発見が19世紀以来，研究者コミュニティのみならず，社会一般の興味をも引き付けてきた．

初めて確認された太古の人類の化石は，1856年にドイツで偶然に発見された部分骨格化石，今日では，誰もが知るといって過言でない「ネアンデルタール人」の化石である．進化論の提唱と並行した時代であり，その背景のもとにオランダ人のウジェーヌ・デュボアが現れる．デュボアは，比較解剖学の研究の道を歩みながらも，軍医として東南アジア赴任に志願し，数年にわたりスマトラ島とジャワ島で人類化石の探索に当たった．特筆に値するのは，情報の乏しい当時において，計画的に調査したことである．そして，1891年には頭蓋冠化石を，翌年には大腿骨化石を見事に発見し，ピテカントロプス・エレクトスと命名した．いわゆる「直立猿人」もしくは「ジャワ原人」として知られるようになる．デュボアによるピテカントロプスの発見とその後については，研究者かつ科学ライターのパット・シップマンの優れた著書がある（Shipman 2001）．

進化の時間軸を大きくさかのぼる次の重要発見は，1924年に南アフリカのタウングで発見されたアウストラロピテクスの初めての化石，子供の頭骨化石である．類人猿的な小さな脳をもちながらも人類であると気づき，この化石を世に送り出したのはヴィッツウォータースランド大学の解剖学者のレイモンド・ダートであった．タウングの猿人化石の発見は，石灰岩の採掘と共に出てきた石塊の中にサルみたいな化石が埋まっているとのことで，ダートに届けられたのがきっかけだった．石塊の中から化石を取り出し，それまで未知であった人類と対面した驚きについて，ダート自身が物語っている（ダート 1960）．

南アフリカの猿人化石に遅れ，1960年ごろ以後からは，世界的に注目される人類化石が，東アフリカから次々と発見されるようになる．立役者は伝説的なルイスとメアリー・リーキーであり，1930年代から長期にわたってフィールド調査を続けたリーキー夫妻の驚異的な熱意のたまものである．リーキーらの活躍をきっかけに，さまざまな研究者グループが人類化石の発見を目的としたフィールド調査を実施するようになり，現在に至っている．なかでも，1974年にエチオピアのハダールで発見された部分骨格化石の「ルーシー」が有名である．

「ルーシー」と関連化石により「400万年の人類史」が確立した．1990年代に入ると，まずは440万年前のアルディピテクス・ラミダス（エチオピア）が発見され，2000年代に入ると，さらに古いアルディピテクス・カダバ，オロリン（ケニア），サヘラントロプス（チャド）が次々と発見もしくは発表され，「700万年の人類史」が語られるようになる（ブルネ2012）．

南アフリカの初期人類化石は，石灰岩の空洞に入り込んだ堆積物から出土する．1950年代ごろまでは，採掘業者が掘り起こした石塊から発見されることが多かったが，1960年代以後は研究者による系統だった発掘調査によって発見されている．一方，東アフリカとチャドの調査はだいぶ事情が異なる．乾燥地帯が多く，古い地層が地表面に露出し，数十万から数百万年にわたる地層が，断層などで複雑に隣接し合いながら延々と続く．地層の年代や堆積環境，さらには出土する動植物化石や同位体構成などから当時の景観や環境を可能な限り推定する．そうした全体調査の中で，稀に人類化石が発見されるのである．

化石というと，日本では発掘をイメージするが，東アフリカではまずは荒涼とした露頭をひたすら踏査する．自然の浸食で露出している化石の破片の有無と種類，特徴を確認しながら，一定基準で化石の採集を行う．稀な人類化石などとうてい発見されそうもない日々が続くなか，あるとき，候補の破片が発見される．そうしたとき，多くの場合はその周辺を簡易発掘して篩にかけ，ありとあらゆる化石片を回収する．化石包含層そのものから化石が露出しかかっている場合もある．そうしたときは，発掘することで，ごく稀に全身にわたる化石などの大発見につながることがある．「アルディ」のあだ名で知られる440万年前のラミダスの部分骨格化石は後者の一例である．

引用文献

Shipman, P.（2001）*The Man Who Found the Missing Link*, Simon and Schuster.
ダート，レイモンド（1960）『ミッシングリンクの謎』（山口敏訳），みすず書房．
ブルネ，ミシェル（2012）『人類の原点を求めて――アベルからトゥーマイへ』（諏訪元監修，山田美明訳），原書房．

第3章　ホモ属の「繁栄」

——人類史の視点から

海部陽介

3.1　全世界に広がった人類

国連の推計によれば，2019年の世界の人口は77億人である．その増加率は鈍化してきているとはいえ今後もプラスが続くと予想され，2050年には97億人に達する見込みという．人類はなぜ，いつから，どのようにこうした繁栄を示すようになったのか．その過程で，ヒトの身体と社会はどう変貌してきたのか．そうした答えはすべて，人類進化の歴史の中にある．本章では，ホモ・サピエンスの際立つ2つの特質に注目しながら，そこに至ったホモ属の人類史を概観する．その特質とは，広域分布と均一性である．

「ホモ・サピエンスは，人類の1種で世界中に分布する」という説明に，おそらく驚きは感じないだろう．私たちが生まれたときから世界はそうであったし，古代文明が誕生した遠い昔においても，すでにそうであったのだから．しかしまわりの生き物たちを見渡してみると，話は一変する．

ホモ・サピエンスのように，異なる気候帯や植生帯，そして広大な海をもまたいで，地球上のほぼすべての陸地に分布している動物は他にいない．さらにこれだけ広域分布しながら1種であるというのも，私たちの不思議な側面である（海部 2005）．

広域分布する哺乳動物の例を示すと，タイリクオオカミ（*Canis lupus*）はかつてユーラシアと北米大陸の大半に生息していたが，この種は基本的に北半球の動物であり，北半球の中でも東南アジアの熱帯雨林やアフリカ大陸にはいなかった．動物たちは通常，広域分布するようになると多様な種に分化していく．

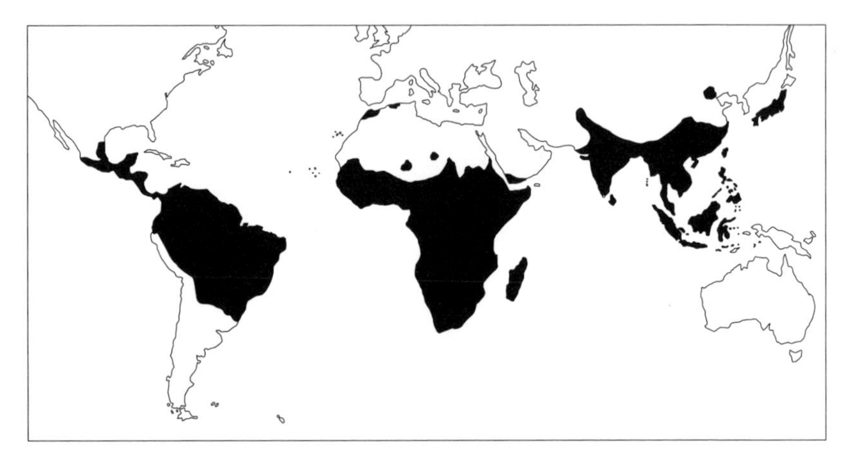

図 3.1 現生の野生霊長類の分布域.（ネイピア・ネイピア 1987）を改変.

移動性の低い小型種ほどその傾向は顕著で，たとえば南極を除く全世界に分布するネズミ目の種数は，2000 から 3000 種にのぼる．COVID-19 の記憶に新しいように，ヒトを宿主とする病原体なら爆発的に広がるチャンスはあろう．しかし現生生物を見渡すと，自力で地球全体へ広がることが，生物にとっていかに困難かがわかる．

霊長類（霊長目）を眺めると，このことがいっそう明確になる（1.1 節参照）．現生の霊長類は 200 から 500 種とされるが，このグループは基本的に熱帯から亜熱帯の森林を生活域にしている．なかには草原に適応したグループもいるが，砂漠や高緯度地域には進出できなかった（図 3.1）．ところがホモ・サピエンス 1 種の分布域は，これら 200 種以上の分布域よりはるかに広い．では人類は，いつから，どのようにして，世界へ広がったのだろうか．そしてその過程で，何が起こったのだろうか．

3.2 ホモ属の出現

第 2 章で紹介されている「初期の猿人」（約 700 万-350 万年前）や「狭義のアウストラロピテクス属」および「頑丈型の猿人」（約 420 万-140 万年前）は，直立二足歩行を進化させて地上への進出を強め，330 万年前頃には初歩的な石器

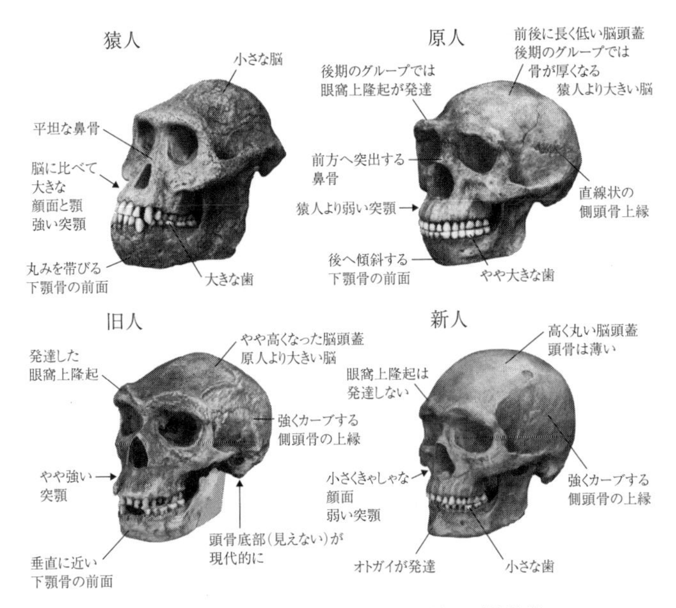

図 3.2 猿人，原人，旧人，新人の一般的な頭骨の形態特徴.

を使いはじめていたとされる．しかしこれらの人類の脳サイズは大型類人猿並みで，顔面や体型など身体の各所に類人猿的要素が色濃く残っており（図 3.2），その長い歴史において最後まで故郷のアフリカを出ることはなかった.

そのような人類進化史に大きな変化が現れはじめたのは，300 万-200 万年前のことだった．東アフリカのこの時期の地層からは，歯や顎がやや小型化し，脳サイズが猿人よりも明らかに大きい人類の化石が発見されるようになる（図 3.3）．このように頭骨と歯に“ヒトらしさ”が現れた人類をホモ属（genus *Homo*）として，猿人と区別している．日本語では，このホモ属の原始的なグループをまとめて「原人」と称している（諏訪 2014）.

原人は，東アフリカに生息していた猿人から派生したと思われる．現時点では 300 万-200 万年前の化石の発見例が乏しく，その出現期の詳細については不明な点が多いが，以下の 3 つの重要なポイントをあげることができる.

まず，この時期は地球史における第四紀氷河時代のはじまりにあたり，アフリカでは古土壌の安定同位体や哺乳動物の種構成などに，森林が減少し草原が

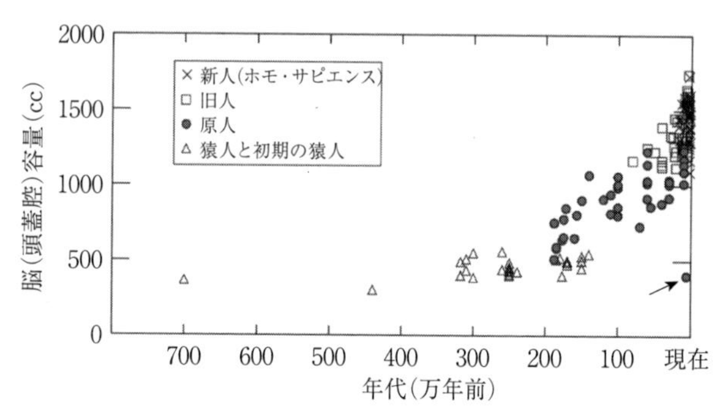

図 3. 3 人類の頭蓋腔容量（脳容量）の増大．矢印はフローレス原人．

広がった痕跡を読み取れる．つまり気候の乾燥化と植生の変化の中で，そこに暮らしていた人類は食物を含む生存戦略の変更を迫られたはずで，その新たな選択圧の下でホモ属が出現したらしい．

次に，石器の増加が注目される．当時の主要な石器は，拳大の円礫の一部を打ち割って刃をつけた単純なもので，その石器製作伝統をオルドワン（その特徴的な石器をオルドヴァイ型石器）と呼ぶが（図 3. 4（左）），それが東アフリカの 260 万年前以降の地層から散発的に見つかるようになる．同時に，動物骨に石器で切りつけた「カットマーク」の発見例が増えることから，原人たちは石器で動物を解体し，肉食の頻度を増やしていたようだ．おそらく石器の使用，肉食へのシフト，脳の増大，歯の小型化には相互関連性があり，たとえば，肉食による消化器官の負担軽減がエネルギーコスト面で脳の増大化への道を開いたとする仮説（expensive tissue hypothesis）が，有力視されている．

3 つめに，この時期に生存していた人類は，原人だけではなかった．ホモ属の登場と時期を同じくして，東アフリカに臼歯と顎を極端に大型化させた頑丈型の猿人（パラントロプス属）が現れる．このグループでは脳サイズの変化は微増程度に留まっており，ホモ属とは別の道を歩んだ人類であったことがわかる．しかし頑丈型の猿人は，当時のアフリカにおいてけっして弱小な存在ではなかった．その化石は東アフリカから南アフリカにかけて多数見つかっており，140 万年前頃に姿を消すまでは，1 つの勢力としてホモ属と長期にわたって共存していた．

初期の原人については，分類をめぐっても長い論争が続いている．一部の研究者は，1964年に提唱されたホモ・ハビリス以外に，東アフリカには複数の初期ホモ属の種が共存し，複雑な進化を遂げたと主張しているが，他の研究者はそれは種内の個体変異を過大評価しているにすぎないと考えている．こうした論争を決着させる新たな化石を発見しようと，アフリカでは各国の研究者がしのぎを削って調査を続けている．

図3. 4　オルドヴァイ型石器（チョッパー：左）とアシュール型ハンドアックス（右）（写真提供：諏訪元）

ホモ属の人類

原人

代表的な種：ホモ・ハビリス（*Homo habilis*），ホモ・エレクトス（*Homo erectus*），ホモ・フロレシエンシス（*Homo floresiensis*），ホモ・ルゾネンシス（*Homo luzonensis*）

その他の提唱されている種：ホモ・ルドルフェンシス（*Homo rudolfensis*），ホモ・エルガスター（*Homo ergaster*）

旧人

代表的な種：ホモ・ハイデルベルゲンシス（*Homo heidelbergensis*），ホモ・ネアンデルターレンシス（*Homo neanderthalensis*）

新人

ホモ・サピエンス（*Homo sapiens*）

3. 3　原人の出アフリカ

アフリカに登場した初期の原人（ホモ・ハビリス）は比較的小柄で，脳サイズもホモ・サピエンスの半分程度（約640 cc）であった．近年，化石骨や石器の年代の整理が進んだことにより，原人のその後の進化について1つの傾向が浮かび上がってきている．それは175万年前頃に，原人の身体と石器文化に，大きな変化が現れたということだ．

この頃を境に，脳サイズが一層大きく（約850 cc），身長も現代人並みに増した人類の化石が見つかるようになる（図3. 2）．専門家はこの人類を，ホモ・エレクトスに分類している（アジアのホモ・エレクトスとは区別してアフリカのこのグループをホモ・エルカスターに分類する考えもある）．ホモ・エレクトスの脳は現代人の2/3程度の大きさであったが，現代人的な脚長の体型や肩関節の構造などから，長距離走や投擲が得意なヒト特有の運動機能を発達させ，さらに発汗によって効果的に体温を冷却するヒト的生理機構を進化させていたのではないかと，推測されている（リーバーマン 2015）（11.1節参照）．

さらにこのホモ・エレクトスの登場と時を同じくして，アシュール文化と呼ばれる新しい石器文化が登場した．その代表的な石器はアシュール型ハンドアックス（握斧）と呼ばれる大型の打製石器で（図3.4（右）），左右や表裏に対称性があり，土掘りや動物の解体など多様な用途に用いられたようだ．アシュール文化の石器は，その後，時代を追ってさらに洗練されていったが，そうした事実の発見には東京大学の諏訪元らが大きく貢献している（Beyene *et al.* 2013）．

では原人はいつ，アフリカの外の世界へ広がったのだろうか．20世紀の人類進化学の教科書には，アフリカにおいて原人の進化が進んだ100万年前頃に，人類は初めてユーラシアへ広がったと書かれていた．しかし21世紀の新発見により，出アフリカはもっと古かったことがわかってきた．

黒海とカスピ海に挟まれたジョージアのドマニシ遺跡からは，185万年前にさかのぼるオルドヴァイ型石器と，178万年前頃の原人の化石骨が大量に発掘されている．ドマニシ原人は報告者らによってホモ・エレクトスに分類されているが，その頭骨は実際にはかなり原始的で，既知のホモ・ハビリスとホモ・エレクトスの中間的な特徴を示している．ドマニシ原人の化石は，現時点でユーラシア最古の人類化石であり，脳が大きくないなど原始的な特徴を備えている．

ドマニシを越えて西方に広がるヨーロッパでは，60万年前より古い人類遺跡の発見例が乏しいが，そこで見つかっているのはオルドヴァイ型石器である．現時点ではスペインで見つかった78万年前の子供の頭骨や，120万年前とされる断片的な下顎骨化石が知られるが，これらの人類と既知の原人との関連性は明らかでない．

アジア最古の人類遺跡は，中国北部から報告されている．そこでは人類化石は未発見だが，陝西省の藍田では，ドマニシよりも古い210万年前の地層からオルドヴァイ型石器が報告されている（Zhu *et al.* 2018）．中国北部には，その

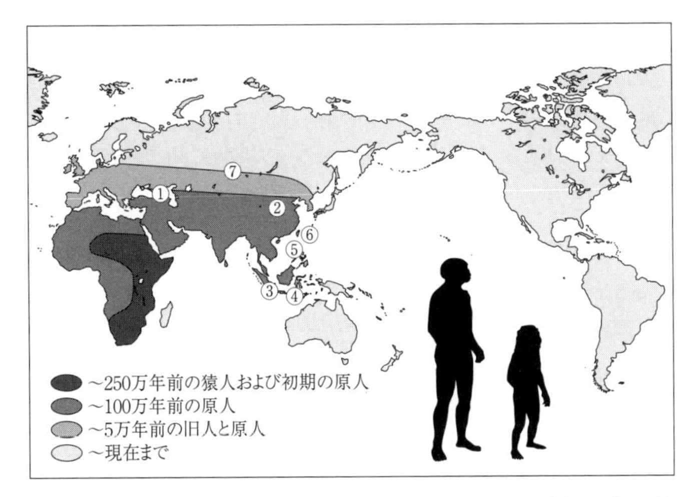

図 3. 5 人類の分布域の拡大．シルエットは復元した 100 万年前のジャワ原人（左：身長 165 cm）と 6 万年前のフローレス原人（右：110 cm）．①ドマニシ，②藍田，③ジャワ島，④フローレス島，⑤ルソン島，⑥台湾，⑦アルタイ．

他にも 170 万-120 万年前の可能性がある石器を産出する遺跡が，いくつか知られている．

このような現状であれば，より温暖な南アジアや東南アジアにも，200 万年前頃に原人が進出していておかしくないが，現時点ではその証拠はほぼ皆無である．インドネシアのジャワ原人については，お茶の水女子大学の松浦秀治らにより，最古の年代が 110 万年前頃（可能性としても 130 万年前頃）と意外に新しいことが示された（Matsu'ura *et al.* 2020）．ただしその化石骨にはかなり原始的な特徴があるので，東南アジアの大陸部に 200 万年前頃に進出していた古い原人の集団が，大陸と接続したり分断されたりを繰り返していたジャワ島へわたるのに数十万年を要したというシナリオは成り立つ．図 3. 5 には，100 万年前の時点での原人の生息域を示した．

3. 4　アジアにおける原人と旧人の多様化

アジアに広がった人類から，その後，ホモ・エレクトス種の地域集団であるジャワ原人や北京原人が派生した．かつては，最初にアジアへ広がったのはこのホモ・エレクトスで，その後100万年近い間，アジアにはホモ・エレクトス以外の人類はいなかったと考えられていた．ところが最近，これまで人類化石が知られていなかった地域からの意外な発見報告が相次ぎ，アジアの研究が活気づいている．ここではそのいくつかを紹介する．

2003年に，ジャワ島の東にあるフローレス島の約10万-5万年前の地層から，新種の原人化石が発見された．専門家を大いに驚かせ世界的ニュースとなったのは，それが身長105 cmと超小型で，脳サイズもチンパンジー並みの小ささだったことにある．過去200万-5万年前の間に，人類の身体サイズと脳サイズは基本的に大きくなる方向に進化してきたが，フローレスの原人はこの原則に明らかに反していた（図3.3）．

フローレス島でのこの不思議な進化をめぐって激しい議論が闘わされているが，現時点で有力なのは，筆者が主唱するジャワ原人起源説である．これはフローレス原人の諸特徴はジャワ原人と酷似しており，それ以上の原始性は認めらないという形態解析結果に基づくものであるが，これが正しいとすると，身長165 cm・脳サイズ860 ccほどの110万年前頃のジャワ原人の状態から，105 cm・426 ccのフローレス原人の状態まで劇的な矮小化が起こったことになる（Kubo, Kono, and Kaifu 2013）（図3.5）．そのような極端な進化はありえないと考える研究者もいるが，最近，フローレス島で70万年前頃の新しい化石が発見され，やはりジャワ原人説が支持されることがわかった（van den Bergh *et al.* 2016）．

過去の海水準変動の中でアジア大陸と接続・分断を繰り返したジャワ島と異なり，フローレス島はずっと孤立した島であった．動物学では，そうした島で動物の身体サイズや脳サイズに劇的な変化が起こりうることが知られており，島嶼効果（島嶼化）と呼ばれている．フローレス島でもそれが起こりうることは，この島にわたったゾウの仲間がウシのサイズに縮小している事実からも裏付けられている．フローレス原人の発見は，人類といえどそのような動物進化の法則から独立ではないという，強烈なインパクトを学界に残した．

2019年には，フィリピンのルソン島北部にあるカラオ洞窟で，やはり矮小化したルソン原人が生息していたことが報告された．6万年前頃とされるこの原人は新種に位置づけられ，ホモ・ルゾネンシス（*Homo luzonensis*）と命名されている（Detroit *et al.* 2019）．この発見により，島環境における特殊な人類進化にさらなる注目が集まることとなった．

2010年以前のあるとき，台湾の西側の海底から，漁船の底引き網にかかって人類の下顎骨の化石が引き上げられた（Chang *et al.* 2015）．その年代は間接的な証拠から45万年前より新しく，おそらく19万年前より若いと推察されている．興味深かったのはこの下顎骨が頑丈で歯が大きく，その点でより古い80万–75万年前頃のジャワ原人や北京原人よりも原始的に見えたことである．原人の歯と顎は時代を追って小型化していく傾向が知られているので，北京原人もジャワ原人も，この人類の祖先とは考えにくい．このことは，両者とは異なる別系統の人類が，アジア大陸の辺縁部に存在したことを示唆している．

南シベリアのアルタイ地方は現在ロシア領で，モンゴル，中国，カザフスタンの国境が入り乱れる地域の付近にある．この山地には古い人類遺跡のある洞窟がいくつか知られ，その一部は化石形態とDNAから，ネアンデルタール人のものと同定された．さらに化石骨から抽出されたDNAにより，ホモ・サピエンスともネアンデルタール人とも異なる第三の人類の存在が明らかになり，デニソワ人と呼ばれるようになった（8.2節参照）．デニソワ人はDNAから同定された初めての人類で，その素性はまだよくわかっていない．その後にチベットで発見された人類化石がデニソワ人のものである，ホモ・サピエンスと混血したがなぜかその影響が地理的に遠く離れたメラネシアで色濃く見られるなどの指摘があり，そうした解釈をめぐって調査が続けられている．

このように新たな化石の発見と分析技術の進歩により，ホモ属の進化史が従来の認識よりも多様で複雑だった様子が見えてきた（Kaifu 2017）．その状況は，原人よりも進歩的な形態特徴をもつ旧人が現れてからも，おそらく変わっていない．おそらくヨーロッパでは60万年前以降，中国では30万年前以降に旧人が出現し，ともに5万–4万年前頃まで存続していた可能性がある．しかしその時点でアジアの辺縁部には，なお原人の系統が残存していた場所があった．これらは人類進化史の複雑性を物語ると同時に，ホモ・サピエンスしかいない現在が特異な時代であることを教えてくれる．

3.5　ホモ・サピエンスの出現

このように5万年前までの地球上において人類はかなり多様で，世界の異なる場所には異なる種が生息しているのが常だった．それから状況は大きく変化し，いつの頃か原人も旧人もこの世界からいなくなった．そして現在ではホモ・サピエンス1種だけが，かつての人類の分布域を大きく越えて，世界中に暮らしている．この激変を説明する理論が，ホモ・サピエンスの「アフリカ単一起源説」である．

1980年代頃までの学界では，「多地域進化説」が一定の影響力をもっていた．これは，アフリカとユーラシア各地へ広がった原人の子孫たちが，隣接集団間の遺伝子交換によって進化の方向性を共有しつつ，基本的にそれぞれの地域で旧人を経て現代人へ進化したというものである．これに対してアフリカ起源説では，ホモ・サピエンスはアフリカの旧人集団から進化して，世界各地へ広がったとする．

2000年代以降，アフリカ起源説は，遺伝学（ゲノムデータで系統樹を作成すると全世界の現代人は20万-10万年前のアフリカから派生したことが示される；8.2節参照），化石形態学（現代人と同様の形態特徴を有する化石頭骨は，30万-15万年前にアフリカで最初に出現する），考古学（装飾品や模様などの先進的行動は最初にアフリカではじまる）など，さまざまな証拠によって固められた定説となった．

ホモ・サピエンスの起源が明らかにされたことは，私たちがホモ・サピエンスの歴史を本格的に語る枠組みを手に入れたことでもある．これまでの歴史記述は，たいてい文明の誕生と発展に力点をおいてきた．しかし人類の歴史は文明誕生以前からはじまっているし，地域によっては文明とは縁遠い暮らしを続けてきた人々もいる．そうしたすべての人々を視野に含めた歴史を語りたいなら，ホモ・サピエンス自身の歴史に目を向けるべきだろう（海部 2005）．アフリカ起源説の確立を受けて，いまはそれが可能となった．近年脚光を浴びる，人間の歴史を地球規模で捉える「グローバルヒストリー」の背景にはこの流れがあり，『サピエンス全史』（ハラリ 2016）などのベストセラーは，人類学の最新成果をベースに敷いて歴史を再解釈している．

3.6　世界へ広がったホモ・サピエンス

図 3.5 を見ると，原人や旧人はユーラシア大陸へ進出したとはいえ，その分布域は世界の陸域の半分に満たなかったことがわかる．さらに古代型人類たちのそれ以上の拡散を阻んでいたものが何だったのか，逆にそれを突破したホモ・サピエンスの新奇性がどこにあるのかを読み取ることもできる．

図 3.6 は，遺跡証拠に基づいて筆者が描いた，ホモ・サピエンスの世界拡散の様子である．遺伝学のデータに基づく同様の地図も多数出版されているが，遺跡はそこにいつ誰がいたかを示す直接的証拠なので，より確度が高い．ホモ・サピエンスが世界へ広がった最終氷期の後半（約 5 万-1 万年前）は，海水面が最大で 125-130 m 下がっていたので，図にはその影響で陸化していた領域を示してある．以下の説明は，図 3.5，図 3.6 を見比べながら読んでほしい．

ホモ・サピエンスの出アフリカの年代については 10 万年前，7 万年前，5 万年前などの仮説があるが，現代人の系譜へとつながるユーラシア全土への本格的な拡散がはじまったのは，5 万年前以降の後期旧石器時代である．そのとき，アジアやヨーロッパの中～低緯度地域には多様な原人や旧人の先住者がいたわけだが，なぜかこの時期にその大多数は姿を消した．拡散していったホモ・サピエンスは，ネアンデルタール人やデニソワ人などと部分的に混血したことが化石骨から抽出されたゲノム解析から判明しており，アフリカ人以外の現代人は，そうした古代型人類由来のゲノムを数％受け継いでいる（8.2 節参照）．

出アフリカを果たしたホモ・サピエンスは，瞬く間に原人や旧人の分布域全体へ広がり，さらにその先の無人の領域へと足を踏み入れた．まず，何らかの舟で西インドネシアの海に進出した集団が，ニューギニアやオーストラリアへ到達した．そのような海洋進出は，やがて西太平洋のアジア大陸辺縁地域に広がり，3 万 8000-3 万 5000 年前には対馬海峡や台湾沖の海を越えて，日本本土や琉球列島への移住を果たした集団が現れた．現代の私たちにつながる日本列島の人類史は，ここからはじまったことになる（Kaifu, Izuho and Goebel 2015）．

島へわたったホモ・サピエンスたちは，海洋渡航に限らず，いくつかの新奇的行動の痕跡を残している．たとえば本州や九州では，現時点で世界最古となる 3 万年以上前の狩猟用落し穴（つまり罠猟の証拠）が多数発見されている．沖

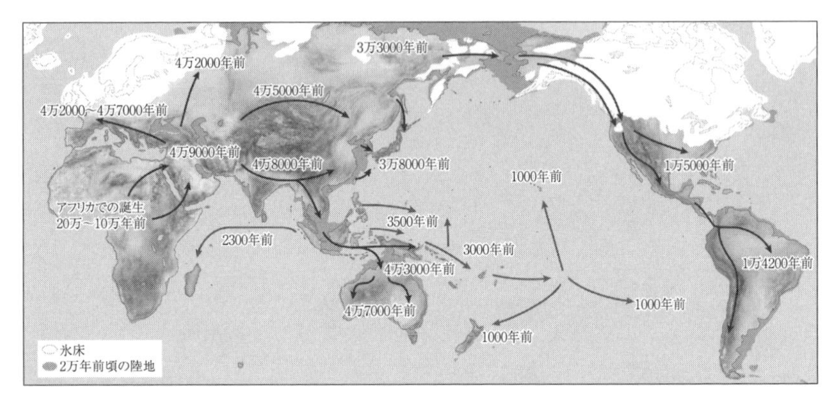

図 3.6 遺跡データから推定したホモ・サピエンスの拡散ルート（海部 2020a）.

縄島南部のサキタリ洞遺跡からは，現時点で世界最古である2万3000年前の釣り針が発掘された（Fujita *et al.* 2016）.

ところで後期旧石器時代人は，どのような技術でどうやって危険な海を越えたのだろうか．筆者はそれを探り当てるプロジェクトを企画し，世界最大級の海流である黒潮が行く手を阻み，島が水平線の向こうに見えないほど遠い台湾から与那国島間の海峡を，丸木舟を漕いでわたる実験航海を行ったことがある（海部 2020a）．2019年夏に実施したその航海では，コンパスやGPSを使わない古来の航海術で，45時間かけて与那国島へたどり着くことができた．海上では予測のつかないことが起きるが，この航海でも海が荒れ，夜は曇天で道標となる星が見えないなどの困難に見舞われたが，男女5人の漕ぎ手チームで太古の移住を模擬体験できたことは，3万年以上前の祖先たちへの見方が大きく変わるきっかけとなった．

アジア大陸の内陸部では，同じ頃にシベリアへの進出がはじまっていた．ホモ・サピエンスは，4万5000年前には，バイカル湖の南側の旧人の生息域の北限に達し，3万2000年前までにはそれをはるかに越えて，現在の北極海沿岸まで進出している．その背景には，寒さに耐えるための住居建設，裁縫による毛皮の衣服，食料や道具素材の貯蔵などの新たな技術開発があった．

シベリアの奥地へ到達した集団の一部は，やがてアラスカへ抜ける道を発見し，そこからアメリカ大陸へと広がっていった．こうして最終氷期が終結して気候の温暖化が顕著になる1万年前までに，南極を除くすべての大陸が人類の分布域となる．さらに時代がくだり，一部地域で農耕がはじまって新石器時代を迎えると，よりスケールの大きな海洋進出がはじまる．3500-1000年前頃に木造の大型帆つきカヌーをもつ集団が現れて，東南アジアを起点に，太平洋の中央に位置するポリネシアや，インド洋のマダガスカル島が植民された．

このようにホモ・サピエンスは，ヨーロッパで大航海時代がはじまるよりはるか昔から，南極を除く地球上のほぼすべての陸域に暮らすようになっていた．その拡散の様相をたどっていくと，他の動物とは異なるわれわれの特異性があらわになる．動物が新しい環境に進出する際，身体構造の進化をともなうのがふつうである．しかしホモ・サピエンスは，海を越えるために舟を発明し，寒さに耐えるために他の動物の毛皮を借りるというように，技術と文化でそれを解決した（海部 2005）．

3.7　現代人多様性のパラドックス

20世紀後半から急速に発展した人類遺伝学は，ホモ・サピエンスのアフリカ起源説の確立に大きく貢献したが，その裏でもう1つ重要な発見があった．それは，「外見から受ける印象とは裏腹に，現生人類の遺伝的多様性は低い」というものである．

世界各地の現代人は，肌の色，体型，顔，髪質などにおいてかなりの多様性を示すので，私たちは外見からその人の出身地をおおまかに言い当てることもできる．一方でチンパンジーには，それほどの外見の多様性はない．そうであれば，遺伝的多様性においてもヒトはチンパンジーを上回ると思うだろうが，実はそうではないことが，類人猿とヒトのゲノムを比較して判明した（Prado-Martinez *et al*. 2013）．DNAは時間がたてばたつほど，突然変異を蓄積して変化していくので，集団中の遺伝的多様性は，集団の歴史が長いほど大きくなる．つまり現生人類は誕生してからの歴史が浅く，ゲノム上はまだあまり多様化していない．このように，見かけと遺伝的多様性の様相が相反することを，「現代人多様性のパラドックス」と呼ぶことにする．

それではなぜ，パラドックスが生じたのだろう．これはホモ・サピエンスが，急速に世界に拡散したことと関連しているにちがいない．つまり，気温や日照条件などが異なる各地へ散った人々に，それぞれその土地に合うような選択圧が働き，関連する一部の遺伝子が変異して外見上の多様性が生まれた．そのような例として，肌の色は紫外線照射量と相関して変異していることが知られており，身長や体型も，ある程度，気温との関連を示している．

このようにホモ・サピエンスでは，一部の遺伝子が多様化して見かけの集団間の多様性が生まれたが，ゲノム全体の種内多様性は低い（つまり共通性が高い）．このパラドックスについて正しく認識することは，現代社会において有益なはずだ．ホモ・サピエンスは視覚でものを判断する性向をもつ動物であるため，外見が異なる他者を質的に異質と決めつけて，排除してしまうリスクがある．それは無用な差別の温床になりうるもので，これを避けるには，個々人が多様性の実態を理解することが欠かせない（海部 2020b）．

3.8 世界拡散以後の歴史——4つの“革命”が示すもの

現在の地球上には，実に多様なホモ・サピエンスの言語や文化が存在するが，これも後期旧石器時代の世界拡散以降の歴史の産物である．古代文明が興ると，そうした文化の地域的多様性はさらに増し，やがて支配する集団とされる集団の関係が生まれた．しかしこのような差異を，集団の優劣の反映と安直に考えるべきではない．グローバルヒストリーの観点から，どの地域でどのような文化が生まれるかは，その集団がたまたま移住した先の地政学的要因や歴史に強く作用されるとの認識が生まれている（ダイアモンド 2000；海部 2005）．このような文化や社会体制の多様化の経緯も，前節の身体形質の話とともに，ホモ・サピエンスの人類史として理解すべきである．私たちが異文化に敬意をもち，多文化共生をはかりたいのであれば，そのような姿勢が必須となるだろう．

そのように，進化ではなく歴史が社会を変えてきた様子をイメージできるような例を，1つ示す．人類史上よく知られた“革命”として，認知革命，農耕（食料生産）革命，産業革命，情報革命というものがある．千年単位の長いプロセスの結果である農耕の発生に革命という呼称はふさわしくないという考えもあるが，それはさておき，興味深いのはそれが生じた文脈である．

認知革命は定義があいまいだが，これはふつう，創造力や想像力，認識力，言語を介した複雑な情報伝達力，さらに未来予見性や計画力に長けた，ホモ・サピエンスの誕生（進化）のことを指している．あとの3つは，すべて世界拡散後のホモ・サピエンスの歴史の中で生じたもので，認知能力の進化をともなうものではない．そうであったことは，食料生産，工業生産，情報技術のどれもが，その発明者から近隣集団にすぐに受け継がれて広まったことからも，明らかである．

つまりわれわれは特別な進化を起こすことなく，過去5万年ほどの間に後期旧石器文化を現代文明に変貌させ，技術や社会体制を飛躍的に発展させた．考古学者によれば，そのような大変革の萌芽は，後期旧石器時代にすでに存在している．文化が地域的多様化や時代的変遷を示すことは，後期旧石器文化の特徴の1つと捉えられている．たとえば西ヨーロッパの後期旧石器文化は，古い順にオーリニャック文化，グラベット文化，ソリュートレ文化，マドレーヌ文化などに細分されるし，日本列島の後期旧石器時代も前半期，後半期，末期では様相が異なっている（佐藤 2019）．

つまり，先代の技術や知識を受け継ぎ，それを継承しながら次々と発展させていく行為そのものが，ホモ・サピエンスの特徴だといえる（海部 2005）．進化して新たなものを手に入れるふつうの生物と異なり，独自に歴史を創り出し，変えていくのが私たちで，後期旧石器時代の世界拡散もそうして成し遂げられた．ホモ・サピエンスはこのような能力を共有しているが，各地域の歴史的経緯が異なったために，文化や暮らし方は多様になった．

3.9 ホモ・サピエンスの功罪

このように右肩上がりの発展と多様化を遂げてきた私たちの種だが，いまやその行動は，有用と思った動植物の生育をコントロールし，有害と感じた生物を排除し，陸の地形を変え，気候に影響を与え，海にも宇宙にも廃棄物をまき散らかすなど，自然を左右するほどの影響力をもつに至っている．その功罪のリストをつくろうとしたら膨大なものになるだろうが，ここでは人類史の視点から見いだされる2つの点について，述べたい．

最初の点は，「更新世末の大絶滅」と呼ばれる現象である．ホモ・サピエンスが世界各地へ散った最終氷期の末から，ユーラシアの古代型人類とともに，各地の大型哺乳動物や地上生の鳥類たちが，次々と姿を消した．気候変動がその絶滅の一部を説明しているかもしれないが，私たちの種にはどうやらその大きな責任がある．絶滅の影響は，それまで無人だったオーストラリアやアメリカ大陸などでとくに大きく，日本列島でもナウマンゾウ，ケナガマンモス，ステップバイソン，オオツノジカ，ヒョウなどが，ホモ・サピエンスの到来後に姿を消していった．つまりホモ・サピエンスによる環境破壊は，けっして最近だけの問題ではなく，後期旧石器時代から始まっていた．

もう１つは，「文明病」と呼ばれる一連の疾患の起源についてである．文明病の代表格である高血圧や心筋梗塞，さらに虫歯などは，食生活の変化に起因する．1990年末に登場した進化医学（あるいはダーウィン医学）の考えでは，これらを身体と生活環境の不一致という視点から解釈する（Nesse and Williams 1998）．つまり，ホモ・サピエンスにとって最適な食生活とは，この種が長期間行っていた旧石器時代の狩猟採集生活に合うよう調整されてきたはずである．しかし文明の発展にともなって私たち自身がその環境を急激に変え，祖先たちがおそらく経験したことのなかった飽食や糖分の過剰摂取が容易な社会をつくり出してしまった．その環境に身体がついていけずに生じている新たな病的状態が，一連の文明病である，というわけだ．

このように進化史の次元で歴史を捉え直すことにより，私たちは自分自身を再発見する機会を得られる．だからこそ，既存の学問分野の壁を取り払いながら，人類の歴史をさらに詳しく復元していく努力が，今後も必要となるだろう．

さらに勉強したい読者へ

石川統他編（2006）『ヒトの進化　シリーズ進化学 5』岩波書店．

海部陽介（2020）『サピエンス日本上陸——3万年前の大航海』講談社．

川端裕人（2017）『我々はなぜ我々だけなのか——アジアから消えた多様な「人類」たち』講談社．

ストリンガー，C.，アンドリュース，P.（2012）『人類進化大全——進化の実像と発掘・分析のすべて』（馬場悠男・道方しのぶ訳），悠書院．

リーバーマン，D. E.（2015）『人体600万年史——科学が解き明かす進化・健康・疾病』（上・下）（塩原通緒訳），早川書房．

第4章　旧人ネアンデルタールの盛衰

——現生人類との交替劇

近藤 修

4.1　ネアンデルタール人の謎

人類進化にはさまざまな化石集団が登場するが，その中でネアンデルタール人はもっとも有名でかつ，よく知られている．その研究の歴史は古く，ダーウィンが『種の起源』（1859年）を著した19世紀中ごろにさかのぼる．ドイツのデュッセルドルフ近郊のネアンデル谷より部分骨格として発見された（1856年）人骨は，当時の研究者によってヨーロッパ「人種」の祖先にあたると考えられ，ホモ・ネアンデルターレンシス（*Homo neanderthalensis*）と名づけられた．実は当時すでに2つの化石人骨がベルギーとジブラルタルから見つかっていたが，このデュッセルドルフでの頭骨発見を契機に，われわれヒト（*Homo sapiens*）とは異なる人類集団（化石人類）がかつて存在したことが認められ，それ以降，現在に至るまで，ネアンデルタール人の生物学的・解剖学的側面や生活・暮らしといった側面まで多くの事柄が研究されてきている．

一方で，ネアンデルタール人については謎も多い．とくにその終焉について，われわれ現生人類との関係については，現在もさまざまなレベルで研究が進行中であり，いまだに議論百出といった感がある．ここではその一端を紹介したいと思う．

4.2　ネアンデルタール人の進化的位置

人類進化のなかでのネアンデルタール人は「もっとも近縁な親戚（いとこ）」

としばしば呼ばれる．すなわち，ネアンデルタール人は，さまざまな化石人類の中で，われわれ現生人類にもっとも近しいグループであるが，直接の祖先ではない（いとこ）という解釈だ．ネアンデルタール人は発見例も多く，研究成果を総合すると，この解釈はおよそ正しいと思える．すなわち，ネアンデルタール人は出アフリカしたホモ属のグループ（*Homo heidelbergensis*）が主としてヨーロッパで固有の進化を遂げた結果生まれたとされている（Hublin 2009）．種分化の具体的な時期や要因は不明ながら，氷期―間氷期の振幅の増加や，集団の孤立による遺伝的浮動などによりネアンデルタール人に特有な形質を獲得していったと考えられている．この説に立つと，ネアンデルタール人の成立はおよそ30万年前ごろまでにヨーロッパを中心として起こったようだ．この時期にはアフリカ（の少なくとも一部地域）で，いわゆる「新人」に属する，解剖学的にわれわれ現生人類と考えてよい *Homo sapiens* が誕生していたらしい（今後これを解剖学的現代人と呼ぶ）．すなわちネアンデルタール人はわれわれ現生人類とは直接的祖先－子孫関係にはない．一方で，ネアンデルタール人の運命はどうか．われわれ現生人類（*Homo sapiens*）の中に，ネアンデルタール人はいない（と常識的には考える）ので，ネアンデルタール人はどこかで消滅（絶滅）したのである．それはなぜか？　後述するように，わずかながらネアンデルタール人の遺伝子がわれわれ現生人類に残されている（ペーボ 2015）（8.2節参照）のであり，これをホモ属以降の進化の枠組みのなかでもっとも節約的に解釈すると，アフリカでは解剖学的現代人が，ヨーロッパではネアンデルタール人がそれぞれ誕生し進化していったものが，後になって一部地域で交雑したと考えられている．

4.3　現生人類の進化仮説

ネアンデルタール人の消滅とホモ・サピエンスの拡散は，現生人類の進化仮説との関連が深い．1980年代まで，古人類学者はネアンデルタール人から一部の現生人類（現代ヨーロッパ人）が進化したと考えていた（「多地域進化説」の考え方による）．これに対し，現生人類の起源は単一であり，ネアンデルタール人などの「旧人」は移住してきた現生人類と交替したという「単一起源説」の考え方が示されていた（Howells 1976）．この対立する2つの仮説は，その後1990年代になって，ヒトの遺伝的変異研究やアフリカでの「新人」の発見，再検討などにより，後者が有力視され，「現生人類はアフリカで起源し，その後ユーラシア大陸へ（西アジアやヨーロッパへ）拡散していった」という「アフリカ起源説」が現在の共通認識となっている（Klein 2008）（3.5節参照）．

この現生人類のアフリカ起源説に基づくと，ネアンデルタール人は絶滅し，アフリカからやってきた現生人類（当時はまだ，解剖学的に現生人類とみなしうる解剖学的現代人）と「交替」したことになる．そして，考古学的証拠や遺伝学的証拠の多くはこれを支持しているようだ．では，なぜネアンデルタール人は絶滅し，現生人類は拡散（繁栄）したのか？　これが一番の興味の中心となる．

4.4 「交替」の時代背景

ヨーロッパと西アジアでの中期旧石器文化，後期旧石器文化の遺跡からは，ネアンデルタール人と解剖学的現代人が見つかっている．主に，中期旧石器遺跡からはネアンデルタール人が，後期旧石器遺跡からはホモ・サピエンス化石が見つかっているが，もちろん化石人骨のない遺跡も多い．ロシアからスペインにかけてのネアンデルタール遺跡の年代的再検討により，ネアンデルタール人はおよそ4万年前頃に消滅したことがわかっており，一方もっとも早い解剖学的現代人のヨーロッパへの進出（後期旧石器文化）は4万5千年前頃とされている（Higham *et al.* 2014）．すなわちこの時期のヨーロッパでは，ネアンデルタール人と解剖学的現代人がほぼ同地域に混在しており，同じ環境を共有していた（図4.1）．

一方で，西アジアの一部地域（イスラエル）には，より古い時期（10万年前以上）に，中期旧石器文化をともなう「新人（*Homo sapiens*）」化石が見つかっており，このことから文化的には古いが解剖学的には「新人」段階のこれらの化石を「解剖学的現代人」と呼ぶようになった．これは，アフリカで生まれた解剖学的現代人が，この一時期西アジアへ到達したものとされ，本格的なヨーロッパへの侵入はより後の時期に起きたと考えている．

解剖学的現代人が西アジア経由でヨーロッパへ拡散していくにつれて，ネア

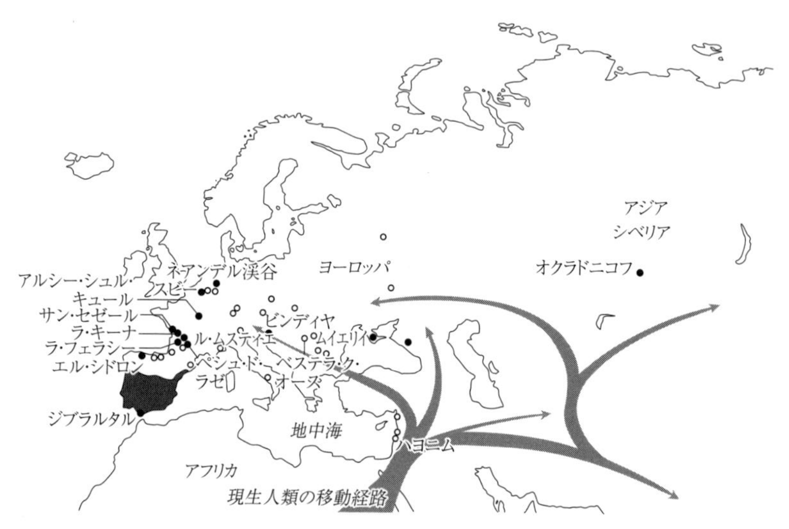

図 4. 1　およそ 4 万年前のネアンデルタール人（●と濃いアミの部分）解剖学的現代人○（*Homo sapiens*）の分布.

ンデルタール人は西へ（スペインのイベリア半島へ）追いやられたようである. この時期の気候は, 氷期－間氷期サイクルの只中であり, 北方は氷床に覆われていてヒトは住めなかった. この時期の気候変動は, グリーンランド氷床コアより得た酸素同位体比の変化によって見ることができる（図 4. 2）. この値の変化を現在より 1, 2, 3,…と区分したものを酸素同位体ステージと呼び,「交替劇」で注目すべき時期はステージ 3 に相当する. グラフ変化から読み取れるように, この期間に温暖から寒冷へと気温が変化しており, それにともない氷床も発達し, ネアンデルタール人の生息域も移動あるいは縮小した. また, 4 万 5 千年以降, 解剖学的現代人がやってくるが, ネアンデルタール人同様に北部地域には到達が遅れ, 寒冷化がさらに進むにつれ, 生息域は限定的になっていくことがわかっている（Van Andel, Davies and Weninger 2003）. こうした生息域の変遷パターンはネアンデルタール人と解剖学的現代人とで類似しており, 寒冷化は交替劇の直接的な要因ではないとされているが, ネアンデルタール人の集団の縮小を招いた根本要因として重要視されている.

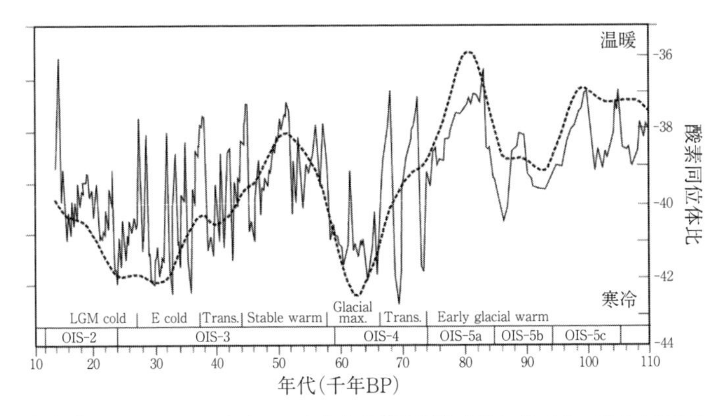

図 4.2 グリーンランド氷コアより得た酸素同位体比に基づく，過去 10 万年の気候変動．酸素同位体ステージ 3（OIS-3）の気温変化の概略がわかる．（Van Andel, Davies and Weninger 2003）より改変．

4.5 「交替劇」に関する仮説

ネアンデルタール人と解剖学的現代人の「交替劇」に関しては，さまざまな仮説が議論されている．以下に，最近のレビューよりまとめ（表 4.1），主なものを紹介する．

ここにあげた仮説のほとんど（10，11 を除いて）は，いわゆるヒトの「優位性」（現生人類がネアンデルタール人より優れている）を根拠としている．この考えは，もともとヨーロッパから西アジアのネアンデルタール人と解剖学的現代人の文化レベルを比較することから生み出された．すなわち，ネアンデルタール人の中期旧石器文化と解剖学的現代人の後期旧石器文化を比較し，後者には，新しい技術，抽象的な意思疎通，装飾品と芸術（洞窟壁画など）の創造をともない，解剖学的現代人は日常の活動（生業）レベルですでに違いをもっていたと考えられた（Mellars 1989）．こうした解剖学的現代人の「優位性」が，環境への適応能力を上げ，同時代に同地域にすんでいたネアンデルタール人よりも高い生存可能性を生み出したとする考えである．そして，出アフリカ以前の解剖学的現代人にも，この「現代人的行動」の「優位性」の証拠が，ヨーロッパの中期旧石器と匹敵する古い時期（7 万年以上）より見つかっている（とくに南ア

表 4.1 ネアンデルタール人の「交替劇」に関する仮説（Villa and Roebroeks 2014）

1：解剖学的現代人は複雑で抽象的な意思疎通ができ，完全な構文言語をもつ
2：ネアンデルタール人は革新（発明）の能力が弱い
3：ネアンデルタール人は狩猟の効率が悪い
4：ネアンデルタール人の狩猟具は解剖学的現代人のそれ（投槍器）より劣る
5：ネアンデルタール人は食性の幅が解剖学的現代人より狭く，競争に敗れた
6：解剖学的現代人はわな（トラップ）を用いて狩猟を行った
7：解剖学的現代人の石器の固定方法は複雑で高度な認知を必要とするが，ネアンデルタール人のそれはシンプルであった
8：解剖学的現代人はより大きな社会ネットワークをもっていた
9：ネアンデルタール人の領域に侵襲した初期の解剖学的現代人は，ネアンデルタール地域集団よりも人口が大きかった
10：4万年前の寒冷化がネアンデルタール人の人口減少の一要因である
11：7万5千年前のトバ火山の爆発が間接的にネアンデルタール人の絶滅を引き起こした

フリカの考古学資料による）（McBrearty and Brooks 2000）．すなわち，現生人類の「優位性」は出アフリカ以前に，すでにアフリカの解剖学的現代人に芽生えつつあり，その後ヨーロッパでネアンデルタール人と出会ったときには，その「優位性」により，現生人類は生き残り，一方ネアンデルタール人は絶滅したと説明できる．

ところが，最近になってこの考えに疑問を投げかける証拠が報告されるようになってきた．上で「現代人的行動」の特徴と考えた考古学証拠が，ネアンデルタール人の遺跡からも発見されてきているのである（d'Errico 2003; Villa and Roebroeks 2014）．

4.5.1 言語と抽象的概念（仮説1）

化石人骨から言語や抽象的概念の起源を探る試みは，これまで幾度となく試行されてきた（たとえば，頭蓋底の屈曲程度と咬頭・咽頭の関係，舌骨の形態，舌下神経管の形，さらには後述する脳鋳型の研究など）が，直接的な因果関係を導くことは依然として難しい．ここでは，考古学的証拠について述べる（こちらもけっして直接的証拠ではないが）．

すでに述べた「出アフリカ」以前の解剖学的現代人は中期石器時代（Middle Stone Age: MSA）と区分される文化段階に比定される．年代的には，ヨーロッパ・西アジアにおける中期旧石器時代と同等である．このMSAの遺跡から，言語の起源や抽象的概念を想起させるいくつかの考古学証拠が見つかっている（たとえばHenshilwood *et al.* 2002）．これらには，刻みの入ったオーカーや，貝製ビーズ，火工技術を利用した石器などがある．これらの考古学的証拠がアフリカのMSAという古い年代から見つかるという事実は，すでにその時期に，抽象的思考や個人間の情報伝達に関してそれなりの発展段階にあったことを意味するだろう．一方で，これらの証拠が，ヒトの特徴である「完全な構文構造をもつ言語」とどこまで結びつくのかは不明である（13.3節参照）．

しかしながら一方では，これらのアフリカのMSAの解剖学的現代人が示す「抽象的表現」に匹敵する事例が，ネアンデルタール人の中期旧石器遺跡（とくに後半時期）より見つかっている．それらには，オーカーやマンガンによる彩色，貝やワシの爪，鳥の羽根を利用した装飾品（Villa and Roebroeks 2014）が含まれ，洞窟の奥深くに造られた精巧な円形構築物（Jaubert *et al.* 2016）も見つかっている．これらの「抽象的表現」は，ネアンデルタール人がある程度の高度な思考能力を備えていたことを示す．考古学的発見による事象のみを比べるだけでは，ネアンデルタール人と解剖学的現代人の間に差があるようには見えない．彼らの抽象的思考能力を比較するには，事例の観察のみならず，それを生み出す行動や技術内容に踏み込んだ比較が必要だろう．

4.5.2　革新（発明）能力（仮説2）

考古学の証拠からは，この「革新（発明）」能力を評価してきた．すなわち後期旧石器（解剖学的現代人）では，中期旧石器（ネアンデルタール人）と比較して，石器型式の変化が速く，短期間に多様化することから，前者（解剖学的現代人）は「革新（発明）」能力が高く，ネアンデルタール人はその能力に欠けているとされている（Wynn and Coolidge 2008）．一方で，ヨーロッパの中期旧石器の形式細分の検証からは，石器型式の変化程度は，中期旧石器から後期旧石器にかけてそれほど違いがないといった考えもあるようである．これらの意見の相違は，それぞれの石器型式の存続する年代の決定の精度や正確さにも問題があると考えられる．

4.5.3 狩猟方法，製作技術，食性の幅（仮説3-7）

ネアンデルタール人と解剖学的現代人の間には，狩猟方法や狩猟道具の効率性に差があり，あるいはこれと関連して，食料資源の多様性に違いが生じ，両者の生存確率に差が生じたと考える仮説である．ネアンデルタール人はすでに火を操り，複雑な工程の石器を製作し，それを加工して槍先として木の棒に装着し，道具として大型動物の狩猟を行っていた．生息地域によっては，得られる食用資源が異なり，たとえば西アジア・レバント地域では，狩猟のターゲットはヒツジ・ヤギなど中型草食獣であり，陸生のカメなども食用としていたようであるが，石器製作・狩猟技術や日々の生活スタイルはヨーロッパのネアンデルタール人と変わらないと考えられる（図4.3）．ネアンデルタール人の狩猟はおそらく少人数で，獣を追いこみ，接近して槍で突くか槍を投げるというものであったと思われ，そのため肉体的負荷が大きく，骨折などの負傷も多かった．一方，およそ4万5千年前頃にヨーロッパへ進出した解剖学的現代人は，より複雑な石器製作により，より小型の尖頭器や石刃を作成した．後の時代になって，解剖学的現代人は，これら小型の石器を槍先に装着し，投槍器や弓矢で射るという狩猟技術をもつようになる．これにより獲物から離れた狩猟が可能になったわけであるが，これまでヨーロッパの後期旧石器時代でこれらの技術がどこまで古くさかのぼれるかは不明であった．

最新の石器の使用痕の研究により，4万5千年から4万年前という，まさにネアンデルタール人と解剖学的現代人が共存した時代に，この狩猟技術がさかのぼる可能性が指摘されている（Sano *et al.* 2019）．イタリア南部のカバロ洞窟はウルッチアン文化と呼ばれるもっとも古い段階の後期旧石器遺跡である．この洞窟から出土した三日月型の小型石刃の使用剝離痕と柄への装着方法を詳細に分析した結果，この剝離痕が強い衝撃速度によってつけられ，柄との接着に複雑な工程を必要としたと結論づけられた．すなわち，ここではすでに，投槍器や弓に匹敵するなんらかの機械的発射技術があったかもしれない，複雑な石

図 4. 3　ネアンデルタール人の生活想像図（赤澤 2005）．シリア・デデリエ洞窟の発掘の成果をもとに描かれた．動物の解体，石器と狩猟道具の制作，火の使用が描かれている．© 細野修一

器装着技術は高度な認知能力を必要としたかもしれない．カバロ洞窟から見つかっているヒト乳歯は解剖学的現代人とされているので，アフリカよりやってきた解剖学的現代人は，すでに高度な狩猟技術をもっていたことになる．同時期のネアンデルタール人にはまだこのような狩猟技術の証拠は見つかっていない．この狩猟技術の差が明らかであれば，環境への適応能の差として「交替劇」が説明される可能性がある．

狩猟技術と関連して，食事メニューの多様性に関しても議論されている．直接的証拠としては，遺跡から見つかる動物・植物化石から食事メニューが復元され，ネアンデルタール人が利用した食料資源については大型－中型サイズの草食獣が中心であり，解剖学的現代人のそれはより多様で，水産資源（魚介類）や小型動物（鳥やウサギ）に加え，植物食もメニューに含まれると考えられてきた．より間接的な証拠としては，人骨のコラーゲンから炭素，窒素それぞれの安定同位体比を計測するという方法が確立している（第 14 章参照）．ネアンデルタール人から得られた，炭素，窒素の安定同位体比は，食物連鎖の最上位の食肉類の位置を占め，ネアンデルタール人はウシ科やウマ科などの大型草食動物を主なタンパク質源としていたと考えられてきた.

一方で，量は多くないかもしれないが，ネアンデルタール人がウサギなどの小型動物を食用とした証拠（カットマーク）や，鳥の羽根やワシの爪を装飾品として利用した可能性など反論もあり，さらには，淡水魚や，植物資源の利用まで示唆されるようになっている（Villa and Roebroeks 2014）．ネアンデルタール人の植物利用の証拠として，歯に付着した歯石から，デンプン粒や植物珪酸体を同定した研究では，ネアンデルタール人は大型獣の狩猟がメインであったとしても，植物資源も広く利用されていただろうと結論づけている（Power *et al.* 2018）．人骨のコラーゲンより炭素，窒素の安定同位体比を得て推定される食性は，タンパク質源となる主要な食材を示していると考えられ，一方で歯石のデータが示す植物資源へのアクセスは食性の幅を定性的に見ているにすぎない.「交替劇」に結びつく議論としては，環境への適応能という観点で比較すべきであろうが，どちらを重要視すべきかは難しい問題かもしれない.

4.6 ネアンデルタール人の解剖学

これまで，考古学的情報を中心に述べてきたが，人骨形態から考えるアプローチについても紹介したい．1つは，手の骨から導かれる器用さについて，もう1つはさまざまな能力，認知の源となる脳についてである.

環境への適応能として，石器などの道具の製作技術に注目するならば，手の器用さは重要なファクターとなりうる．手の器用さには脳と神経伝達という神経系もかかわるが，ここでは手の骨に残される解剖学的特徴を比較する．これまでネアンデルタール人を含むいわゆる「旧人」段階では，全体的に筋肉が発達し，こぶし全体を「ぎゅっ」と握るような“power grip”（パワーグリップ）が主であると考えられてきた．さらに，指の骨の長さや，関節面の弯曲程度の比較から，ヒトが行う指先でつまむような“precision grip”（精密グリップ）は，解剖学的には可能であってもその頻度は少ないだろうとされてきた．しかし，新たな分析は異なる解釈を示している（Karakostis *et al.* 2018）．指を動かす筋の付着面の面積を3次元的に計測し，比較基準となる現生人類を職業別に「精密グリップ」グループと「パワーグリップ」グループに分け，これとネアンデルタール人，解剖学的現代人を比較した．結果はかなり衝撃的で，ネアンデルタール人の筋付着面パターンは「精密グリップ」に属し，とくに親指に高いスコアをもつ特徴がある．これを素直に解釈すると，ネアンデルタール人は指先を用いた精密グリップに特徴的な筋配置をもっていたことになる．一方の解剖学的現代人は精密グリップグループからパワーグリップグループまで広く分布しまとまりを見せない．筆者らはこれを職業分離が進んでいたためではないかと予察している．先に示した，イタリアの解剖学的現代人は，狩猟道具の製作に細かい作業を必要としていたはずであるが，ネアンデルタール人も同様な手先の細かい作業ができたのであろうか？　フランスのネアンデルタール人遺跡（マラス洞穴）では，淡水魚，鳥，野ウサギを捕獲し，石器表面についていた繊維は糸を紡いだ証拠かもしれないという（Hardy *et al.* 2013）．疑問は深まるばかりである．

4.6.1　ネアンデルタール人の脳解剖

ネアンデルタール人と解剖学的現代人の能力差を考えるときに，それぞれの脳のはたらきに考えが及ぶことは当然である．古人類学では化石頭蓋の内腔（脳が入っていたスペース）の鋳型をとり（これをエンドキャストと呼ぶ），この形を比較することが行われてきた．もっとも直接的に計測される指標は，このエンドキャストの容量でありこれを脳容量として（変換して）さまざまな種間，グループ間で比較してきた．脳容量の飛躍的増大は，ホモ属の出現以降の人類進化の特徴であり（図3.3参照），その中で，ネアンデルタール人は現生人類と遜色ない（平均値としてはより大きい）大きな脳をもっていたことがわかっている．

エンドキャストのサイズだけでなく，形やプロポーションの比較，脳の溝やしわの痕跡などから，脳の部位（前頭葉，側頭葉など），言語野（ブローカ野，ウェルニッケ野），視覚野の位置や大きさ，発達程度などが調べられてきた．しかし，残念なことに，エンドキャストは脳の入れ物であって，脳そのものではない．したがってMRIを使った脳機能研究による成果などと直接的に比較することが困難である．

日本の研究グループが，脳機能研究で用いられている統計的計算解剖学の手

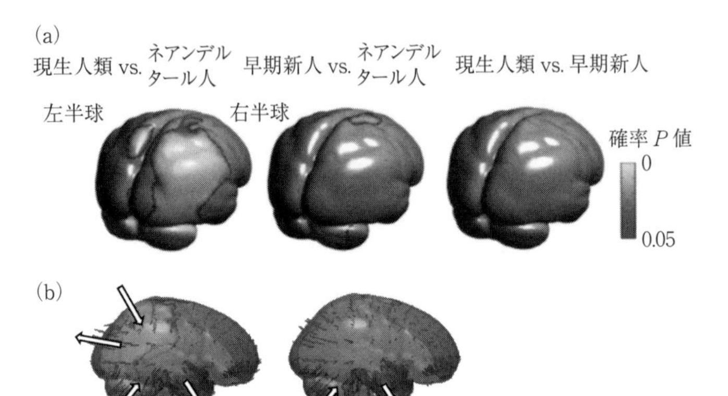

図 4. 4 ネアンデルタール人と早期新人（解剖学的現代人），現生人類の復元した脳表面形態の比較．右斜め後ろより見た図．(a) 表面形態の差が統計的に有意である部位．(b) 表面形態の変位を図化（矢印の向きはネアンデルタール人への変位を示す）．(Kochiyama *et al.* 2018) を改変．

法を用いて，この問題に婉曲的にアプローチしている (Kochiyama *et al.* 2018)．脳機能研究では，さまざまな被験者の脳機能画像を標準化して重ね合わせ，実験による脳活動部位を表示する手法がとられる．これは，個人間でバラツキのある 3 次元脳画像を 1 つの基準化した脳（平均脳）にそれぞれ個別の関数によって変換することで達成される．化石人類のエンドキャストはそれぞれ少しずつ形が異なるが，ヒト平均脳のエンドキャストとの関数は計算でき，この関数の逆関数を用いることで，ヒト平均脳を化石人類のエンドキャストにあてはめることを考えた．このようにして得られたネアンデルタール人，解剖学的現代人（図では早期新人），とヒト平均脳の表面形態を比較すると，ネアンデルタール人の脳は後頭葉が大きく小脳が小さい，解剖学的現代人の脳は，後頭葉が小さく小脳が大きいことが示された（図 4. 4）．現生人類の小脳が相対的に大きいことはすでに知られていたが，その特徴がより古く「交替劇」の時期にまでさかのぼることが示された．興味深いことに，小脳の神経ネットワークは，均質な神経モジュールの集合体として構成されている．小脳は，大脳のそれぞれの機能部位との連絡により，運動機能だけでなく，さまざまな高次の脳機能（言語，作業記憶，社会性や認知）との関連も重要視されており，小脳の（相対的）サイズと高次機能の関係が今後問題となる.

4.6.2 種間交雑と同化

考古学的情報と，人骨形態の解剖学的情報より，「交替劇」の要因となりそうな仮説についていくつか紹介してきたが，少なくとも単独の仮説が支持される状況にはない．解剖学的現代人がネアンデルタール人より「優れて」いた可能性は残されているものの，否定的な証拠も増えつつある．ここで，ネアンデルタール人と現生人類の生物学的な関係として，両者の交配可能性について示しておく．

現生人類の進化仮説として「多地域進化説」が議論されていた1980年代から（3.5節参照），ネアンデルタール人と現生人類（ヨーロッパ人）の連続性は予想されており，いくつかの人類化石が両者の中間段階として位置づけられてきた．いわゆる「アフリカ起源説」が有力になって以降は，後期のネアンデルタール人やヨーロッパに到着した解剖学的現代人に見られる中間的形質を2つのグループの「交雑」の証拠であるとする議論があった．ネアンデルタール人と現生人類の交雑がより直接的に示唆されるようになったのは，ネアンデルタール人の核ゲノムが読み取られ，現生人類のそれと比較できるようになったからである（Green *et al*, 2010; ペーボ 2015）．出アフリカした解剖学的現代人がネアンデルタール人と遭遇し（5万年前後と予想される）交雑したことにより，アフリカ以外の現生人類はわずかながら（1-3%）ネアンデルタール人のゲノムを受け継いでいるのである．ネアンデルタール人から受け継がれ，われわれ現生人類の一部に残っているこのゲノム中には，その間，現生人類に有利に働く遺伝子が含まれていたかもしれない．実際にゲノムレベルの研究では，ネアンデルタール人由来の変異が現生人類の免疫系や紫外線への適応に有利に働いた（あるいは有利に働く遺伝子の近傍にあってその遺伝子とともに伝わった）といわれている．

交雑するこの二者ははたして別種といえるのだろうか？　現在，ネアンデルタール人は *Homo neanderthalensis*，すなわちわれわれ *Homo sapiens* とは別種の「化石種」として扱われることが多いが，「多地域進化説」が主流であった時代はネアンデルタール人をわれわれヒトの亜種として *Homo sapiens neanderthalensis* としていた．生物学的な「種」の定義は「交配可能性」を重視するので，交雑が明らかとなりつつある現在，厳密な「生物種」の立場ではネアンデルタール人とわれわれホモ・サピエンスは同種となる．いまだにネアンデルタール人を別種として扱っている（そういう意見が多い）のは，生物学的「種」の定義をそのまま進化史上に当てはめるのは矛盾をはらんでいるからであり，また，現生野生動物種においても，隣接する別種間で中間種が見つかることもあり，厳密な「生物種」と「化石種」を同一視しなくてもよいという立場による．

4.6.3　感染症（疫病）仮説

上記のように，ネアンデルタール人と解剖学的現代人が交配可能であり，実際に直接的なコンタクトがあったとすると，両者の間で病気の伝播が起きた可能性も考えられる（Houldcroft and Underdown 2016）．実際にネアンデルタール人由来のゲノム配列には，多くの感染症や免疫系に関連するものが含まれている．これまでに述べた仮説には含まれていないが，感染症への抵抗性の違いが両者の命運の差をもたらした可能性が考えられる．

感染症の動態と交雑による影響をモデル化することで「交替劇」が説明されている（Greenbaum *et al.* 2019）．異なる“pathogen package”（病原群）をもつ2つの集団は，感染性の病気の存在によって集団間の人口動態を安定化させることができ，交雑による遺伝子流動の後には未知の病原菌の減少により，集団間の行き来のバリアーはなくなる．それぞれの集団がもともともっていた病原群に違いがあり，未知の病気の数が異なることにより，バリアーの取り払われる時期とその後の集団サイズの変化も異なることが示された．このモデルにより，西アジア・レバント地域におけるネアンデルタール人と解剖学的現代人の「交替劇」は以下のように説明された．アフリカ起源の解剖学的現代人は熱帯性，ネアンデルタール人は温帯性の「病原群」をもっていた，すなわち互いに未知の病気をもっていた．およそ18-12万年前の間，出アフリカの最前線であったレバント地方では，解剖学的現代人とネアンデルタール人は長期間にわたってレバントという狭い地域で接触していたが，その間に徐々に遺伝子流入が起こった．5万年以降のとある時点で両者のバリアーが低くなり接触範囲が広がるが，このとき，それぞれにとっての未知の病気の深刻度が異なり，解剖学的現代人は集団サイズを増加させ，一方ネアンデルタール人は集大サイズが減少したというストーリーである（Greenbaum *et al.* 2019）．具体的な感染症や病因については特定できていないが，現生人類に残されたネアンデルタール人由来のゲノム配列より，自然選択に有利に作用している部分を調べることによって，このような病因関連配列の候補が見つかってくる可能性がある．

4.7　環境への対応能力と偶然

ネアンデルタール人の終焉と出アフリカした解剖学的現代人の繁栄を「交替劇」と呼んだわけだが，この要因に関して「これだ」というような唯一無二の解答は，いまのところ見つかっていない．イベリア半島の先端にあるジブラルタルで長年ネアンデルタール人の終焉について調査研究をしてきたクライブ・フィンレイソンによれば，それは「偶然」の重なりによる（フィンレイソン 2013）．最後に彼の意見を紹介しよう．

人類進化の過程はけっして直線的ではなく，複数の人類集団が生まれては消えていった．古くはアウストラロピテクス段階からホモ・サピエンスの誕生にいたるまで，複数の人類集団が地球上に共存したことは明らかとなっており，それぞれのグループはそれぞれの地域環境に適応して生きていたわけである．ネアンデルタール人と，解剖学的現代人の場合もそれぞれの地域環境に適応していたにちがいない．「交替劇」の環境のなかで遭遇したであろうこの2集団のうち，解剖学的現代人が生き残った理由が「偶然」の積み重ねであるというのは，適切なときに適切な場所にいたのが「たまたま」われわれの祖先であった，ということらしい．たしかにわれわれの祖先である解剖学的現代人は，与えられた環境にうまく対処してきた．一方でネアンデルタール人もそれなりにうまくやったにもかかわらず，滅んでしまった．これを「不適切なときに不適切な場所にいた」せいだとフィンレイソンは説明する．

彼によると，ネアンデルタール人と解剖学的現代人の「能力差」に見える事象もまた，偶然の産物であるようだ．すなわち同時代を生きた両者は地域環境の変化にあわせて，それぞれにイノベーションを起こしたと考えている．イベリア半島の端に追いやられたネアンデルタール人が4万年以降まで生き延びられたのは，その地でとれる海産資源を食べたからである．一方で中央アジアに進出した解剖学的現代人は，ツンドラステップという寒冷・乾燥した大平原への適応を可能にした．それぞれの土地で，それぞれの環境にあった適応を果たしたという点で，両者の間には能力に差はなかったのだが，その後の気候変動（やなんらかの環境変化）がたまたま後者に有利にはたらいた，というのが，フィンレイソンの考えである．

「たまたま」うまくいった者が生き残り，そうでなかった者は個体数を減らし絶滅へ向かうという進化の考え方は，ダーウィンの考えた「適者生存」と，木村資生の「分子進化の中立説」を統合する現代的な進化の考え方とうまくフィットする．「たまたま」な事象が重なった結果，「交替劇」は起きたのかもしれない．最後に彼の言を引用しよう．「私たちが適切な時に適切な場所にいることができたのは，ただ運がよかったからにすぎない．この考えに私はいつもはっとさせられ，自分の身の丈を思い知らされるのである」（フィンレイソン 2013「はじめに」より）

さらに勉強したい読者へ

シップマン，パット（2015）『ヒトとイヌがネアンデルタール人を絶滅させた』（河合信和訳，柴田譲治訳），原書房．

コラム　旧人と新人の文化

西秋良宏

私たち新人（*Homo sapiens*）は約20-30万年前のアフリカで生まれた．その後，ユーラシア各地に拡がり，先住集団であった旧人（第3章）を吸収し，あるいは絶滅に追いやって，地球上で唯一の人類集団として今に至っている．

そこで，誰もが疑問に思うのは，なぜ新人だけが生き残ったのかという点だろう．新人のほうが「優秀」だった，言語能力が優れていた，という意見もよく聞かれるが，実のところ結論は出ていない．両者の認知能力や身体能力が異なっていたことは間違いない．しかし，さまざまあった違いのうち，両者の運命を分けたのがどの要素かをピンポイントで特定するのは別問題である．

解釈が難しい理由の1つは，ヒトの適応には文化が大きな役割をはたしているからである．大航海時代や帝国主義の時代を思い浮かべてみればよい．生物学的に同じ新人集団（民族，国家）どうしが競合した際にも，互いの装備や技術，社会体制，政治力など，歴史や文化に由来する要因が結末に大きく左右してきた．ヒトの生き方は生物学的な条件だけでは決まらないのである．

旧人の文化は停滞的であったのに対し新人の文化は創造的だった，新人は旧人時代にはなかった洞窟壁画やビーナス像など芸術を発達させたなど，違いを強調する書籍も多い．しかし，それらは，旧人文化は5万年前以前，新人文化はそれ以降，という線引きをしているものが大半であることに注意してほしい．時代の違う集団（たとえば江戸時代と令和の日本人）の物質文化を比較して，互いの生物学的能力を議論するのは短絡的にすぎる．

では，何が両者の運命を分けたのか．私は社会の総合力が違ったという説明をするのだが，それでは答えにならないという意見もあるだろう．若いみなさんには，旧人・新人交替劇の謎について，ぜひ新たな切り口を探してもらいたいと思う．その際には，文化の力に十分な注意を払っていただきたい．2つの集団はどちらも20-30万年前に出現した．その後の展開をひとつひとつ同時代の証拠に基づいて比較していくことが肝要である．その作業は，われわれ新人がどんな存在なのかについて理解を深めることにつながるにちがいない．

II

ヒトのゲノム科学

第5章　アジア人・日本人の遺伝的多様性

——ゲノム情報から推定するヒトの移住と混血の過程

大橋 順

5.1　ヒトゲノムの多様性

5.1.1　ヒトゲノム

ヒトゲノムとは，ヒト（*Homo sapiens*）がもつ遺伝情報（全 DNA 配列）の1セットのことである．はじめに，ヒトゲノムについて簡単に説明する（図 5. 1）．ヒトを含むあらゆる生物の基本単位は細胞である．赤血球以外のヒトの体細胞は核膜で囲まれた球状の細胞核をもっている．細胞核の中に染色体があり，各染色体はヒストンと呼ばれるタンパク質にデオキシリボ核酸（DNA）が巻き付いた棒状の構造をとっている．DNA の最小単位（ヌクレオチド）は，「塩基」「糖」「リン酸」から構成されている．「塩基」には，「アデニン（A）」「グアニン（G）」「シトシン（C）」「チミン（T）」の4種類があり，ヌクレオチドにはそのうちの1種類の塩基が結合している．ヌクレオチドはリン酸を介して鎖状につながっている．これを DNA 鎖と呼ぶ．さらに，2本の DNA 鎖の塩基と塩基が水素結合によって結ばれ，二重らせん構造をとっている．このとき，向かい合う一方の DNA 鎖の塩基がAであれば他方の塩基はT，一方の塩基がGであれば他方はC，というように2本の鎖が特異的に結合している（塩基のペアを塩基対と呼ぶ）．すなわち，二重らせんを構成する一方の DNA 鎖の塩基の並びと，もう一方の DNA 鎖の塩基の並びは相補的な関係にある．DNA 鎖における4種類の塩基の組み合わせが塩基配列であり，生物が正常な生命活動を保持するための遺伝情報が塩基配列として蓄えられている．ヒトゲノムはおよそ31億塩基対によって構成されている．その塩基配列の一部（数%）は，タンパク質のアミノ酸配列を規定しており，そのような部位をタンパク質コード遺伝子と呼ぶ．ヒトゲノム中には，およそ2万500個のタンパク質コード遺伝子が存在する．

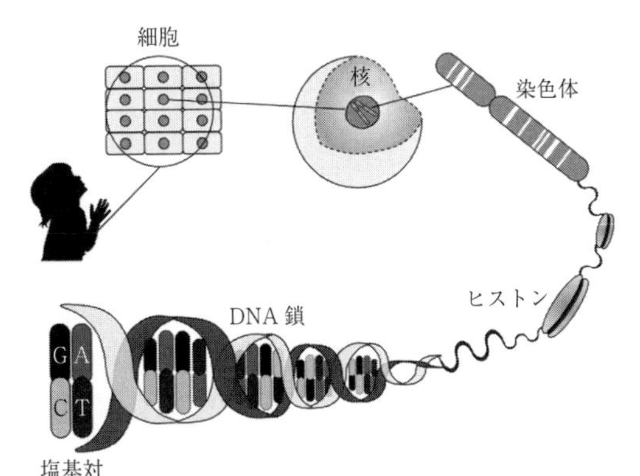

図5.1　ヒトゲノム．
ヒトの細胞には核があり，その中に染色体が収められている．染色体はヒストンと呼ばれるタンパク質にDNA鎖が巻き付いた棒状の構造をとっている．DNA鎖は二重らせん構造をとっており，向かい合うDNA鎖の塩基が特異的に結合している．塩基は4種類があり，それらの塩基の組み合わせ（塩基配列）として遺伝情報が蓄えられている．細胞核中の染色体は対で存在しており，このうちの1セットに含まれる遺伝情報の総体をヒトゲノムと呼ぶ．

5.1.2　性特異的遺伝マーカー

ヒトの細胞核には，22対の常染色体（全部で44本）と，1対の性染色体（女性はX染色体が2本，男性はX染色体とY染色体が1本ずつ）が含まれている．卵子には必ずX染色体が1本含まれるが，精子にはX染色体を含むものとY染色体を含むもの2種類があり，X染色体を含む精子が卵子と受精すれば子供は女性に，Y染色体を含む精子が受精すれば男性になる．Y染色体は父親から息子にのみ伝わるため，父親の系譜を反映する遺伝マーカーとしてよく利用される（図5.2）．

ミトコンドリアは細胞質に存在する細胞小器官であり，エネルギー産生や呼吸代謝の役目を担っている．ミトコンドリアもDNAを含んでおり（mtDNA，8.1節参照），核DNAと同様に親から子供に遺伝する．受精の際，父親由来のミトコンドリアは卵子の中に入らないか，入っても破壊される．そのため，mtDNAは母親からのみ子供に伝わる．この母系遺伝する性質から，mtDNAは母親の系譜を反映する遺伝マーカーとして利用される（図5.2）．mtDNAは男性のミトコンドリアにも含まれていることや，細胞内のDNA量が多く解析しやすいため，これまでに多くの研究が行われている．

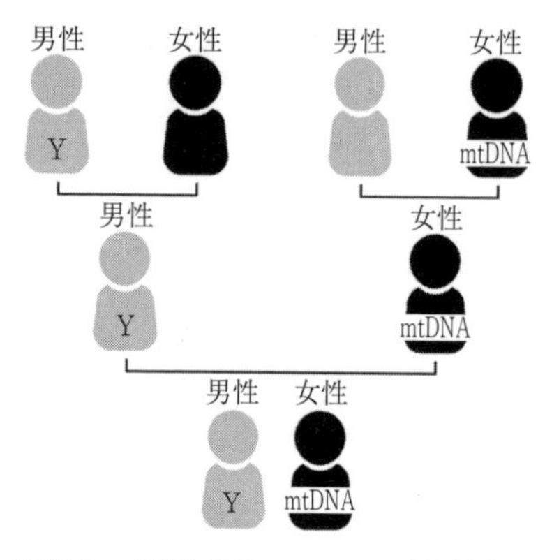

図 5.2 Y染色体と mtDNA の遺伝様式. Y染色体と mtDNA が遺伝していく様子. Y染色体は男性が次世代の男性に伝える. mtDNA は女性から次世代の女性または男性に伝わるが, さらに次世代に伝えることができるのは女性のみである.

5.1.3 SNP

配偶子が形成される際 (5.1.4 項参照) に, 非常に低い確率ではあるが, DNA 複製エラーが原因で塩基配列が変化することがある. これを突然変異と呼ぶ. 突然変異のタイプには, 塩基の置換, 塩基の挿入や欠失, リピート配列におけるリピート数の増減などがあり, 突然変異によって生じた新しい塩基配列が世代経過にともない集団中で頻度が増加すると, 多型として観察されるようになる (第6章参照). ヒトゲノム中でもっとも高頻度に観察される多型は SNP (Single Nucleotide Polymorphism, 一塩基多型) である. 図 5.3 (a) に SNP の例を示す. 上の塩基配列と下の塩基配列を比較すると, 上の配列では塩基が A であるのに対して, 下の配列では同じ箇所が G になっている. SNP とは, 着目する集団において, 塩基配列上のある特定の位置に, 2 種類以上の塩基が存在する部位のことをいう. また, SNP の異なる塩基をアレル (対立遺伝子) と呼ぶ. ヒトの点突然変異 (1 塩基が別の塩基に置き換わること) 率は 1.2×10^{-8}/塩基/世代と低いため (6.3 節参照), 大部分の SNP には 2 種類の塩基しか観察されず, そのほとんどが単一起源と考えられる. 単一起源とは, 祖先型が G アレルで派生型が A アレルであるとすると, G アレルから A アレルへの点突然変異は過去に一度しか起きていないということである. ヒトの体細胞は二倍体である (両親から相同染色体をそれぞれ 1 本ずつ受け継ぐ) ため, 各 SNP に対して 3 種類の遺伝子型が存在する. たとえば, A/G の SNP では, A/A, A/G, G/G の 3 通りの遺伝子型が存在する (図 5.3 (b)).

タンパク質コード遺伝子上にある SNP の中で, 塩基の違いによって異なるアミノ酸となるものを非同義 SNP, 同じアミノ酸のままであるものを同義 SNP と呼ぶ. 多くの SNP は NCBI (National Center for Biotechnology Informasiont: アメリカ国立生物工学情報センター）のdbSNPデータベース（https://www.ncbi.nlm.nih.gov/snp/）に登録されており，rsで始まるIDが付与されている（例，rs3827760）．SNPを構成する2つのアレルのうち頻度の低い方のアレルをマイナーアレル，頻度の高い方のアレルをメジャーアレルという．dbSNPデータベースには，マイナーアレル頻度が1%以上の非同義SNPが10万1千個以上，同義SNPが8万9千個以上登録されている（2020年10月27日現在）．

(a)

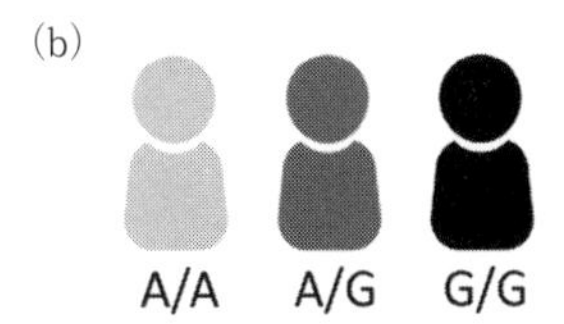

(b)

図5.3 SNPと遺伝子型．
(a) AアリルとGアリルのSNPの例．上の塩基配列では左から5番目の塩基がAであるのに対して，下の配列ではこの箇所がGになっている．このような塩基部位をSNP部位という．(b) ヒトの体細胞は二倍体であるので，AアリルとGアリルのSNPでは，A/A, A/G, G/Gの3通りの遺伝子型が存在する．

日本人を含む東アジア人に特徴的な表現型を示すSNPに，*ABCC11*遺伝子上の非同義SNP（rs17822931）と*EDAR*遺伝子上の非同義SNP（rs3827760）がある（図5.4）．ABCC11はATP-binding cassette（ABC）トランスポータータンパク質の1つであり，乳腺やアポクリン腺などの外分泌組織ではたらくタンパク質である．rs17822931はABCC11タンパク質の180番目のアミノ酸残基がグリシンまたはアルギニンになるSNP（Gアレルだとグリシン，Aアレルだとアルギニン）であり，アルギニンとなるアレルの頻度が東アジア人で高く，A/A遺伝子型だと耳垢は乾いたタイプになり，G/A遺伝子型またはG/G遺伝子型だと湿ったタイプになる（Yoshiura *et al.* 2006）（7.1節参照）．EDARはectodysplasin Aのレセプターであり，胚発生で重要な役割を果たすタンパク質である．rs3827760はEDARタンパク質の370番目のアミノ酸残基がバリンまたはアラニンになるSNP（Tアレルだとバリン，Cアレルだとアラニン）であり，Cアレルをもつほど毛髪が太くなり（Fujimoto *et al.* 2008a; 2008b），また切歯のシャベルの度合いが強くなる（Kimura *et al.* 2009）ことが知られている．興味深いことに，rs17822931のAアレル（乾いた耳垢と関連）とrs3827760のCアレル（太い毛髪やシャベル状切歯と関連）には，東アジア人の祖先集団において強い正の自然選択が作用した可能性が高く（Fujimoto *et al.* 2008a; 2008b; Ohashi, Naka, and Tsuchi-

(a)

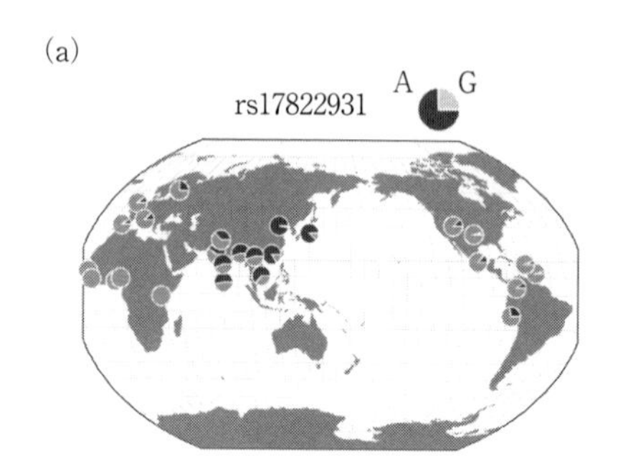

(b)

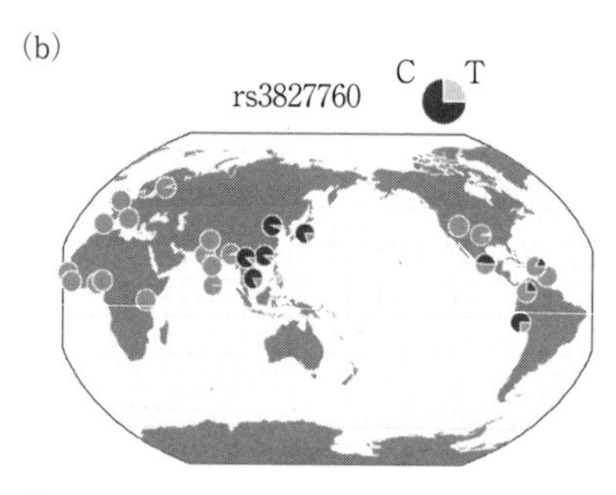

図 5.4 rs17822931 と rs3827760 の地理的分布.
(a) *ABCC11* 遺伝子の非同義 SNP である rs17822931 は，乾いた耳垢と関連する A アリルの頻度が東アジア人集団で高い．A/A だと乾いた耳垢，G/A または G/G だと湿った耳垢をもつ．(b) *EDAR* 遺伝子の非同義 SNP である rs3827760 は，太い毛髪と関連する C アリルの頻度が東アジア人集団で高い．C アリルを多くもつほど毛髪が太くなる（太さの順は C/C>T/C>T/T）．

ya 2011)，そのことが明瞭な地域差（図 5.4）を生じさせたと考えられる．

5.1.4 減数分裂と組換え

生殖細胞系列で起こる細胞分裂の様式を減数分裂といい，細胞が通常増殖する際の様式を有糸分裂あるいは体細胞分裂という．減数分裂が体細胞分裂と異なる点は，染色体の複製の後に姉妹染色分体となり，2 回連続して細胞分裂（減数第一分裂，減数第二分裂）が起こることで，最終的に配偶子では染色体数が分裂前の細胞の半分になる点である（図 5.5）．減数分裂によって遺伝的多様性が生み出される仕組みに，非姉妹染色分体間で染色体の一部が入れ替わる交叉（乗換えともいう）がある．各染色体当たり，およそ 2 カ所以上（減数分裂当たり約 50 カ所）で交叉が起こる．交叉が起きると，新たな塩基配列をもつ染色体（組換え体）が子供に伝わることがある．同一染色体上の 2 地点の間で組換えが起こる頻度が 1% であるとき，その 2 点間の遺伝距離を 1 センチモルガン（centiMorgan: cM）という．ヒトの場合，1.3 cM の距離がおよそ 100 万塩基に相当する．

5.1.5 ハプロタイプと連鎖不平衡

ハプロタイプとは，同一染色体上に存在する複数の SNP のアレルの組み合わせのことである（図 5.6）．観察されるハプロタイプの種類数は，SNP 部位間

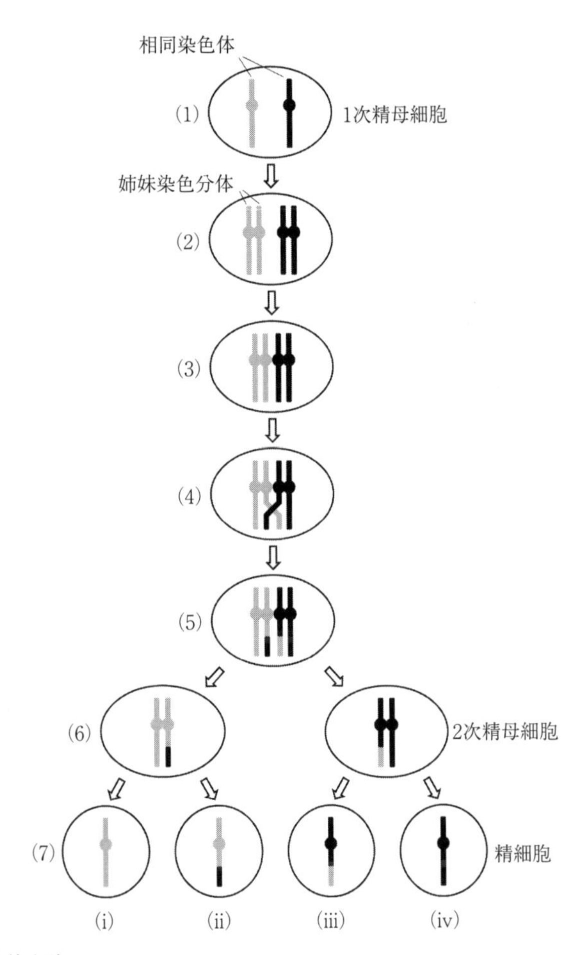

図 5.5　減数分裂.
精子形成を例にした減数分裂の過程. 灰色は精子をつくる個体の母由来の染色体を, 黒色は父由来の染色体を示す. (1) 1次精母細胞には相同な染色体が2本含まれている ($2n$). (2) それぞれの染色体のDNA鎖が複製されて, 2つの姉妹染色分体ができる ($2n$). (3) さらにこれらが対合する ($2n$). (4) 非姉妹染色分体間で交叉が起きる ($2n$). (5) 交叉が完了する ($2n$). (6) 減数第一分裂により, 姉妹染色分体として分離し, 2次精母細胞となる (n). (7) 減数第二分裂により, 姉妹染色分体が分かれ, 1本の染色体を含む精細胞となり, 最終的に配偶子 (精子) となる (n). 配偶子 (i)-(iv) の中で, (ii) と (iii) は新しい塩基配列をもつ染色体 (組換え体) である. 交叉が起きても, 必ずしも組換え体が伝わるわけではないことに注意.

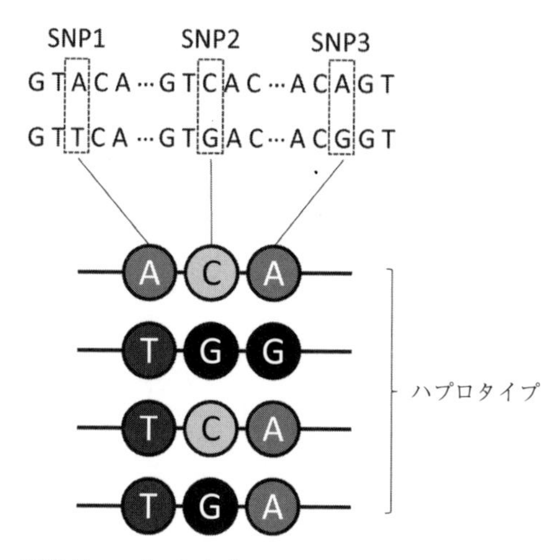

図 5. 6　ハプロタイプ.
同一染色体上にある複数の多型のアリルの組み合わせをハプロタイプと呼ぶ．この図では，SNP1（A アリルと T アリル），SNP2（C アリルと G アリル），SNP3（A アリルと G アリル）の 3 つの多型によって規定されるハプロタイプが示してある．

で過去に起きた組換えの回数に依存しており，SNP 部位が近接している（正確には，遺伝距離が短い）と組換えが起きる確率が低いため，理論上の最大種類数よりも少なくなる．観察されるハプロタイプの種類や各ハプロタイプ頻度は集団によって異なるが，遺伝的に近い集団ではよく似ている．そのため，ヒト集団間の遺伝的近縁関係や，ヒトの移住の歴史を推定するのにも用いられる．

連鎖不平衡とは，同一染色体上の 2 つ以上の多型間のアレルに関連がある状態のことをいう．SNP1（A アレルと G アレル）と SNP2（C アレルと T アレル）によって規定されるハプロタイプを例に説明する（図 5. 7）．この場合，A–C，A–T，G–C，G–T の 4 種類のハプロタイプが存在しうる．ハプロタイプの頻度がそれを構成するアレルの頻度の積と等しくない場合に，両アレルは連鎖不平衡の関係にあるといい，ハプロタイプ頻度の方がアレル頻度の積よりも大きければ正の連鎖不平衡，小さければ負の連鎖不平衡という．図 5.7 の A–C，A–T，G–C，G–T ハプロタイプの頻度を h_{11}，h_{12}，h_{21}，h_{22} とする．A アレルと C アレルの頻度はそれぞれ $h_{11}+h_{12}$ と $h_{11}+h_{21}$ である．A アレルと C アレルの連鎖不平衡係数を，A–C ハプロタイプ頻度からアレル頻度の積を引いた $D_{11}=h_{11}-(h_{11}+h_{12})(h_{11}+h_{21})$ と定義する．$D_{11}>0$ ならば A アレルと C アレルは正の連鎖不平衡，$D_{11}<0$ ならば A アレルと C アレルは負の連鎖不平衡，$D_{11}=0$ ならば A アレルと C アレルは連鎖平衡にあるという．なお，A アレルと T アレルの連鎖不平衡係数を D_{12}，G アレルと C アレルの連鎖不平衡係数を D_{21}，G アレルと T アレルの連鎖不平衡係数を D_{22} と定義すると，$D_{11}=-D_{12}=-D_{21}=D_{22}$

の関係がつねに成立する．

5.1.6 ゲノム人類学

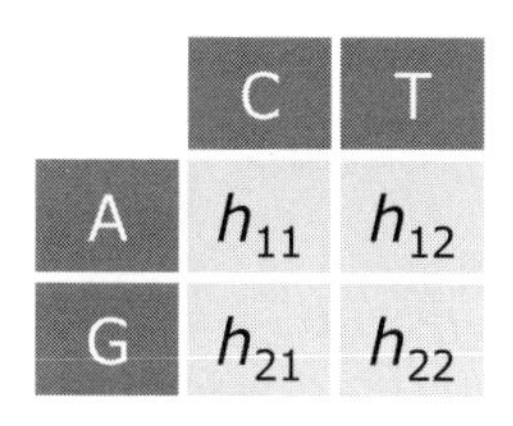

図 5.7 連鎖不平衡．くわしくは本文参照．

全ゲノム配列決定技術（6.3 節参照）が実用化されたことで，ゲノム人類学研究において飛躍的な進展が見られている．ゲノム人類学とは，ヒトゲノムの多様性情報から，人類の進化過程や，表現型の多様性を生み出す遺伝因子を明らかにし，ゲノムレベルで「生物としてのヒト」の理解を目指す学問分野といえる．多くの生物種でゲノム解析が行われているが，公共ゲノムデータベースがもっとも充実しているのがヒトである．また，データを解析するためのフリーのソフトウェアも数多く公開されている．一昔前までは，実験をしてDNA 配列を決定するという，いわゆる wet 解析抜きに研究を進めることは難しかったが，現在はデータベースにあるデータを利用した dry 解析のみで優れた成果をあげることができる．若い人が参入しやすいという点からも，ゲノム人類学は今後ますます発展すると期待されている．

5.2 アジア人の形成過程

5.2.1 東アジアへの移動

ヒトの進化を包括的に理解するには，より多くのヒト集団を解析することが必要なため，大規模な国際共同研究プロジェクトが盛んに行われている．その1つに HUGO（Human Genome Organisation: ヒトゲノム解析機構）Pan-Asian SNP コンソーシアムがある．本コンソーシアムでは，アジア人の形成過程を明らかにする目的で，73 のアジア集団に属する 1808 人のアジア人について，54794 個の SNP 遺伝子型を調べている（The HUGO Pan-Asian SNP Consortium 2009）．

これまで，東アジア集団の祖先集団の形成については2つの仮説が提案されてきた．1つは，(1) 東アジア集団と東南アジア集団は，アジア大陸南部の沿岸部に沿って到達した1つの共通祖先をもつという説である（東南アジア到達後に東アジアまで北上した）．もう1つは，(2) 東アジアに到達した2つの移住ル

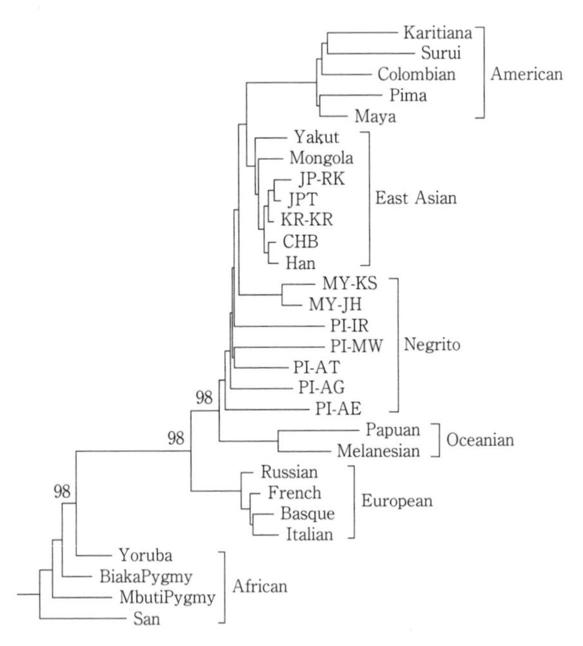

図 5.8 世界の 29 集団を対象にした系統樹.
アフリカ集団（African）から非アフリカ集団が分岐し，次にヨーロッパ集団（European）とアジア系集団（Oceanian, Negrito, East Asian, American）が分岐した.

ートがあり，南を経由した移住の後に，より北方を経由して到達した（中央アジアを介してヨーロッパ集団とアジア集団をつないだ）移住があったという説である．代表的なアジア集団と，アフリカ集団，ヨーロッパ集団，オセアニア集団，アメリカ先住民集団を含め，29 集団を対象にした系統樹解析により（図 5.8），ヨーロッパ集団とアジア・オセアニア・アメリカ先住民集団が分岐した後，オセアニア集団とアジア・アメリカ先住民集団が分岐し，次にアジア集団のネグリトと東アジア・アメリカ先住民集団が分岐し，最後に東アジア集団とアメリカ先住民集団とが分岐したことが示唆された．

SNP ハプロタイプの多様度に着目すると，南の集団から北の集団にいくほど（緯度に比例して），その多様度は減少しており，アジア集団の祖先は南から北へと移動してきたことが強く示唆される．東アジア集団で観察されるハプロタイプの 90% のうち，50% は東南アジア集団で観察される一方，わずか 5% しか中央南アジア集団では観察されなかった．系統樹解析の結果もあわせて考えると，東アジア集団の主な起源は東南アジアにある，すなわち前述の仮説 (1) のほうが有力といえるだろう．

5.2.2 ネグリト

ネグリト（Negrito）は，東南アジアからニューギニア島にかけて住む少数民族である．彼らは，低身長，暗い褐色の皮膚，巻毛といった特徴的な表現型をもち，狩猟採集を営みながら孤立して存続してきたことから，その祖先集団や他のアジア集団との関係については諸説あった．図 5.8 の系統樹上で，ネグリトは東アジア人やアメリカ先住民とともにオセアニア人から分岐しており，ネグリトの一部の集団が東アジア人やアメリカ先住民と遺伝的に近かった．このことから，ネグリトは他のアジア集団と共通の祖先をもつと考えられる．

5.3 現代日本人の遺伝的集団構造

5.3.1 47 都道府県の解析

47 都道府県に居住する日本人 11069 名の 13 万 8688 カ所の常染色体 SNP 遺伝子型データを用いて，日本人の遺伝的集団構造を調べた研究がある（Watanabe, Isshiki and Ohashi 2020）．図 5.9 は，47 都道府県のそれぞれから 50 名ずつ無作為抽出して各 SNP のアレル頻度を計算し，中国・北京の漢民族も含めてペアワイズに $f2$ 統計量を求めてクラスター分析を行った結果である．$f2$ 統計量とは，2 つの集団間の遺伝距離を測る尺度の 1 つであり，SNP ごとにアレル頻度の集団間差の 2 乗を計算し，全 SNP の平均値として与えられる．クラスター分析とは，多次元データからデータ点間の非類似度を求め，データ点をグループ分けする多変量解析手法の 1 つであり，ここでは，階層的手法の 1 つであるウォード法を用いている．47 都道府県を 4 つのクラスターに分けると，沖縄地方，東北・北海道地方，近畿・四国地方，九州・中国地方に大別される．関東地方や中部地方の各県は 1 つのクラスター内に収まらない．このことは，

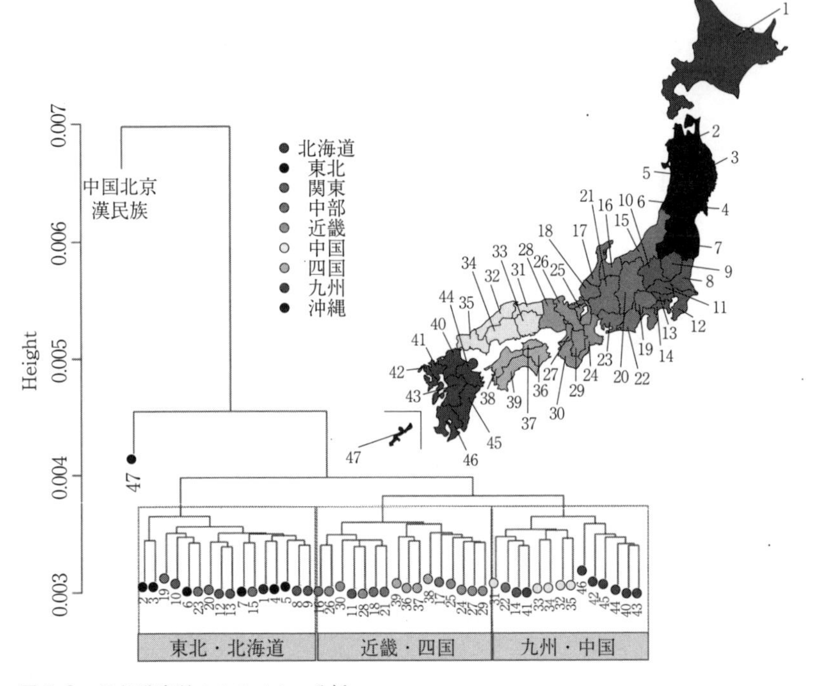

図 5.9 47 都道府県のクラスター分析.
47 都道府県を 4 つのクラスターに分けると，沖縄地方，東北・北海道地方，近畿・四国地方，九州・中国地方に大別される.

関東地方もしくは中部地方の都県を遺伝的に近縁な集団とみなすことはできず，そのような単位で日本人集団の遺伝的構造を論じることが難しいことを示している.

47 都道府県を対象にした主成分分析の結果を示す（図 5.10 (a)）. 主成分分析とは，多数の変数（多次元データ）から全体のばらつきをよく表す順に互いに直交する変数（主成分）を合成する多変量解析手法の 1 つである. もっとも多くの情報を含む第 1 主成分の値から，沖縄県に遺伝的にもっとも近いのは鹿児島県であることがわかる. これは，単に地理的に近いというだけではなく，奄美群島の存在も影響していると考えられる. 図 5.9 でクラスターを形成した地方に着目すると，九州地方と東北地方が沖縄県に遺伝的に近く，近畿地方と四国地方が遺伝的に遠いことがわかる．なお，第2主成分は都道府県の緯度および経度と有意に相関している．

日本列島には3万年以上前からヒトが住んでおり，約1万6千年前から縄文時代が始まる．そして，弥生時代が始まる約3千年前に，それまで日本に住んでいた縄文人が，アジア大陸からわたってきた渡来人と混血したと考えられている．現在の日本人の成立では，アイヌ（おもに北海道に居住），琉球人（おもに沖縄県に居住），本土人からなる「二重構造モデル」が想定されているが（埴原 1994），遺伝学的研究により，縄文人と渡来人の混血集団の子孫が本土人であり，アイヌや琉球人は，本土人に比べて当時の混血の影響をあまり受けていないことが示されている．渡来人の主な母体の子孫と想定される中国・北京の漢民族と各都道府県間の $f2$ 統計量を計算すると，沖縄県は漢民族から遺伝的にもっとも遠く，近畿地方や四国地方は漢民族に近かった．したがって，図5. 10（a）において，第1主成分の値が大きい都道府県は縄文人と遺伝的に近く，値が小さい都道府県は渡来人と近いと想定される．図5. 10（b）に，第1主成分の値によって沖縄県を除く46都道府県を色分けした地図を示す．色が濃いほど沖縄県に近く，薄いほど遠い．大

(a)

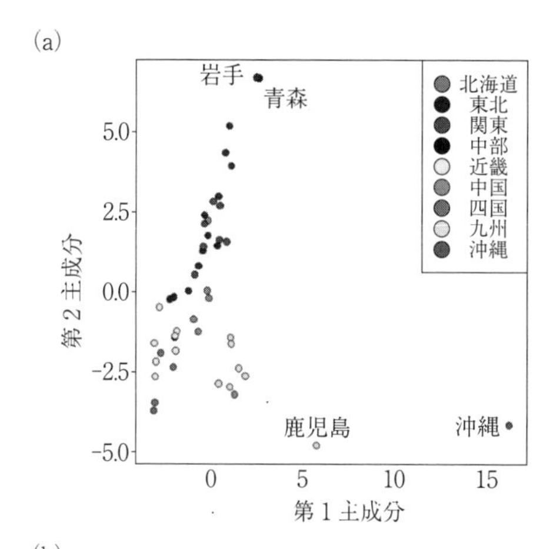

(b)

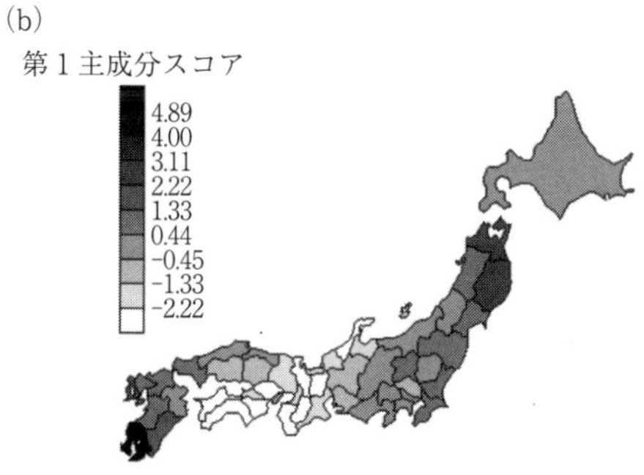

図 5. 10　47都道府県の主成分分析．
(a) 第1主成分スコアと第2主成分スコアに基づく散布図．沖縄県と遺伝的に近いのは鹿児島県である．(b) 第1主成分スコアに基づく46都道府県（沖縄県を除いた）の色分け地図．スコアが大きいほど沖縄県に近い．九州地方と東北地方の県は沖縄県に近く，近畿地方と四国地方の府県は沖縄県から遠い．

部分の渡来人は朝鮮半島経由で日本列島に到達したと考えられるが，朝鮮半島から地理的に近い九州北部ではなく，近畿地方や四国地方の人々に渡来人の遺伝的構成成分がより多く残っていることは，日本列島における縄文人と渡来人の混血過程を考えるうえで興味深い．近畿地方や四国地方には，他の地域よりも多くの割合の渡来人が流入したのかもしれない．

5. 3. 2 日本人に特徴的なＹ染色体

Ｙ染色体上の組換えを受けない領域の塩基配列の違いをもとに，縄文人由来のＹ染色体を同定できる可能性がある．日本人男性 345 名のＹ染色体の全塩基配列決定をもとに系統解析を行うと（Watanabe *et al.* 2019），日本人のＹ染色体は主要な７つの系統に分かれた（図 5. 11（a））．韓国人・中国人を含む他の東アジア集団のＹ染色体データを含めて解析を行うと，日本人で 35.4％の頻度で見られる系統１は他の東アジア人に観察されないことがわかった（図 5. 11（b））．系統１に属する日本人Ｙ染色体の変異を詳細に解析すると，系統１は YAP という特徴的な変異をもつＹ染色体ハプログループに対応している．YAP 変異は，形態学的に縄文人と近縁

(a)

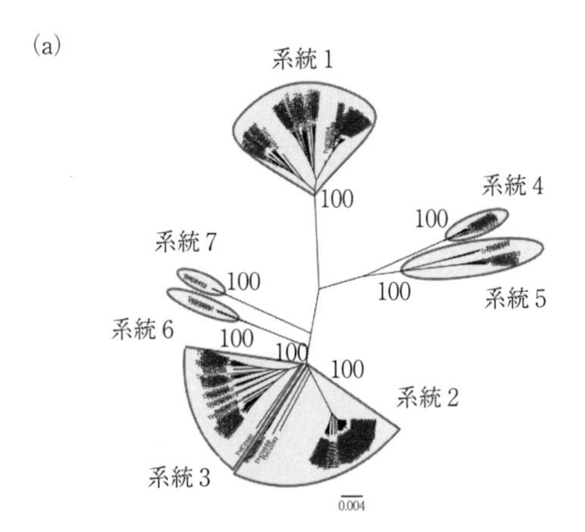

(b)

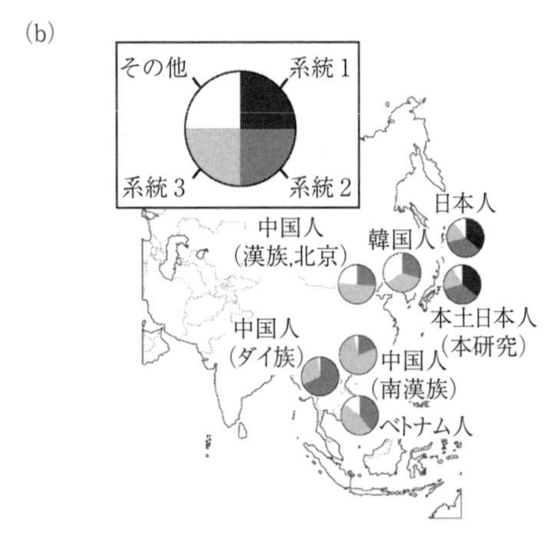

図 5. 11 Ｙ染色体の系統解析．
(a) 本土人のＹ染色体は７つの系統に分かれる（数字はブートストラップ値）．(b) 東アジアにおける主要な系統の地理的分布．系統１は日本以外ではほぼ観察されない．

と考えられているアイヌにおいて80%以上という高い頻度で観察される（Tajima *et al.* 2004）．渡来人の主な母体の子孫である韓国人集団や中国人集団には系統1に属するY染色体が観察されなかった結果もふまえると，系統1のY染色体は縄文人に由来すると結論できる．なお，同一検体のミトコンドリアDNAの系統解析からは，明らかに縄文人由来と想定されるような系統は検出されなかった．

5.3.3 今後の課題

本土人の常染色体のゲノム成分の80%程度は渡来人由来と推定されていることから（Kanzawa-Kiriyama *et al.* 2019），縄文人と渡来人の混血割合は2：8程度だったと思われる．縄文晩期には8万人程度の縄文人が日本列島に住んでいたと考えられており，その居住域は日本列島全域にわたっていた．混血割合から単純に考えると，32万人の渡来人が海をわたって日本列島に流入したことになるが，さすがにそれは多すぎると思われる．では，もっと少数の渡来人が来たとして，彼らが優勢になることなどあるのだろうか．渡来人との戦闘によって縄文人が激減したのかもしれない．しかし，縄文人由来の系統1のY染色体を現代日本人男性の35%がもっていることを思い出してほしい．仮に大多数の縄文人男性が系統1のY染色体をもっていても，2：8の混血割合であれば，せいぜい20%にしかならないはずである．戦闘が起これば犠牲になるのは男であり，系統1のY染色体の頻度はさらに低くなるだろう．みなさんは何かよい説明を思いつくだろうか．日本人の集団史に興味は尽きない．

コラム　HLAと日本人の形成

徳永勝士

私たちは1990年代に，日本人地域集団と近隣諸国におけるHLA[1]遺伝子群の多型調査に基づいて，日本人の形成過程について考察した．HLA遺伝子群が集団の遺伝的近縁性を探る有用な標識になる理由，また各地域集団における分布の詳細については文献を参照いただきたい（徳永，十字 1993；徳永 1995）．

各地域におけるHLAアレル，ハプロタイプの頻度分布に基づいて推定した日本人の形成モデルは以下のようになる．まず，縄文時代人の先祖は東アジアの後期旧石器時代人と考えられる．この後期旧石器時代人の一部は中南米の先住民の先祖にもなったであろう．縄文時代人の特徴はかなりの程度アイヌ人に受け継がれたために，現代でもアイヌ人と南米先住民の間に部分的な遺伝的共通性が認められる．一方，弥生時代人は縄文時代人より受け継いだ特徴を一部に残しつつ，朝鮮半島などのルートを経て渡来した東アジア新石器時代人の影響を強く受けたと推定される．現代の本土日本人はこの弥生時代人の特徴をほぼ受け継いでいると考えられる．さらに沖縄集団は，縄文時代人の特徴を本土日本人より多く受け継ぐと同時に，弥生時代以降，南中国の集団や本土日本からの影響を受けたため，現代の沖縄集団は本土日本人と近縁であるとともにアイヌ人ともやや近縁である．このように日本人の成立過程においては，近隣の多様な先祖集団が異なる時代にさまざまなルートを経て渡来した後，現代に至ってもなお混血あるいは重層化の過程にあると推定される．

最近全国規模の大規模なデータの分析結果を論文報告することができた（Hashimoto *et al.* 2020）．これは骨髄バンク（非血縁骨髄移植のドナー候補のバンク）ドナー登録者17万7041名についてのHLAデータを分析したものである．各々のHLAハプロタイプが示す地域差もより明確になり，われわれのモデルとの不整合は見られない．ただし，近隣集団におけるHLA分布は依然として豊富ではなく，今後より豊富なデータの集積を待ちたい．

1）HLA：Human Leucocyte Antigen（ヒト白血球抗原）．免疫系において抗原提示機能を果たす．移植の成否やさまざまな免疫疾患（自己免疫疾患，アレルギー，感染症，がん，薬剤過敏症など）と関連する．HLAをコードする遺伝子群は，ヒトの遺伝子として最高度の多様性を示すことから，さまざまな集団の遺伝的特性の研究にも利用される．

引用文献

徳永勝士，十字猛夫（1993）「HLA からみる日本人の起源と形成」『日本人と日本文化の形成』（埴原和郎編），朝倉書店，pp. 343–355.

徳永勝士（1995）「HLA 遺伝子群からみた日本人のなりたち」「シリーズ『モンゴロイドの地球』(3) 日本人のなりたち」（百々幸雄編），東京大学出版会，pp. 193–210.

Hashimoto, S., Nakajima, F., Imanishi, T. *et al* (2020), "Implications of HLA diversity among regions for bone marrow donor searches in Japan", *HLA* **96**: 24–4.

第6章　全ゲノムシークエンスによる人類遺伝学

——ヒトゲノムの変異と多様性

藤本明洋

人類集団には，さまざまな遺伝的多様性が存在し，疾患のリスクや表現型の個人差に関わることが知られている．また，近年のゲノム解析により，正常細胞においても体細胞変異が存在し，われわれの体を構成する細胞のゲノムは少しずつ異なることが明らかになってきた．これらの遺伝的多様性や変異の全体像を解明し，生成機構や生物学的機能を明らかにすることは，生物としてのヒトを理解するために必須である．

ゲノムの変異や多型は，細胞分裂の際のDNAの複製エラーによって誕生したものであり，さまざまなタイプが存在する．しかし，大規模な染色体異常などを除き，ほとんどすべては直接観測することができない．そのため，さまざまな実験方法が考案されてきた．一般に，疾患の原因や進化の機構の解明を目指す遺伝学研究では，多くのデータ（多数の個体の広いゲノム領域のデータ）が必要であり，効率のよいゲノム解析法が研究の鍵となる．すなわち，ヒトの遺伝学は，ゲノム解析技術とともに進歩してきたということができる．とくに塩基配列決定技術（シークエンス技術）の発展は著しく，ゲノムの全体像に関する知見は大きく更新されつつある．本章では，技術的側面に触れつつ，ヒトゲノムの変異や多型の全体像について述べる．

6.1　突然変異と遺伝的多様性

DNA（デオキシリボ核酸）は，A（アデニン），T（チミン），G（グアニン），C（シトシン）の4種類の塩基からなり，遺伝情報の蓄積と伝達を担う（5.1節参照）．

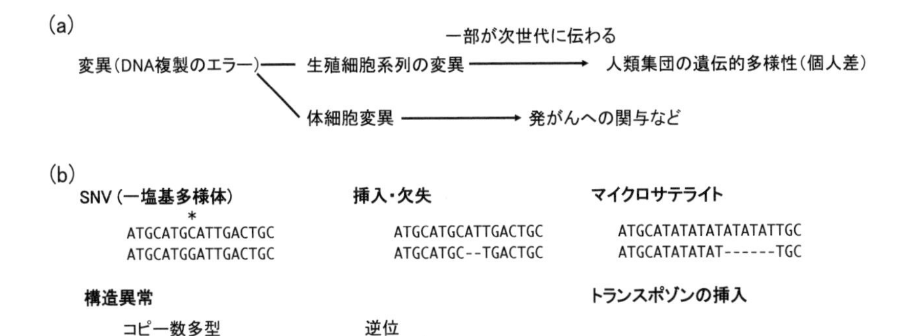

図 6. 1 遺伝的多様性と変異．(a) 遺伝的多様性と体細胞変異の違い，(b) 遺伝的多様性／変異のタイプ

細胞に含まれるDNAすべてをゲノム（gene（遺伝子）+ome（総体）=genome）という．細胞が分裂する際に，ゲノムDNAの複製が行われる．ゲノムDNAの複製は完全ではなく，しばしばエラーが生じる．エラーの多くは修復されるが，修復されずに複製後の細胞に受け継がれる場合がある．これらの複製エラーを変異と呼ぶ．変異の運命は，生殖細胞系列の細胞と，その他の細胞（体細胞）で生じた場合で，大きく異なる（図6. 1 (a)）．生殖細胞系列で生じた変異は，次世代に伝達され遺伝的多様性（個人差）になりうる．一方，体細胞で生じた変異（体細胞変異）は次世代に伝わることはなく，個体内の細胞間の違いとなる．ゲノムに「違い」（変異や多型）が生じた場合，外見や体質，疾患のリスクに影響することがある．また，遺伝的多様性は進化の所産であるため，ゲノム多様性の全体像は，人類進化の研究においても重要である．

6. 1. 1 ゲノム変異や多型のタイプ

ゲノムの変異や多型は塩基配列の違いであり，さまざまなタイプが存在する（図6. 1 (b)）．

SNV（一塩基多様体）：一塩基の違いをSNV（Single Nucleotide Variant）と呼ぶ．SNVは変異の中でもっとも数が多いと考えられる．SNVは，検出が比較的容易であり，安価に大量のSNVを解析するための実験法も開発され，大規模な疾患研究に用いられている．なお，同一のSNVをもつ個体が集団中にある程度の割合で存在する場合には，SNP（一塩基多型）とも呼ばれる（5.1節参照）．

挿入・欠失：50塩基対未満の塩基配列の長さの違いを挿入・欠失と呼ぶ．挿入・欠失はSNVより大きな機能的変化を引き起こすと考えられる．とくに，タンパク質コード領域に生じた挿入・欠失はタンパク質の構造に大きな影響を与えうる．

マイクロサテライト：ヒトゲノムには，多くの繰り返し配列が存在している．マイクロサテライトは，1-6塩基を単位とする繰り返し（ATATATATATATATAT……など）であり，ヒトゲノムに約1千万カ所存在するとされている．マイクロサテライトは，DNA複製のエラーが起こりやすいことが知られている．マイクロサテライトは，SNVに比べて違いのパターンが多いため，少数のマイクロサテライトで個人差を効率的に調べることができる（たとえば，ATの繰り返しからなるマイクロサテライトには，ATの連続が10回，13回，15回などさまざまな違いが存在しうる．一方，大部分のSNVはAとGなど2種類の違いが大部分である）．このため，犯罪捜査や親子鑑定にも用いられている．また，がん治療においても，マイクロサテライトの変異は治療法の選択のために用いられている．

構造異常：50塩基対以上の挿入・欠失，逆位（塩基配列の逆転），染色体転座（異なる染色体の融合），コピー数多型／変異（DNA量の増減）などを構造異常と呼ぶ．構造異常は，SNVや挿入・欠失よりも，遺伝子の機能に与える影響が大きいと考えられる．とくにがんにおいては，染色体が融合することにより発がんの原因となることが知られている（22番染色体と9番染色体が融合したフィラデルフィア染色体が有名である）．コピー数多型／変異は遺伝子の量の変化につながりうる．構造異常は，繰り返し配列が占める領域に多い可能性がある．これらは，現在の技術では検出が困難であり，今後の研究の進展によって理解が大きく進むことが期待される．

トランスポゾンの挿入：ゲノムには，ゲノム上の異なる領域に移動できる可動性DNA配列であるトランスポゾンが存在している．ヒトでは，トランスポゾンであるLINE（Long Interspersed Nuclear Element）やSINE（Short Interspersed Nuclear Element）の一部が転移能を有している．SINEやLINEはゲノムから転写（DNA から RNA へ）されたのち，逆転写（RNA から DNA へ）されてゲノムに挿入される．トランスポゾンの挿入はほぼランダムに起こると考えられ，機能的な変化を引き起こすことは少ないと考えられる．しかし，タンパク質コード領域や遺伝子発現調節領域に挿入された場合，重大な変化を引き起こし疾患の原因になることがある（福山型筋ジストロフィーなど）．トランスポゾンの挿入は，哺乳類において新しい遺伝子や新しい遺伝子発現配列調節領域を生じた例も知られており，まれではあるが興味深い機能をもちうる．

その他：上記に述べたもの以外のゲノム多様性や変異が存在する．たとえば，染色体末端の繰り返し配列であるテロメアの長さは体細胞では年齢に依存して減少することが知られている．ヒトゲノムには，繰り返し配列（サテライト DNA や VNTR（Variable Number of Tandem Repeat）などと呼ばれる繰り返し配列）にも大きな多様性が存在していると考えられるが，解析が困難であり，多様性や変異は明らかではない．

6.2 DNA シークエンス法

以上で述べたように DNA にはさまざまな多型や変異が存在する．これらを検出するためには，DNA の塩基配列を決定（シークエンス）することが必要である．近年の DNA シークエンス法の進歩は著しく，大量の DNA 配列データを容易に得ることができる．

6.2.1 塩基配列決定法の進歩

長い間，塩基配列決定には主にサンガーシークエンス法が用いられてきた．サンガーシークエンス法は，1970 年代にフレデリック・サンガーにより考案された手法である．この方法では，DNA 合成を停止させる塩基を一部混合した反応液を用いて，決定したい DNA 分子の DNA 合成を途中で止め，合成が停止した部分の塩基の種類を読み取ることによって，塩基配列を 1 塩基ずつ決定する．サンガーシークエンス法は蛍光修飾の利用やキャピラリー（細いガラス管）の使用などの改良が行われ，現在でも広く用いられている．サンガーシークエンス法では，一度に 500-800 塩基対程度の塩基配列を読み取ることができきる．精度の高い配列を得るためには，出力データを目視で確認することが必要とされた（ゲノム解析を専門とする研究者の中には，高い精度のデータを得るため一日中サンガーシークエンスの波形（塩基の蛍光）を読み取っていた思い出をもつ者も多い）．サンガーシークエンス法はゲノム研究において主要な実験手法の1つであり，ヒトの全ゲノム配列を決定する国際プロジェクトである，ヒトゲノム計画においても用いられた．しかし，全ゲノムを解読するには得られるデータ量が少なく，全ゲノムを対象とした配列決定（全ゲノムシークエンス）は長い間夢物語であった．

2000年代の後半になって，大量の塩基配列を一度に多数同時に（超並列で）決定できる塩基配列決定技術（次世代シークエンサー，Next Generation Seguencer: NGS）が利用可能になった．次世代シークエンサーは，DNA分子をガラス基板上に固定し，塩基配列を蛍光で1文字ずつ決定していく方法である．この方法は，原理上の問題により読み取り長は短い（100-300塩基対程度）ものの，一度に大量の配列のデータを得ることができる．技術開発が進み，現在では，ヒトゲノム1人分のデータを数日間，約10万円で得ることができる（今後価格はますます下落すると考えられる）．この技術は全ゲノムシークエンスを可能とした．

6.2.2　ヒトの全ゲノムシークエンス

ヒトゲノム多様性やがんゲノムの研究は猛烈な勢いで進行している．2000年代前半（次世代シークエンサーが導入される前）には，大型の国際プロジェクト（ヒトゲノム計画）などにより，全世界で2人相当分のゲノム配列が解読されているにすぎなかった（Stephens *et al.* 2015）．しかし，2007年の個人ゲノム解析に続き，次世代シークエンサーの導入により2008年以降に初のアジア人ゲノム，初のアフリカ人ゲノム，初のがん全ゲノム解析（白血病）などが相次いだ（Stephens *et al.* 2015）．筆者らも2010年に初の日本人ゲノムを報告した（Fujimoto *et al.* 2010）．その後，1000人ゲノム計画（世界中のさまざまな集団から集めたサンプルの全ゲノムシークエンスを行う計画，7.1節参照），TCGA計画（アメリカの大型がんゲノム計画），国際がんゲノムコンソーシアム（がんの全ゲノム解析を目的とした国際プロジェクト）などのプロジェクトの結果が報告された．これらのプロジェクトで合計数万人のゲノム配列データが産出された．現在も，国内外で数千人～

数十万人規模の全ゲノムシークエンス解析が行われている．

これらの大量のゲノム解析の目的は多岐にわたる．研究の基盤としてのヒトゲノム多様性カタログの作成（1000人ゲノム計画，日本の東北メディカルメガバンクなど），発がんメカニズム解明と臨床ゲノム解析への基盤（TCGA計画，国際がんゲノムコンソーシアムなど），遺伝性の難病の原因変異同定，遺伝的多様性と遺伝子発現量の関係（GTEx計画），人類の集団史解明（Human Genome Diversity Projectなど）などが目的とされている．これらの研究は，ヒトゲノムの多様性やがんの体細胞の全体像解明，人類史の詳細な推定，難病の変異同定と診断に大きく貢献している．

このような大型研究プロジェクトのデータはほとんどの場合公開され，研究プロジェクトに参加していない研究者も利用することができる．その結果，新しい視点でデータ解析が行われ，新たな発見が得られることもある．また，難病ゲノムやがんゲノムの研究においては，検出された多くの変異候補から一般集団に存在する遺伝的多様性を取り除くことが必要になり，多数のサンプルの遺伝情報が必要となる．さらに，多くの個体の遺伝的多様性の情報を用いることで，実験的に決定していない遺伝的多様性の遺伝型を推定（imputation）することも可能である．大規模のゲノム計画には多額の研究予算が投下されていることもあり，データの共有（データシェアリング）は必須とされている．とくに1000人ゲノム計画，TCGA計画やGTEx計画のデータはさまざまな形式での提供が行われるとともに，webブラウザでのデータ利用が可能になっており，世界の研究に多大な貢献をしている．日本においても，バイオサイエンスデータベースセンター（NBDC）などを中心としてデータシェアリングが進んでいる．

6.2.3 ゲノムデータと生物情報学

生命科学のデータ量が増大するにつれ，手作業での解析は不可能になり，コンピュータの利用が必要になった．コンピュータを用いた生命科学研究は，生物情報学（バイオインフォマティックス）と総称される．バイオインフォマティックスは，当初は実験研究の補助的役割を担っていたが，データの大型化と複雑化にともない，生物学的知見を得るために必要不可欠な分野となっている．とくに，次世代シークエンサーが産出する大量のデータから重要な発見をするにはバイオインフォマティックスが必須である．

6.2.4　次世代シークエンサーの情報解析

次世代シークエンサーを用いた全ゲノムシークエンスの結果，30 億塩基のゲノム配列をシュレッダーにかけたような短い断片配列が大量に得られることになる（図6.2 (a)）．それぞれのリード配列には配列決定時に導入されるエラーが含まれていると考えられる．したがって，エラーを含む大量の短い塩基配列を解析し，ヒトゲノムの多様性や変異を同定することが必要となる．まず最初に，次世代シークエンサーにより得られたリード配列のヒト参照ゲノム配列（ヒトゲノム計画で決定されたヒトのゲノム配列）に対するマッピングが行われる（図6.2 (b)）．マッピングとは，多少の違いを許容しつつヒトゲノム配列内の類似性が高い箇所を同定する情報処理のことであり，30 年以上にわたり研究されてきた．本章では，紙面の都合上アルゴリズムの解説は割愛するが，ハッシュテーブルアルゴリズムや Burrows-Wheeler 変換アルゴリズムを用いて参照ゲノム配列のインデックスが作成され，リード配列内の部分配列と一致する参照ゲノム配列内の位置を高速で検索する．その後，その周辺配列とリード配列の全長を配列の違いを考慮しつつ最適な並び方を探索する（たとえば，Smith-Waterman アラインメント）ことで，リード配列の由来と塩基配列の違いの探索が行われる．変異や多型の検出は，マッピング結果に依存するため，計算資源を節約しつつ精度のよい結果を得るために，さまざまな工夫が行われている．

6.2.5　変異や多型の検出

マッピングされたリード配列から，変異や多型が検出される．遺伝的多様性の解析では，参照ゲノム配列との違いが検出される．がんゲノム解析では，がん組織のデータと正常組織のデータを比較することによって，がん組織でのみ生じている変異（体細胞変異）が検出される．

大量データ解析は，「エラーとの戦い」でもある．配列決定からマッピングの間に生じるさまざまなエラーを考慮しつつ，変異や多様性を精度よく検出する必要がある．エラーと真の塩基を区別するため，さまざまな方法が開発されている．確率モデルを用いる方法が一般的であるが，近年はディープラーニン

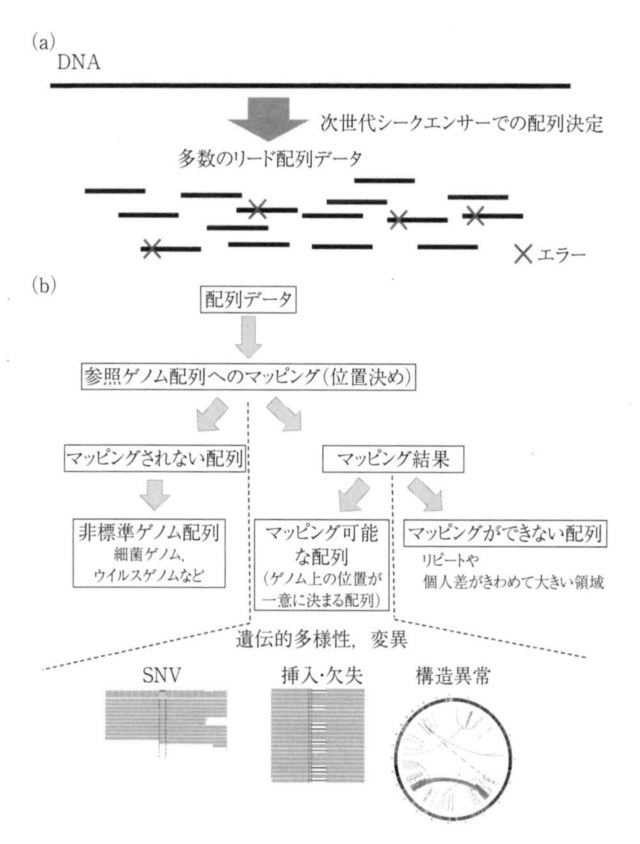

図6.2 次世代シークエンサーのデータと解析．(a) 次世代シークエンサーのデータのイメージ．ゲノム配列の短い断片が大量に得られる．(b) データ解析法概要．右下の円形の図は，染色体を円形に図示し構造異常のパターンを示す（たとえば，染色体転座は，2つの染色体を線で結ぶことで示している）．

グなどの機械学習も利用されつつある．ディープラーニングは，繰り返し配列で占められている複雑な領域の解析にとくに力を発揮すると思われる．SNV，構造異常，マイクロサテライトの検出など，多型や変異のタイプごとに情報解析手法が開発されている．

6.3　突然変異，遺伝的多様性の全体像

次世代シークエンサーを用いた全ゲノムシークエンスにより，遺伝的多様性や体細胞変異の全貌が明らかになった．本節では，生殖細胞系列の突然変異率，がんや正常組織の体細胞変異，遺伝的多様性（ゲノムの個人差）について，シークエンス技術が明らかにした知見を紹介する．

6.3.1　生殖細胞系列の突然変異率

遺伝学的には，進化の最小単位は遺伝的多様性の変化であり，遺伝的多様性のパターンに影響する要因の研究は，もっとも重要な課題の1つである．すべての遺伝的多様性は，生殖細胞系列の突然変異を起源とするため，世代当たりの生殖細胞系列の突然変異率は，進化生物学にとってもっとも基本的なパラメータである．しかし，突然変異率は非常に低く（数億塩基に数個程度），信頼性の高い推定のためには大量のゲノムデータが必要となる．次世代シークエンサーの登場以前には，大量データを用いずに突然変異率を推定するため，さまざまな方法が考案されてきた．もっとも一般的な方法は，ヒトと近縁種のゲノム配列比較である．近縁種とヒトのゲノム配列には，種分化以降の長い時間に生じた変異が多数蓄積されているため，比較的少量のゲノム配列の比較からも確かな推定結果が得られると考えられる．ヒトでは主にチンパンジーのゲノム配列と比較して突然変異率が推定されてきた．ただし，この方法では推定されるのは年当たりの突然変異率であり，種分化した時期やヒトとチンパンジーの系統での突然変異率の比についての仮定などが必要であるなどの問題があった．他にも，遺伝病の頻度を用いた突然変異率の推定も行われていた．この方法では，疾患の原因変異の変異率は推定可能であるが，推定結果を全ゲノムに拡張可能かどうかは不明であり，遺伝病の有害さに関する仮定が必要であった．余談ではあるが，ヒト以外の生物でも突然変異率は重要な問題であり，実測研究が行われている．センチュウでは，祖先個体を凍らせて保存しておき，世代が経過し突然変異が蓄積した後で塩基配列を比較する方法が用いられた．また，樹木では，同一個体の離れた枝からDNAを抽出して塩基配列を決定する試みが行われた（これらはもちろんヒトでは不可能である）．

塩基配列決定技術の発展により，親と子の全ゲノムシークエンスを行い，子にのみ認められる変異を同定することで，突然変異率の実測が可能になった．ヒトの突然変異率は，平均で 1.2×10^{-8}/世代程度（全ゲノムに1世代当たり約60個の突然変異）と推定された（Jónsson *et al.* 2017）．また，突然変異の約75%は男性で生じていた．突然変異率は，父親の年齢と正に相関し，父親の年齢が16.5歳上昇するごとに倍になることが明らかになった（すなわち，世代当たりの突然変異率は世代時間に依存する）．母は年齢に関係なく15個程度の突然変異を生じていた．突然変異の多くは，SNVであり，その他の突然変異は存在するものの数は少なかった．

突然変異率の実測が可能になり，突然変異原（突然変異を誘発する物質）の影響の直接的な評価も可能となった．これまでは，突然変異率は，培養細胞を用いた実験などにより間接的に推定が行われていた．細胞を用いることで，簡便な評価が可能である一方，体内での代謝を経て突然変異誘発作用をもつ化合物などの評価は困難であった．次世代シークエンサーで全ゲノムシークエンスを行うことで，突然変異率を実測し，化合物の影響を評価することが可能となった．マウスを用いた放射線の影響の解析では，放射線照射により挿入・欠失が増加することが示唆された（Adewoye *et al.* 2015）．われわれのグループも，ベトナムのグループと共同研究を行い，ベトナム戦争の退役軍人のサンプルを用いて，ダイオキシンが突然変異率に与える影響を解析した（Ton *et al.* 2018）．その結果，研究参加者のダイオキシンの血中濃度と変異数に（それほど強くはないものの）有意な正の相関が見られた．さらなる検証が必要であるが，ダイオキシンがヒトの突然変異率へ影響することが示唆された．今後，全ゲノムシークエンスを活用することで，長年の課題であった突然変異に関する課題が解決されると考えられる（たとえば，放射線被曝とヒトの生殖細胞系列の突然変異率の関係などについても解明が進むと期待される）．

6.3.2 正常組織の体細胞変異

ヒトの体は，37兆個の細胞から構成されているといわれている．これらの細胞すべては1つの受精卵から発生したものであり，幾度もの細胞分裂を経て個体が形成される．そのため，各細胞に体細胞変異が存在すると考えられる．

体細胞変異は，発がんの原因になることがあるとともに，がん以外の疾患にも関連することが示唆されている．そのため，（疾患でない）正常組織における変異率も遺伝学的に興味深い問題であった．しかし，正常組織の体細胞変異解析には大きな困難があった．前述した生殖細胞系列の変異は，ある個体のすべての細胞が保有していると仮定することができる．そのため，サンプルとして採取したDNAの全ゲノムシークエンスを行い，すべての細胞が保有する変異を検出すればよい．また，がんは，1つの細胞の増殖により生じたと考えられる（クローン増殖）ため，採取された細胞の大部分が同じ変異を有することが期待される．しかし，正常組織から採取された細胞は，異なる位置に変異をもつ細胞の集合であり，変異解析は容易ではない．

この問題を解決するため，組織をバラバラにして細胞を1つずつ別に培養したサンプルの全ゲノムシークエンスが行われた（Blokzijl *et al.* 2016）．この研究では，複数の個体の肝臓，小腸，大腸の細胞が解析された．体細胞変異はいずれの組織でも年齢と相関し，1年当たり40個の突然変異が生じていた．すなわち，10代では変異数は数百個だが，70代では3千個近くの変異をもつことになる．疾患関連組織（非がん組織）の全ゲノムシークエンスも行われた．その結果，肝炎の肝臓にもがん遺伝子に変異が存在していることが明らかになった（Zhu *et al.* 2019）．また，高度の飲酒歴と喫煙歴を有する人の食道の全ゲノムシークエンスにより，正常食道上皮にも食道がんの原因遺伝子に変異が生じていることがわかった（Yokoyama *et al.* 2019）．さらに，健常人の血液細胞にも，体細胞変異が存在していることも判明した（Mizuno *et al.* 2019）．すなわち，ヒトの体を構成する細胞は，正常組織であってもある程度変異をもち，われわれの体を構成する細胞のゲノムは完全に同じではないことが明らかになった．

6.3.3 がんの体細胞変異

がんはゲノム変異が原因で生じる疾患であると考えられ，がん研究において体細胞変異の解析は本質的な問題である．がん研究とヒトゲノム研究の関係は古く，ヒトゲノム計画も，がんの原因変異探索の基盤整備のために提唱された．がんゲノム解析の成果に基づいて，体細胞変異をターゲットとした治療薬が開発されている．さらなる治療標的発見や治療法選択のために，変異解析が行われている．体細胞変異の検出では，がん組織から抽出したDNAと正常組織から抽出したDNAを比較し，がんにのみ見つかる変異を検出する．がんの体細胞変異の解析により，発がんの原因となる遺伝子（ドライバー遺伝子）の検出や，突然変異の生成機構について数多くの新たな発見が報告された．

がん種横断的なゲノム解析（多くの種類のがんの多数のサンプルをまとめて行う解析）から，変異数やパターンなどについての知見が得られている．血液腫瘍や小児腫瘍は変異数が少ない傾向にあり，喫煙や紫外線などの環境要因との関係が明確ながんや，DNA修復酵素に異常があるサンプルでは変異が多いことが判明した（Vogelstein *et al.* 2013）．とくに，DNA合成を行うDNAポリメラーゼに異常があるがんは点突然変異が多く，DNAのミスマッチ（誤対合や塩基の誤挿入，欠失など）を修復する酵素に異常のあるがんは挿入・欠失が多いことが明らかになった．さらに，点突然変異のパターンと臨床情報の比較から，変異の原因を推定することが可能になった．たとえば，喫煙者の肺がんには，GからTへの変異が多く，これらは喫煙によって生じている可能性が高いと考えられる．このような論理により，遺伝子の変異により引き起こされるパターン，発がん物質により引き起こされるパターンなどが同定され，変異のメカニズムが推定されている．変異数は，ゲノムの領域（位置）によっても異なっている．DNAの複製の時期，ヒストン結合領域，転写因子などのタンパク質結合領域，などの特徴が突然変異率に影響することが明らかになった（Gonzalez-Perez, Sabarinathan and Lopez-Bigas 2019）．より詳細な解析のために，変異の前後の塩基も考慮した解析法も提唱され，変異生成についてのメカニズムの理解が進みつつある．

ドライバー遺伝子も数多く同定されている．がんゲノムには，発がんの原因となる機能的な変異に加えて，機能的でない変異も数多く存在していると考えられ，これらを区別することが必要になる．このため，次のような論理に基づいてドライバー遺伝子が同定される．遺伝子領域では，配列の違いはアミノ酸の変化を引き起こす非同義置換と引き起こさない同義置換に分類することができる．同義置換が機能的でないと仮定すると，非同義置換率（d_n）と同義置換率（d_s）の比は以下になると考えられる．

多くの非同義置換が発がんにとって不利である場合：$d_n/d_s < 1$

多くの非同義置換が中立である場合：$d_n/d_s=1$

多くの非同義置換が発がんにとって有利である場合：$d_n/d_s>1$

統計解析により $d_n/d_s>1$ となる遺伝子を同定することで，これまでに数百個のドライバー遺伝子候補が報告されている（Campbell *et al.* 2020）．また，遺伝子をコードしない非コード領域の解析への適用も可能であり，複数の調節領域やノンコーディングRNAが発がんに寄与しうる領域として同定された（Fujimoto *et al.* 2016）．この他にも，遺伝子領域における変異の集積度やタンパク質立体構造を考慮する方法など，さまざまな手法が考案され，ドライバー遺伝子の同定に寄与している．

6.3.4 遺伝的多様性

生殖細胞系列に生じた突然変異は，世代を経る中で集団中の頻度を変化させる．この頻度変化は進化の最小単位であり，進化生物学の一分野である集団遺伝学において研究が積み重ねられている．突然変異によって生じたアレル（5.1節参照）は，さまざまな要因の影響を受けて頻度を上昇させる．偶然（遺伝的浮動；7.2節参照），自然選択，集団構造が遺伝的多様性の頻度変化に大きな影響を及ぼす．

全ゲノムシークエンスの結果，遺伝的多様性についても，全体像が判明している．ヒトゲノムには，1人当たりSNVは350万個，挿入・欠失は45万個，構造異常は1万個，マイクロサテライトの挿入・欠失は10万個あるとされている（Lappalainen *et al.* 2019）．ただし，この数は集団によって異なること，解析法（シークエンサーや解析アルゴリズム）の改良により修正される可能性がある．とくに，繰り返し領域の遺伝的多様性については，今後修正される可能性がある．また，健康な個体のゲノム配列の解析が行われた結果，タンパク質のアミノ酸配列を変化させると考えられる遺伝的多様性が約1万個，遺伝病の原因となり個体のダメージを与えうる変異が48–82個あると報告された（Altshuler *et al.* 2010）．このことは，健康な個体であってもゲノムには疾患の原因となる変異を有することを意味する．

集団遺伝学の理論からは，集団の遺伝的多様性の程度（数やアレルの頻度）は，集団の大きさに依存すると予想されている．遺伝的多様性の集団比較の結果，アフリカ集団はアジア集団やヨーロッパ集団に比べて遺伝的多様性が高いことが明らかとなった（Auton *et al.* 2015）．このことは現生人類がアフリカ集団起源であるとする説と整合する（アフリカ集団の一部がアジアやヨーロッパに移住したため，集団の大きさが小さいと考えられる）．進化の結果，遺伝的多様性のパターン（アレル頻度，多型の位置など）は集団によってある程度異なる．したがって，疾患遺伝子の同定や疾患のリスク予測のためには，それぞれの集団での多数サンプルを用いた研究が必要となる．日本においても東北メディカルメガバンクやバイオバンクジャパンをはじめとする集団ゲノム解析が行われている．また，さらに多くのサンプルを用いた全ゲノム解析も進行中であり，日本人のゲノム多様性については，充実したデータが得られると考えられる．

6.4 今後の課題

ヒトゲノムは，長く基礎研究の対象であったが，ここ数年でゲノム研究は実用上の意義を大きく拡大した．がんの早期発見や診断のための臨床シークエンスの応用などもあり，ヒトゲノム解析はヘルスケアの基盤になりつつある．しかしながら，現在の解析法（シークエンサーや解析アルゴリズム）は完璧ではなく，改良の余地がある．また，検出された膨大な変異や多型の機能的意義（疾患のリスクに寄与するかどうか）の解明にも課題が多い．さらに，遺伝の関与が強く示唆される疾患であっても，原因となる変異が見つからない場合も多く，ゲノム解析法の改良が必要であると考えられる．

次世代シークエンサーは，コストもエラー率も低いものの，読み取り長が短いという弱点がある．ヒトゲノムには繰り返し配列が多く，次世代シークエンサーでは解析できない領域が多い．また，データ解析が参照ゲノム配列に依存するため，参照ゲノム配列に抜けている領域や大きく異なるゲノム領域の解析は不得意である．近年利用可能になった長鎖シークエンス法は，次世代シークエンサーの弱点を補う技術として期待されている．長鎖シークエンス技術は，シークエンスエラー率が高いという問題があるものの，読み取り長が長いため，繰り返し配列の解析に有効であると考えられる．最近では，複数の長鎖シークエンス技術を組み合わせることで，ヒトのX染色体を，参照ゲノム配列の空白部分も含め，すべて配列決定する研究が行われた（Miga *et al.* 2020）．また，難病の原因遺伝子研究においても，長い繰り返し配列の構造変化が難病の原因になることが発見されている（Sone *et al.* 2019）．今後も，技術開発と解析手法の向上により，新たな発見が得られると期待される．

この章で概説したように，ヒトゲノム変異や多様性に関して，2010年以前には夢にも思わなかった大量の知見が得られている．発展が著しい分野であるため，数年後には本章の内容を大きく超える発見が数多く報告されているであろう．本章が，ヒトゲノム研究の理解に貢献し，少しでも興味をもつ読者が増えると大変幸いである．

人類遺伝学に興味がある読者のための推薦書

アルマン・マリー・ルロワ（2014）『ヒトの変異【新装版】人体の遺伝的多様性について』（上野直人監修，築地誠子訳），みすず書房．

福嶋義光監修，櫻井晃洋，古庄知己編集（2019）『新 遺伝医学やさしい系統講義19講』メディカルサイエンスインターナショナル．

第7章　自然選択によるヒトの進化
——形質多様性と遺伝的多様性

中山一大

7.1　ヒトの形質の多様性の遺伝的背景

およそ20万年前のアフリカ大陸に誕生した私たちヒト（*Homo sapiens*）の祖先は，世界中のありとあらゆる地域に進出し，行く先々で出会った多様な環境に適応してきた．このプロセスには自然選択が関与していたと考えられており，実際にその証拠も発見されつつある．現代のヒトの個体間，あるいは集団間で観察される形質の多様性は，祖先集団が歩んできた進化の結果形づくられてきたものといえる．現代人の形質多様性の進化プロセスを詳細に知ることは，自然人類学的に大変興味深い課題であるとともに，現代人の健康問題の解決にも寄与するかもしれない．

ヒトの形質の多様性には大なり小なりゲノム上の多型が関与している．ただ1つの多型の遺伝子型で状態が決定される形質は単一遺伝子形質と呼ばれ，メンデルの法則に従う遺伝様式をとるので，メンデル形質と呼ばれることもある．単一遺伝子形質の代表例が血友病やフェニルケトン尿症のような重篤な遺伝病である．遺伝病の中でも，自然人類学においてもっともよく研究されているものは鎌状赤血球貧血症だろう．ヘモグロビンβポリペプチドをコードする*HBB*遺伝子のタンパク質コード領域には，6番目のアミノ酸残基がグルタミン酸あるいはバリンとなる一塩基多型（SNP，5.1節参照）が存在しており，バリン型のアレルのホモ接合（両親から同じ対立遺伝子を引き継いだ状態）で鎌状赤血球症が発症する．非疾患形質では，乾いた耳垢やアルコール非耐性が広く知られた例である．耳垢の乾湿は，*ABCC11*遺伝子のタンパク質コード領域に存在する

SNPの遺伝子型によって決定されている．このSNPにはAとGの2つのアレルが確認されており，AAのホモ接合で乾型，AGヘテロ接合（それぞれの親から異なる対立遺伝子を引き継いだ状態）とGGのホモ接合が湿型となる（5.1節参照）．アルコール非耐性はアルデヒド脱水素酵素をコードする*ALDH2*遺伝子のタンパク質コード領域のSNPによって強く支配されており，派生型のAアレルのホモ接合はアルコール非耐性となる．乾いた耳垢やアルコール非耐性は，東アジア人で高頻度で観察される形質状態である．

一方，多数の多型と非遺伝的な要因（年齢や生活習慣など）の組み合わせで決定されている形質は多因子遺伝形質と呼ばれ，単一遺伝子形質と比べて個々の多型の寄与は一般的に小さく，寄与する多型の数は形質によってまちまちである．たとえば，日本人の身長には少なくとも500を超える効果の小さい多型の関与が報告されているし，身長は年齢や栄養状態にも強い影響をうける．多因子遺伝形質は非遺伝的な要因の影響も受けるので，一卵性双生児のようにゲノム情報が一致している個体同士でも，必ずしも形質の程度が一致しないのも特徴である．多因子遺伝形質には，身長や体重のように連続的な分布を示すものもあれば，非連続的な分布を示すものものある（たとえば，さまざまな多因子遺伝疾患は発症の有無という2つの状態に分類することができる）．先に述べた身長や体重に加え，顔貌，皮膚・体毛・虹彩の色調などが自然人類学の分野でよく知られた多因子遺伝形質であるが，その他にも，知能指数，リスクを受け入れる性格など，精神のはたらきに関係した形質も多因子遺伝形質であることが知られている．

単一遺伝子形質では，家系サンプルを用いた連鎖解析の長い歴史があり，多因子遺伝形質よりも早くその原因遺伝子座が同定されていた．一方，多因子遺伝子形質に寄与する多型が次々と同定されるようになったのは2000年代に入ってからである．2003年にヒトゲノム計画が完了すると，今度は多数のヒトのゲノムを解読し，ヒトの遺伝的多様性の全貌を明らかにするための大規模な国際プロジェクトが始動した．たとえば，2008年から2015年にかけて推進されていた1000人ゲノム計画（The 1000 Genomes Project Cansortium 2015）では，世界中から集められた2504人のゲノムの全塩基配列を決定し，8800万を超える多型が同定されている．その結果得られたヒトゲノム多型の地図は，さまざまな疾患および非疾患形質に寄与する多型を探索するための研究に活用されてきた．そのような手法の１つが，ゲノムワイド関連解析（Genome Wide Association Study: GWAS）である．関連解析とは，互いに血縁関係のない多数の個体を調査し，興味のある形質と個々の多型のアレルや遺伝子型との独立性を検定する解析法で，同時に数十万から数百万のSNPの遺伝子型判定ができるDNAマイクロアレイを利用することにより，ゲノム全域から興味のある形質と関連する領域を網羅的に探索することができる．GWASは２型糖尿病のような多くの人々が発症しうる多因子遺伝疾患や，身長や体重のような形質に寄与する多型の同定に威力を発揮した．大規模な国際プロジェクトによるヒトゲノム多型地図の作成と，それを応用したDNAマイクロアレイ技術の発達は，自然人類学研究にも大きな変革をもたらした．それまでは，ヒトの形質多様性や移動の歴史を知る遺伝学研究は，ミトコンドリアDNAの塩基配列や核のマイクロサテライト解析など，ごく限られた座位を対象に行われてきたが，GWASで培われたゲノムワイドなSNP解析技術によって，ヒトの遺伝的特徴をゲノム全域から，そしてより高解像で俯瞰することができるようになったのである．その中で，ヒトの形質に作用した正の自然選択の痕跡を見つける研究も爆発的な進展を遂げた．

7.2　形質の多様化と正の自然選択

正の自然選択とは，集団中に突然変異で新たに出現したアレル，あるいはすでに存在していたアレルが，個体の生存や繁殖にとって有利にはたらくような形質状態と結びついているとき，そのアレルをもつ個体が他の個体よりも多くの遺伝子のコピーを残すことによって，そのアレルと形質状態が速やかに集団中に広まっていく現象である．皮膚の色は正の自然選択によって多様化したヒトの形質の代表例で，低緯度地域の集団では色が濃く，高緯度地域の集団では色が薄い傾向がある．これは太陽光線中の紫外線の強弱に対する適応として形成されたもので，とくにヨーロッパ人での薄い皮膚色に寄与する *SLC24A5* および *SLC45A2* 遺伝子のSNPに，正の自然選択が作用したことが明らかになっている．

正の自然選択がはたらくと集団がもつ遺伝的多様性に変化が起きる．この様子をイメージするには，生物の集団を個体の集合ではなく，ゲノムや遺伝子の集合として捉えるとより明確となる．ゲノム中の特定の遺伝子に着目してみよう．ヒトは二倍体生物で両親から受け継いだゲノムを2コピー有しているので，1000人の集団には2000コピーの遺伝子からなる1000個の遺伝子型が存在していることになる．このような概念を遺伝子プールと呼ぶ．この集団で次の世代がつくられるということは，個体レベルでは個体同士が配偶関係を結び，子をなすことだが，遺伝子プールでは，2コピーの遺伝子をランダムに選んで新たな遺伝子型をつくることに相当する．遺伝子型間で子孫を残す確率に違いがなければ，次の世代の遺伝子型の頻度は親の世代のそれと同じになるが，自然選択が作用している場合には，適応度がより高いアレルが他のアレルより多く次の世代に受け継がれることになる．自然選択が強いほど，有利なアレルは素早く集団中に広まり，最終的には遺伝子プールには有利なアレルのホモ接合のみが存在する状態に達する．また，正の自然選択は，遺伝子の機能に影響を与えて直接の標的となる多型に加えて，その多型と連鎖不平衡状態（5.1節参照）にある周辺の多型の頻度も変化させる．後ほどくわしく解説するが，正の自然選択がはたらくと，その標的の多型周辺のゲノム領域の塩基配列の均一性が高くなる．この現象は選択的一掃と呼ばれる．ゲノム領域の均一性を図る指標として，ヘテロ接合度が利用できる．ヘテロ接合度とは，ある多型に着目したときの集団中におけるヘテロ接合個体の割合である．たとえば，東アジア人で正の自然選択が作用したことでよく知られている*ABCC11*遺伝子では，周辺領域の多型群に明瞭なヘテロ接合度の低下が観察されている（Ohashi, Naka and Tsuchiya 2011）．

ヒトゲノムにおけるタンパク質コード領域はほんの1.5%程度である．少なくとも8800万カ所ある多型の大部分はタンパク質コード領域の外に位置しており，遺伝子の機能と形質に与える影響はほとんどないか，あってもさほど強くないと予想できる．したがって，多型のほとんどは進化的に中立で，主に遺伝的浮動に駆動されて世代間で頻度変化してきたと考えるべきである．遺伝的浮動とは，次世代の遺伝子型をつくる配偶子が，すべての個体から等しく抽出されないことによって起きるランダムなアレル頻度の変化であり，集団のサイズが有限であることに起因している．選択的一掃のような過去の正の自然選択の痕跡もゲノム中のいたるところに見いだされるわけではない．さらに，ヒトのすべての形質について，そのばらつきを説明できる遺伝子が完全に同定されているわけではないので，適当に“あたり”をつけた遺伝子を調べて正の自然選択の証拠を見つけるのはきわめて困難である．しかし，ヒトゲノム多型の地図とそれに基づいたゲノムワイドな遺伝子型判定技術が発達したおかげで，GWASで多因子遺伝形質に寄与する多型を探索するように，正の自然選択の痕跡を網羅的に探索することが可能になった．次節では，ゲノムワイドな多型データから正の自然選択の痕跡を網羅的に探索する目的でよく使用されている手法を紹介する．

7.3 多型の頻度情報を用いた方法

もっともわかりやすい正の自然選択の痕跡は，集団間で観察される遺伝子型頻度の大きな差である．たとえば，乳糖耐性に関連する *LCT* 遺伝子の−13910Tアレルは北ヨーロッパでは非常に頻度が高いのに，それ以外の地域では非常に頻度が低い．このような集団間での遺伝子型頻度の差は，固定指数（fixation index: F_{st}）で評価することができる．固定指数は，ハーディ・ワインベルグ平衡におけるヘテロ接合度の期待値が，集団が均一であった場合と，その集団が階層化（遺伝的に異質な分集団を内包）している場合とで生じるズレを検出する方法で，式（1）で計算することができる．

$$F_{\mathrm{st}}=\frac{H_T-\overline{H}_S}{H_T} \tag{1}$$

$\overline{H}_S$ は各分集団でのヘテロ接合度の期待値の平均で，H_T は全集団でのヘテロ接合度の期待値である．F_{st} は0～1の値をとり，1に近づくほど集団間での遺伝子型頻度の差が著しい，ということになる．では，観察された F_{st} がどの程度の数値であれば自然選択があったと判定して差し支えないだろうか．もっともシンプルな方法は経験分布を用いる判定法である．ヒトゲノムに含まれる多型の大部分が進化的に中立であり，自然選択ではなく遺伝的浮動で頻度が変化する．ゲノム全体にわたる多数の多型部位の遺伝子型情報があれば，中立な多型が集団間でどの程度の範囲で分化しているのかの目安となる経験分布を得ることができる．興味のある多型がこの経験分布から大きく逸脱していれば，“中立でない”多型である可能性が高くなるというわけである．

F_{st} は簡単に計算することができるが，比較した集団のどちらで正の自然選択が作用したかを値のみから識別するのは難しい．Population Branch Statistics（PBS）はこの弱点を克服した F_{st} の応用法である．興味のあるテスト集団（test）と，その集団との類縁関係が明らかなアウトグループ2つ（out1 および out2）を用意し，3つの組み合わせで F_{st} を計算し，式（2）で PBS を計算する．

$$\mathrm{PBS} = \frac{T_{\mathrm{test} \times \mathrm{out1}} + T_{\mathrm{test} \times \mathrm{out2}} - T_{\mathrm{out1} \times \mathrm{out2}}}{2} \tag{2}$$

このとき，$T = -\log(1 - F_{st})$ である．ここで重要なのは，out1 が out2 より test に近縁である（すなわち，同じような遺伝子型頻度を示す多型部位の数がより多い）ことである．したがって，テスト集団でのみ正の自然選択が作用した多型では，大きな PBS が観察されることになる．実際に PBS を用いて自然選択の痕跡を同定した例を1つ紹介しよう．グリーンランドで生活するイヌイットの人々を対象としたゲノム研究では，中国の漢民族とヨーロッパ系のアメリカ人のゲノムデータをアウトグループとして用いて PBS を算出し，不飽和脂肪酸の代謝に関係する酵素をコードする遺伝子である *FADS1-FADS2-FADS3* 遺伝子群に，イヌイットの祖先集団で特異的に起きたと思われる正の自然選択の痕跡を同定している（Fumagalli *et al.* 2015）．この遺伝子群の多型は血中の脂質量と非常に強く関連することがすでに報告されており，イヌイットの人々は伝統的に不飽和脂肪酸を多く含む海獣類の狩猟を生業としていたので，この自然選択は彼らの非常に特殊化した食生活と関係があると考えられている．

7.4 連鎖不平衡とハプロタイプを利用した方法

同じ染色体上に存在する多型同士では，1本の DNA 鎖としてのアレルの組み合わせが存在しうる．これをハプロタイプと呼ぶ（5.1 節参照）．精子や卵子の形成過程でおきる相同染色体間の組換えは，新たなハプロタイプをつくり出し，次の世代に受け渡す．したがって，ハプロタイプも遺伝的多様性の重要な

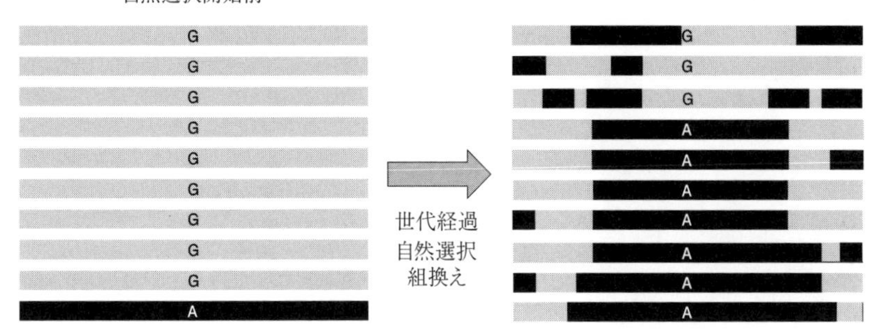

図 7. 1 選択的一掃.

要素である．先に述べた選択的一掃はハプロタイプの構造からも検出することができる．ここで，突然変異で生まれた多型のアレルが，遺伝的浮動ないしは正の自然選択によって世代経過とともに集団中に広まっていく過程を考えてみよう．集団のサイズが大きくて世代間で大きく変動しなければ，遺伝的浮動によるアレル頻度の変化は緩慢で，新たに生まれたアレルが集団中で高頻度に到達するには長い時間がかかる．一方，正の自然選択が作用した場合は，より短い時間で高い頻度に到達しうる．現在の集団でのこのアレルの頻度に着目しても，正の自然選択が作用した場合とそうでない場合を弁別するのは難しい．しかし，周辺の多型のハプロタイプの多様性を観察すると，自然選択が作用した場合に特徴的な変化を認めることができる．正の自然選択は比較的少ない世代数でアレル頻度を増加させるので，その増加したアレルが物理的に連鎖していたハプロタイプもまた，組換えで損なわれることなく集団中で増加する（図 7.1）．その結果，自然選択がはたらいた多型の周辺のゲノム領域では，ハプロタイプの多様性が減少したように見えるのである．

ハプロタイプ多様性の低下を評価するための統計量の代表例が，Extended Haplotype Homozygosity（EHH）である（Sabeti *et al.* 2002）．EHH は，ある特定の多型（コア多型）について，その周辺にある他の多型（マーカー多型）とのハプロタイプに着目する．コア多型に複数のアレルがあり，それぞれのアレルはマーカー多型とのハプロタイプを形成している．EHH とは，コア多型から任意の距離にあるマーカー多型の位置で，コアアレルに連鎖したハプロタイプ

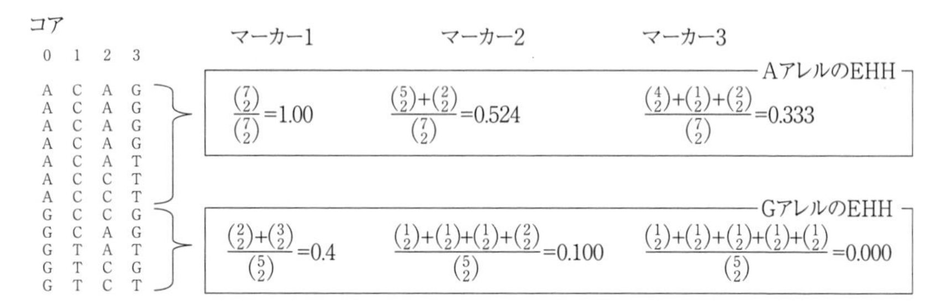

図 7. 2 Extended haplotype homozygosity.

がホモ接合となっている割合である．遺伝子プール中から，n 本の染色体を調査したとする．コア多型に m 種類のアレルが存在し，その i 番目のアレルを含む染色体の本数を c_i とする．ここで，i 番目のアレルをもつ染色体の中から，2 本の染色体を取り出す組み合わせ総数は $\binom{c_i}{2}$ である．i 番目のコアアレルをもつ染色体の中で，異なるハプロタイプのレパートリー数を t とし，j 番目のハプロタイプを有する染色体の本数を e_j とする．このとき，i 番目のコアアレルを含む染色体の中から，同一ハプロタイプを有する 2 つの染色体を取り出す組み合わせ総数は $\sum_{j=1}^{t}\binom{e_j}{2}$ である．以上より，i 番目のコアアリルの EHH は式（3）で表される．

$$\mathrm{EHH}_i=\frac{\sum_{j=1}^{t}\binom{e_j}{2}}{\binom{c_i}{2}} \tag{3}$$

EHH がどのように計算されるかを簡単に解説したのが，図 7. 2 である．

常染色体上のコア多型とその周辺の 3 つのマーカー SNP からなるハプロタイプを 12 本調査したとしよう．コア多型には A と G のアレルがあり，A をもつハプロタイプが 7 本，G をもつハプロタイプが 5 本ある．まず A アレルに着目すると，コア多型ではハプロタイプは 1 種類のみなので，これがホモ接合になる組み合わせは 21 通り，すべてのハプロタイプの組み合わせも 21 通りなので EHH は 1.0 となる．マーカー 1 とのハプロタイプも A-C の 1 種類のみしか存在しないので，やはり EHH は 1.0 となる．コアからマーカー 2 までのハプロタイプは A-C-A が 5 本で A-C-C が 2 本あり，それぞれの組み合わせは 10 通りと 1 通りなので EHH は 0.524 となる．一方，G アレルでは，コア多型からマーカー 3 までのハプロタイプは 5 本すべてで異なり，ホモ接合になる組み

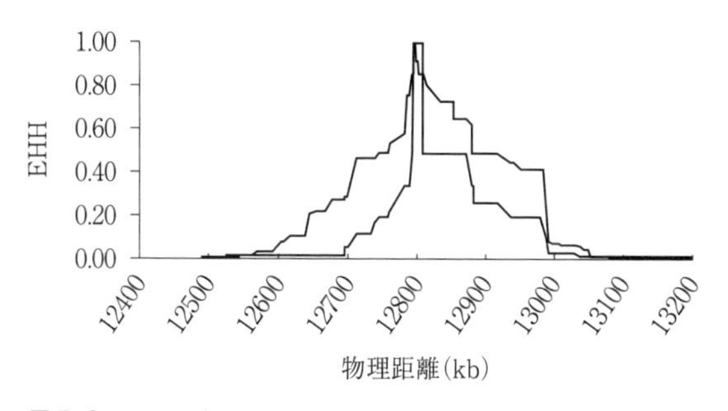

図 7.3 EHH プロット.

合わせがないので EHH は 0 となる．適応度が高いアレルでは，それに連鎖した周辺多型のハプロタイプもいっしょに増加するので，EHH はより遠いマーカー多型まで高いまま維持されることになる．コア多型の 2 つのアレルに対して，テロメア側・セントロメア側の両方のマーカー多型の EHH と染色体上の物理距離をプロットすると，図 7.3 のようなグラフを得ることができる．有利なアレルに連鎖したハプロタイプがより長い距離まで組換えで損なわれずに維持されている様子が見てとれるだろう．

EHH のグラフは直感的でわかりやすいが，1 つの多型に対して複数の EHH が算出されるので，ゲノムワイドな多型データに応用するのは少々ややこしい．これらの問題点を解決して，全ゲノムレベルでの多型データで正の自然選択の痕跡を探索できるようにした検出法の 1 つが，integrated Haplotype Score（iHS）である（Voight *et al.* 2006）．iHS は，先ほどの EHH プロットの折れ線より下の面積を 2 つのコアアレル間で比較し，その差を評価する手法である．iHS はマイナーアレル頻度にかかわらず平均値が 0，標準偏差が 1 となるように標準化してあり，2 つのアレルで EHH がほぼ等しければ 0 に近づき，どちらかのアレルで EHH の延長があれば，正負いずれかの値をとる．2 より大きいないしは −2 より小さい iHS を記録した SNP が密集したゲノム領域が，正の自然選択を受けた遺伝子を含んでいる候補と考えることができる．

iHS は 2 つのアレルの EHH の差を評価しているので，マイナーアレル頻度が極端に低い多型については計算できない．したがって，適応度の高いアレルがほぼ固定している場合には自然選択の検出力は低下することになる．この弱点を改良した方法がCross-Population Extended Haplotype Homozygosityで，いずれかのアレルのEHHを2つの集団で比較することにより，どちらかの集団で固定されたような自然選択を効率よく検出することができる．

7.5 正の自然選択で多様化した形質の例

ここまで紹介したような手法を用いて，ゲノム全体から自然選択の痕跡を検出する研究が盛んに行われ，すでに自然選択が関与しているであろうと考えられていた表現型との関連が強い座位に，明確な自然選択の証拠が見つかった（表7.1）．

表7.1 正の自然選択が作用した遺伝子の一例．（Fan *et al.* 2016）より抜粋．

遺伝子名	形質	正の自然選択の痕跡が見つかった地域
LCT	乳糖耐性	ヨーロッパ・中東・東アフリカ
SLC24A5	皮膚色	ヨーロッパ
SLC45A2	皮膚色	ヨーロッパ
ABCC11	耳垢	東アジア
EDAR	毛髪・歯の形態など	東アジア
EPAS1	慢性高山病への抵抗性	東アジア（チベット高原）
EGLN1	慢性高山病への抵抗性	東アジア（チベット高原）・南アメリカ
APOL1	トリパノソーマ感染耐性	アフリカ
HBB	マラリア耐性	アフリカ
G6PD	マラリア耐性	アフリカ
CREBRF	肥満	オセアニア

なかでも，もっともよく知られているのは乳糖耐性の原因となる*LCT*遺伝子のSNPだろう．ラクトースはヒトを含めた多くの真獣類の乳汁でオスモライト（浸透圧調節物質）としてはたらく．ラクトースは小腸粘膜上皮細胞が発現するラクターゼによって，グルコースとガラクトースへと分解され，吸収される．ラクターゼの発現は授乳期には強いが，その後減弱するため，成体が大量の乳汁を摂取すると，ラクトースが分解・吸収されることなく大腸へと到達する．大腸へ到達したラクトースは，腸管内の浸透圧やpH等に変化を与えることにより，下痢等の症状を引き起こす．この性質を乳糖不耐性と呼ぶ．離乳後の個

体が乳糖不耐性となるのは，母親が次の子供の出産・育児にエネルギーを傾けるという意味で適応的な現象である．ところが，ヨーロッパ，中東，アフリカの一部の地域では，成人してもラクトースを分解できる体質である乳糖耐性をもち合わせたヒトの頻度が高い．乳糖耐性の頻度が高いヒト集団は，歴史的に牧畜を生業としてきた集団が多く，成人でも生乳を食料として利用できることが，きわめて重要であったと考えられる．

乳糖不耐性と乳糖耐性は，ラクターゼ遺伝子（*LCT*）の上流域に存在するエンハンサー領域に存在する多型である *LCT*－13910C/T の遺伝子型で決定されている．Cアレルが祖先型で，派生型のTアレルのヘテロ接合あるいはホモ接合の個体が乳糖耐性となる．Tアレルでは，このエンハンサー領域に Oct-1 という転写因子タンパク質が結合しやすくなっており，これが成人でも *LCT* の転写を活発化していると考えられている．Tアレルは北ヨーロッパを中心とした地域に局在しており，およそ 7500 年前の中央ヨーロッパで出現し，強力な正の自然選択によって牧畜を生業としてきた集団の間に広がった可能性が報告されている（Itan *et al.* 2009）．また，興味深いことに，中東や東アフリカの遊牧集団における乳糖耐性は，－13910C/T の近傍に存在する別の多型が原因となっている．これらの多型は，それぞれの集団でのみ高頻度で認められ，ヨーロッパ人では確認されていない．これは，ヨーロッパ，中東，東アフリカで独立して乳糖耐性が出現したことを意味しており，ヒトにおける収斂進化の一例だと考えられている（Tishkoff *et al.* 2007）．

祖先集団では適応上有利だったために正の自然選択を受けたアレルが，現代環境ではかえって個体の健康に悪影響を与える例もある．過去と現代の環境のミスマッチによって深刻化していると考えられている健康問題の 1 つが肥満である．現代人の易肥満性を進化的に説明した有名な仮説が，「倹約遺伝子仮説（thrifty gene hypothesis）」である．ヒトは永らく食料供給が不安定な狩猟採集生活を送っており，食料が入手できた機会にできるだけたくさん食べて，エネルギーを脂肪として蓄積できる体質に寄与する，倹約的な遺伝子型をもつ個体が生存上有利であったと考えることができる．このような倹約的な遺伝子型が現代人に受け継がれ，食料が容易に入手でき運動の機会が乏しい現代社会での肥満の原因となっているとする仮説である．

最近，有望な倹約遺伝子が報告された．*CREBRF* という遺伝子の多型には，サモア人をはじめとしたポリネシアの人々でのみ高頻度で認められるアレルが存在している．このアレルを保有しているサモア人は，そうでないサモア人に比べて大きいボディマス指数（Body Mass Index: BMI）をもつ傾向があり，さらにこのアレルがサモア人の祖先系列で正の自然選択を受けた証拠も見つかっている．現代のポリネシア人は世界中でもっとも肥満者の多い集団であるが，これは，彼らの生活習慣が欧米化したことに加えて，彼らの祖先が長距離の航海でポリネシアに拡散した過程で，倹約的な遺伝子型を獲得したことが原因である可能性が指摘されていた．*CREBRF* 遺伝子の発見は倹約遺伝子が存在することの証拠の１つといえよう（Minster *et al.* 2016）．倹約遺伝子とは逆に，エネルギー消費亢進型のアレルが過去に正の自然選択を受けた例も報告されている．日本人の内臓脂肪蓄積に関連した *TRIB2* 遺伝子の SNP は，およそ２万年前の東アジア人の祖先集団で正の自然選択を受けたが，選択的一掃の痕跡を示したのは脂肪組織内でのエネルギー消費を亢進し，内臓脂肪の蓄積に抵抗的にはたらくアレルであった．*TRIB2* 遺伝子の非倹約的なアレルは，代謝性の熱産生の効率がより高いため，約２万年前に最寒期を迎えた最終氷期での生存に有利にはたらいていた可能性が考えられる（Nakayama and Inaba 2019）．

7.6 全ゲノムシークエンシング時代の自然選択の検出法

ここまでで紹介した検出法は，GWAS で利用されるような高密度 SNP マーカーのデータ（おおむね数十万〜数百万座位）での利用を念頭においたものである．これらのマーカーは国際 HapMap 計画や 1000 人ゲノム計画などの成果に基づいて，連鎖不平衡にある周辺多型を効率よくキャプチャするために選抜されたものであり，大半が多くのヒト個体で共有されている多型であった．現在は，次世代シークエンシング技術（6.3 節参照）の低コスト化によりヒトゲノムのリシークエンシングが一般的に行われるようになり，マイナーアレルが集団中に１コピーしか存在しないような多型を標的とした解析が可能となった．このような多型部位はシングルトンと呼ばれており，このシングルトンを利用した自然選択の検出法が，EHH などで検出が難しかった非常に新しい正の自然選択

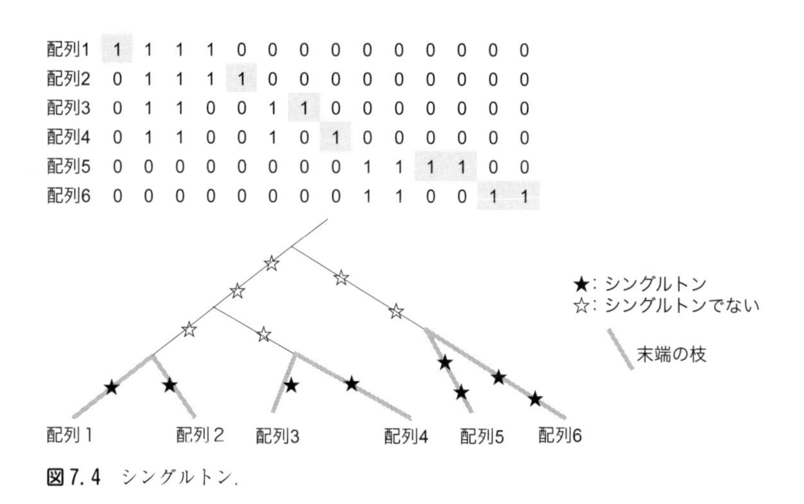

図 7.4 シングルトン.

(100 世代前程度)も検出可能であるとして，利用されつつある(Field *et al.* 2016).

14 カ所の別々の塩基置換で多様化した 6 つのハプロタイプを考える(図 7.4). これらのハプロタイプは世代をさかのぼると合体していき，やがてひとつの共通祖先配列にたどりつく．このハプロタイプの系統樹のもっとも末端の枝(より最近の突然変異でできた枝)に起きた突然変異がシングルトンとなっている.

次に，正の自然選択を受けたコア多型を中心とした，互いに配列の異なる 20 本のハプロタイプを考える(図 7.5). 枝の長さはそれぞれのハプロタイプが形成される過程に起きた突然変異の数を反映している．有利な突然変異をもつハプロタイプ群は，自然選択で集団中に急速に広がっているので，末端の枝の長さも短くなる傾向がある．この末端の枝の長さを，それぞれのハプロタイプがもつシングルトン間の距離で評価するのが Singleton Density Score (SDS) である．詳細は割愛するが，テストする多型を中心として，周辺に出現するシングルトン間の染色体上での距離を遺伝子型別に算出する．それを用いて祖先型アレルをもつハプロタイプの末端枝長の平均と派生型アレルをもつハプロタイプの末端枝長の平均の対数比を推定する.

この章の冒頭に紹介した *ALDH2* 遺伝子のアルコール非耐性アレルは，中国南部や日本列島を中心とした東アジア地域に限局して分布しており，自然選択の関与が疑われていたが，ゲノムワイドな SNP データを iHS などの手法で解

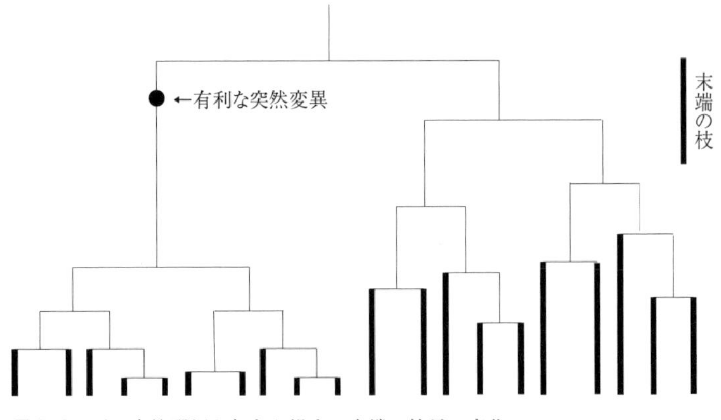

図 7.5 正の自然選択が起きた場合の末端の枝長の変化.

析した研究では，明確な正の自然選択の痕跡が検出されていなかった．2千人以上の日本人の全ゲノム塩基配列データにSDSを応用することにより，*ALDH2* 遺伝子とその周辺領域におよそ2千–3千年前に作用したと思われる正の自然選択の痕跡を見つけることに成功している．

ここまでで説明したようなゲノムワイド，あるいは全ゲノム規模での探索の結果，非常に明確な正の自然選択の証拠が見つかったのにもかかわらず，どのような選択圧が作用したのかはっきりしていない遺伝子も見つかった．*EDAR* 遺伝子のSNPは髪の毛の太さやショベル型切歯の出現率，乳腺の密度など複数の形質に関連しており，東アジア人の祖先集団で正の自然選択を受けているが，どのような生物学的な理由があってこれらの形質に自然選択が作用したのかは明らかになっていない．また，*ALDH2* 遺伝子や *ABCC11* 遺伝子のSNPも，アルコール非耐性や乾いた耳垢が個体の適応度をどのように関係していたのかはいまだに不明である．この問題を解決するのは，ゲノムデータの解析からのみでは難しく，モデル動物を用いた研究や実際のヒトを対象とした介入研究など，多様なアプローチで取り組む必要があるだろう．

第8章　縄文人のゲノム解読

——古代ゲノム学による人類の進化

太田博樹

8.1　古代DNA分析の誕生

8.1.1　絶滅生物のDNA

19世紀に絶滅したウマ科の生物・クアッガ（*Equus quagga*）のDNA分析が，1984年11月，*Nature*誌に掲載された（Higuchi *et al.* 1984）．この論文が世界初の古代DNA分析の報告である．この研究を手がけたのはカリフォルニア大学バークレー校の教授であり分子進化学の生みの親であるアラン・C・ウイルソンであった．彼のグループは，西ドイツ・マインツの自然史博物館に保存されていたクアッガの剥製からDNAを抽出し，ミトコンドリア・ゲノム（mtDNA）の一部をクローニングし，サンガーシークエンス法（6.2節参照）で塩基配列を読んだ．

クアッガは，胴体の前半分に縞があり，シマウマに似ているが，後半分には縞がない．このためシマウマとウマの交雑によって誕生した種ではないかと考える人もいた．しかし，クアッガのmtDNAの塩基配列はシマウマとより似ており，シマウマとウマの雑種ではなかった．塩基配列から分岐年代が計算され，クアッガはシマウマから300-400万年前に分岐した種であると判明した．

クアッガDNAの論文発表から約半年後の1985年4月，*Nature*誌にエジプトのミイラから抽出したDNAをクローニングしたという論文が発表された（Pääbo 1985）．後年この論文は著者本人によって否定された[1)]が，ヒトに関する最初の古代DNAの報告となった．この報告を単名で行った当時ウプサラ大学の大学院生であったスバンテ・ペーボは，博士号取得後，ウイルソンの研究室のポスドクとなり，後述するように，古代ゲノム学という分野を確立した立役者として怒濤の成果を上げていく．

一方，ウイルソンは本当の意味でのパイオニアであった．彼は現在生きている生物のタンパク質のアミノ酸配列やDNAの塩基配列から生物の進化を分析する分子進化学を築いた人物であるが，絶滅した生物の遺物にもDNAが残っており，これを分析することで，現在の生物のデータから過去を推定するのではなく，過去の生物のデータを直接分析する方法も示したわけである．クアッガDNAの発表以降，世界中の研究者たちはこぞって絶滅生物の剝製や化石からDNA抽出を行う研究を始めた．マンモス，ケーブ・ベア，モア，オオナマケモノなど，1990年代は古代DNA分析（ancient DNA analysis）が流行となり，*Nature* 誌や *Science* 誌に次々と論文が発表された．

8.1.2 やっかいなDNA

元来DNAは二重らせん構造をもつ長い鎖状の分子である．しかし，古い生物の遺物に残存するDNAは，長い年月を経て断片化し，劣化し，分子の数も生前に比べ激減している．このため古代DNAは，現在生きている生物の細胞から抽出したDNAと比べると，扱いにくい，やっかいなDNAである．

DNAは細胞の中にある細胞核に存在する．これに加え，細胞内小器官であるミトコンドリアが独自のゲノムをもっていて，この二本鎖環状分子がmtDNAである．植物の場合は，葉緑体も独自のゲノム（同じく二本鎖環状分子）をもつ．

細胞内にはもともと核酸分解酵素（nuclease/ヌクレアーゼ）が存在する．核酸分解酵素は，DNAやRNAの代謝，分解，合成に重要な役割を担っている．生物が生きている間，核やミトコンドリア内のDNAは膜によって核酸分解酵素から守られているが，生物の死後，DNAは自分自身の核酸分解酵素によりまず分解される．

土に埋まった生物の遺体の軟部組織は，つづいて土壌中の微生物によって分解される．骨や歯など硬部組織は，軟部組織ほど簡単に分解されないが，年月

1）ミイラから得られたDNAと思われたDNAは，実験をしたペーボ自身のDNAが混入したもの（コンタミネーション，8.1.3項参照）であった．

を経るうちに，土にしみこんだ雨水や地下水にさらされ劣化していく．こうして，硬部組織の細胞に残っていたDNAもダメージを受けていく．

DNA鎖は，水分（水や水蒸気）のある環境ではさまざまな化学反応を受け，変性していく．死後の生物遺物の中で自然に起こる化学修飾として脱アミノ化（deamination）がよく知られている．脱アミノ化を受けたDNAではシトシン（C）がウラシル（U）に変換される．塩基配列を読む（sequencing/シークエンシング）際，ウラシル（U）はチミン（T）として認識されるため，もともとシトシン（C）であった箇所がチミン（T）として検出される．脱アミノ化は，DNA鎖の至る所で起こるが，脱アミノ化を受けた塩基の場所で切断が起こることが多いため，古い断片化したDNA鎖を読むと，末端がチミン（T）である割合が高い．この末端の塩基のCからTへの置換はシークエンシングでのエラーであるが，古代DNA分析の現場ではこのエラーを逆手にとって，CからTへの置換率（C to T率）が上がる現象をそのDNAが古代DNAである証拠と考えている．

古い生物試料からDNAを抽出すると，さまざまな長さのDNA断片が抽出液には混在するが，その長さは75bp（塩基対）前後にピークがある分布を示すことが多く，150bpを超えるサイズのDNA断片は，ほとんど存在しない．このサイズ分布は，試料の年代とはあまり関係がない．つまり，数百年前の試料と数万年前の試料で，サイズ分布にあまり違いはなく，だいたい75bp前後にまで断片化している．おそらく，生物の死後すぐに始まるDNAの断片化は，比較的短い年月で75bp程度にまで進み，そこで断片化が飽和するのであろう．

試料の年代よりも，試料の保存状態の方が，断片化の度合い（サイズ分布）や残存するDNAの分子の数に大きな影響を与える．高温多湿な環境下ではより短いサイズに断片化し，残存DNAの分子の数は減少する．逆に，低温乾燥な環境下では，比較的長いDNA断片が残りやすく，分子の数の減少も抑えられる．したがって，古代DNAを分析するには，高緯度地域から発掘された試料の方が望ましく，低緯度地域の試料では分析そのものが困難である場合が多い．

古代DNAは，分子生物学の常識からすると著しく質の低いDNAといえる．古代DNAを分析するには，こうした“やっかいなDNA”をいかに扱うかが鍵となる．しかし，1990年代に流行した古代DNA研究では，研究者たちの理解がまだ不十分であったため，論文が発表された後に，その結果が間違い（コンタミネーション，8.1.3項参照）であることが発覚するケースが多発した．

8.1.3 幻のジュラシック・パーク

スティーヴン・スピルバーグ監督の映画『ジュラシック・パーク』の第1弾が公開されたのは1993年であった．「ジュラ紀の公園」という名のこの映画は，マイケル・クライトンの小説が原作で，琥珀の中に閉じ込められた太古の蚊から血を吸った恐竜の血液細胞の核を抽出し，カエルの受精卵の細胞核と入れ替え，恐竜を再生するという物語だ．

1994年，白亜紀の恐竜の化石からDNAが抽出されたとするmtDNA塩基配列が*Science*誌に報告された（Woodward, Weyand and Bunnell 1994）．フィクションの世界であったジュラシック・パークが，いよいよ現実のものになるかと世間は注目したが，この“恐竜DNA”はアッという間に否定された．ペーボらのグループは，この論文が発表された後に，“恐竜”のmtDNAの塩基配列を，他の脊椎動物のmtDNAと混ぜて系統樹を作成した．すると，この“恐竜”はカエルよりも，イヌよりも，コウモリよりも，ヒトに近かった．

初期の古代DNA研究（1980-90年代）では，断片化し，分子の数が減少したDNAを分析する方法として，もっぱらポリメラーゼ連鎖反応法（Polymerase Chain Reaction: PCR）に頼っていた．

PCR法では，ゲノム中の特定の領域を増幅する．検索ワードに相当するプライマー（20bp前後）を増幅したい領域の両端に設計する．増やしたいDNA（鋳型DNA）と2つのプライマーをプラスチック製試験管の中で混ぜて，3つの温度を繰り返し与える．1段階目は95℃前後で，DNAの二本鎖を一本鎖に乖離する．2段階目は50-65℃で，一本鎖にした鋳型DNAにプライマーをくっつける．3段階目は72℃で，DNA合成酵素（ポリメラーゼ）によるDNA鎖の伸長をする．この3つの温度サイクルを繰り返すことにより，2つのプライマーに挟まれた領域を増幅する．

1回のサイクルで増幅したい領域は2倍になる．2回のサイクルで2^2倍，3回で2^3倍と増えていく．つまり，原理的にたった1つの分子から，30サイクルのPCRで2^{30}倍の分子を得ることができる．したがって，長い年月を経て分子の数が減少している古代DNAでも，分析が可能である．

ところが，抽出したDNAに増幅したいDNA以外のDNAが混入していた場合でも，DNA合成酵素は，それらを区別することなく増幅してしまう．これを外来DNA混入（contamination/コンタミネーション）という．たとえば，たまたま研究者のDNAが分析対象である恐竜の骨に付着していた場合，恐竜の骨からの抽出液には，恐竜のDNAではなくヒトのDNAが含まれる．DNAは唾液や汗やフケなど小さな皮膚片にも含まれるため，こうしたことは頻繁に起こってしまう．しかし，それに気づかず，この抽出液を鋳型DNAとしてPCRを行うと，恐竜のDNAの代わりにヒトのDNAを増幅する．これが起こってしまったのである．

ヒトの核DNAに挿入されたmtDNAの配列（numtDNA）というものが，核ゲノム中に存在する．1994年の白亜紀の恐竜DNAの論文では，偶然にもPCR法でそれを増幅してしまった．一見ヒトmtDNAとは異なる配列が得られたため，研究者たちは，それを恐竜のmtDNAと勘違いしてしまったのである．驚くべきミスであるが，そうとは知らず*Science*誌はこの論文を掲載してしまい，とんだ恥をかくこととなった．

かくしてジュラシック・パークは幻となった．このケースに限らず，コンタミネーションの問題は，古代DNA分析に深刻な影を落としてきた．当時，コンタミネーションではないとする証拠をより多く示すことで，研究者たちは古代DNAであることを主張してきた．しかし，究極的にはすべてのケースにおいて状況証拠でしかなかった．このため，古代DNA分析は，長い間，科学として正統な評価を得ることができなかった．

8.2 古代型人類のゲノム解読

8.2.1 ネアンデルタール人とホモ・サピエンス

1980-90年代，ヒト（現生人類，*Homo sapiens*）の起源に関して2つの仮説が提示されていた．多地域進化説とアフリカ単一起源説だ（3.5節，4.3節参照）．前者は，アフリカにいた初期ホモ属が，ユーラシア大陸やオーストラリア大陸に拡散し，それぞれの地域でホモ・エレクトスからホモ・サピエンスに進化したと考える．一方，後者は，東アジアや東南アジアで発見された北京原人やジャワ原人などホモ・エレクトスは絶滅し，アフリカで新たに進化したホモ・サピエンスが，あらためてアフリカから拡散し，世界中に広まったと考える．

1987年1月にレベッカ・L・キャン，マーク・ストーンキング，そして前出のウイルソンの3名は，*Nature* 誌に世界147人のmtDNAの多様性を分析した論文を発表した（Cann, Stoneking and Wilson 1987）．この論文は，これらのmtDNA多様性は約20万年前に，おそらくアフリカに住んでいた1人の女性から枝分かれしてきたものであるとし，周囲からミトコンドリア・イブ仮説と呼ばれた．このmtDNA分析データは，アフリカ単一起源説を強く支持するものであった．

その後，現生人類のDNA研究は，次々とアフリカ単一起源説を支持する結果を示していった．しかし，アフリカ単一起源説が正しいとすると，古代型人類であるネアンデルタール人（*Homo neanderthalensis*）の位置づけが難しくなることも認識されていた．3-4万年前のヨーロッパには，ネアンデルタール人の遺跡とクロマニヨン人（*Homo sapiens*）の遺跡が混在する．両種は同時期に共存していた．アフリカ単一起源説が正しいとしたら，解剖学的にホモ・サピエンスとは大きく異なるネアンデルタール人は絶滅し，クロマニヨン人だけが生き残ったシナリオとなる．

これを検証すべく，当時ミュンヘン大学に研究室を構えていたペーボたちは，ネアンデルタール人骨のDNA分析に取り組んでいた．そして1997年，mtDNAの高変異領域（D-loop）の塩基配列を解読し，*Cell* 誌に発表した（Krings *et al.* 1997）．ネアンデルタール人のmtDNAは現生人類のmtDNAの多様性の外に位置することは明らかだった．すなわち，ネアンデルタール人とホモ・サピエンスは別種であり，ネアンデルタール人は絶滅し，ホモ・サピエンスは生き残ったとするアフリカ単一起源説のシナリオを強く支持した．

8.2.2 古代DNA分析から古代ゲノム学へ

2001年，ジェームス・ワトソンを中心とする研究者の国際チームとクレッグ・ベンター率いるセレラジェノミクス社を中心とする2つのグループが，それぞれヒトゲノム・ドラフト配列を発表し，2003年，ヒトゲノム解読の完了が宣言された．このゲノム解読技術の進展に呼応するように，古代DNA分析も大きな変貌を遂げることになる．

ヒトゲノム解読は，1980年にフレデリック・サンガーによって発明されたジデオキシ法（サンガーシークエンス法）で塩基配列決定が行われた．しかし，1990年代末から，生物のゲノムをいっきに解読するためのまったく新しい方法が，複数の企業により開発されていた．そして，ヒトゲノム解読完了後，そうした新しい塩基配列決定の技術が急速に発達し，普及した．これらは次世代シークエンサー（Next Generation Sequencer: NGS）と呼ばれた（6. 2節参照）．

1998年，ペーボはライプチヒでマックスプランク進化人類学研究所をスタートさせた．そして彼のグループは2006年，NGS技術を用いたネアンデルタール人の核ゲノム部分配列解読を発表し，2010年には，全ゲノム・ドラフト配列を発表した（Green *et al.* 2006; 2010）．これらの報告以降，古代DNA分析は古代ゲノム学（paleogenomics）として急速に発展していった．

2006年の論文は，ネアンデルタール人の核ゲノムの0.04%の塩基配列を決定した．NGSを用いたことが新しかっただけで，この論文は1997年のmtDNA D-loop領域の分析結果をほぼ追証したにすぎなかった．しかし，2010年のネアンデルタール人ドラフト配列は，人類進化研究に大きなインパクトを与えるものであった．D検定と呼ばれる統計量を用いた解析は，非アフリカ現生人類のゲノム中の1-4%が，ネアンデルタール人由来であることを明らかにした．特定の地域に限らず，ヨーロッパでも東アジアでもネアンデルタール人由来のゲノムが見つかったことから，サピエンスがアフリカの外へ出た直後に，すでにそこにいたネアンデルタール人とサピエンスが交雑したと考えられる．

アフリカ単一起源説は，ヒトゲノム解読完了後，膨大な全ゲノム情報に裏打ちされ，仮説ではなく定説となっていた．しかし，ネアンデルタール人ゲノム・ドラフト配列の解析結果を受け，厳密には修正が必要となったといえる．アフリカ単一起源説のドグマでは，サピエンス以前の古代型人類は，ネアンデルタール人も含めてすべて絶滅したと考える．しかし，過去に存在した古代型人類のゲノムは，現生人類のゲノムにわずかに残っていた．すなわち，両者の交雑の結果，古代型人類はゲノムの一部を伝えるという形で，生き残ったともいえる．そして交雑し，子孫を残していたという事実から，ネアンデルタール人が別種であったとする考えも修正の必要性が議論されている．もっとも，「種」というカテゴリーを設定することそのものが，ゲノム学の登場により，あまり意味をなさないことを，ネアンデルタール人ゲノムは物語ったともいえる．

8.2.3 デニソワ人の“発見”

古代ゲノム解析は，ネアンデルタール人とは別の古代型人類・デニソワ人の存在も明らかにした．ロシアのアルタイ山脈にあるデニソワ洞窟から発見された小さな指の骨の一部をペーボたちが分析した．DNA が抽出され，はじめ mtDNA の全塩基配列が調べられた．すると，この小さな骨の主は，ネアンデルタール人でも現生人類でもないことがわかった．骨形態の証拠がないまま絶滅した人類が“発見”されたのは，世界初であった．2010 年，このデニソワ人の“発見”が *Nature* 誌に発表された（Krause *et al.* 2010）．同年，デニソワ人の全ゲノムのドラフト配列がやはり *Nature* 誌に発表され，デニソワ人はネアンデルタール人とは異なる，しかし，姉妹群に位置する古代型人類であることが示された（Reich *et al.* 2010）．そして 2012 年，30×カヴァレジの完全ゲノム配列が報告された（Meyer *et al.* 2012）．

カヴァレジとは配列の“深度”を表す言葉で，30×カヴァレジとは全ゲノムを平均 30 回読んだという意味である．ヒトゲノム計画において，2001 年の段階で，全ゲノムを平均 1 回以上 2 回未満読んだ状態で発表され，これをドラフト配列と呼んだ．その後 2003 年にヒトゲノム解読の完了宣言が行われた段階で，約 30×カヴァレジだった．つまり，配列の深度が 30×カヴァレジでヒト完全ゲノム配列，同時にヒト標準ゲノム配列とみなされた．この基準にしたがうと，絶滅したデニソワ人で，現生人類の標準ゲノム配列と同程度の精度のゲノム解読がなされたことを意味する．

デニソワ人ゲノムに関してもＤ検定により，交雑の痕跡が明らかにされた．現代のパプアニューギニア人ゲノムの約 6% が，デニソワ人由来であったのである．パプアニューギニアは，オーストラリア大陸の北東に位置する島だ．デニソワ人は，中央シベリアのアルタイ山脈で見つかった人類だ．地理的に大きく隔たった位置で，ゲノムの痕跡が発見されたことにより，いったん明らかになったように見えた人類史が，さらに入り組んだ複雑な謎を秘めていると悟らざるを得ない発見であった．

8.3　縄文人ゲノム解読

8.3.1　日本人研究者による古人骨 DNA 研究史

日本人研究者による古代 DNA 分析は，けっして世界から遅れをとるものではなかった．国立遺伝学研究所の宝来聰は 5 個体の縄文人骨[2]から DNA を抽出し，mtDNA の D-loop 領域内の 190bp の塩基配列を読み，1991 年に報告した（Horai *et al.* 1991）．これは，オックスフォード大学のエリカ・ハーゲルバーグらが，約 5 千年前の人骨から，つまり軟部組織ではなく硬部組織としては初めて，DNA を抽出して *Nature* 誌に発表した 1989 年からわずか 2 年後の発表であった．また，東京大学の植田信太郎のグループは，古墳時代の古人骨 2 個体の血縁関係を核ゲノム中の短い繰り返し配列多型（Short Tandem Repeat Polymorphism: STRP）を用いて分析し，1993 年に報告した（Kurosaki, Matsushita and Ueda 1993）．これは古人骨 DNA の核ゲノム分析の世界的な先駆けとなった．

その後も先史時代の人骨の mtDNA D-loop 塩基配列やハプログループ[3]を分析する研究が筆者や国立科学博物館の篠田謙一，山梨大学の安達登，東邦大学の水野文月，金沢大学の佐藤丈寛らによって報告されてきたが，NGS の古人骨 DNA 分析への最初の応用は，国立科学博物館の神澤秀明らによって 2017 年に報告された福島県三貫地貝塚遺跡出土人骨の部分ゲノム配列（Kanzawa-Kiriyama *et al.* 2017）と，欧米から約 10 年の遅れをとることになった．

この背景には，自然条件がある．日本列島は温暖多湿で，しかも火山島であ

2）本章で「縄文人骨」という言葉を使う場合，縄文文化を示す遺物をともなって出土した人骨を指すこととする．

3）ハプログループとは，「ハプロイド」の「グループ」という意味である．ハプロイドとは一倍体のことで，細胞核に含まれるゲノムはディプロイド（二倍体）であるのに対し，ミトコンドリアに含まれるゲノム（mtDNA）はハプロイドである．このため mtDNA の配列タイプを「ハプロタイプ」と呼び，ハプロタイプの系図に基づき，ハプロタイプはより大きなカテゴリー（グループ）に分類されている．これを mtDNA のハプログループと呼ぶ．そして，個々の人類集団における mtDNA ハプログループの頻度分布を調査する分析法を「ハプログループ分析」と呼んでいる．

るため酸性土壌である．このため，土壌中の骨は残りにくく，骨の中のDNAはダメージを受けやすい．ヨーロッパの洞窟遺跡は，石灰岩の洞窟なので土壌がアルカリ性で，しかも緯度が高い．このため骨が残りやすく，骨の中のDNAもダメージを受けにくい．こうした地理的・気候的な条件が，日本の古代ゲノム学の発展を遅らせた一因と考えられる．

国立科学博物館の神澤秀明らは，北海道・礼文島にある船泊遺跡から出土した2個体のゲノム解析を行い，1つは1.0×カヴァレジ（ドラフト配列）であったが，もう1個体は最大深度48×カヴァレッジと，縄文人の完全ゲノム配列解読が達成された（Kanzawa-Kiriyama *et al.* 2019）．このように，日本列島でも礼文島のような寒冷地の場合，試料によっては，十分な量のDNAが残っていて，欧米から引けを取らないゲノム解析が実施できる．

8.3.2 どのように分析するか？

初期の古人骨DNA分析では，分析対象として歯の歯根部が主に用いられてきた．歯根部は顎骨にはまっており，表面はセメント質，内側は歯髄腔に挟まれた象牙質でできている．顎骨の外にある歯冠部はエナメル質でできていて，いずれも他の骨組織よりも強固で，その内側の歯髄腔は外部の自然環境の影響を受けにくいタイムカプセルのようだ．歯髄腔には，生きている間，神経線維や血管，リンパ管が通っていて，象牙質に栄養を供給している．この部分にDNAが残っている可能性が高い．このため，分析対象として歯根部が選ばれてきた．

さらに最近の研究から，側頭骨の錐体（岩様部）が古人骨DNA分析の分析対象として有用であることがわかってきた．頭蓋骨では，生きている間，脳が収まっている空間が，死後ドーム状に残る．この外界から比較的守られた空間（頭蓋腔）に側頭骨錐体はあり，骨組織の中に内耳の諸器官を収めている．このためDNAが残りやすいと推測される．

筆者らのグループは，愛知県田原市の縄文遺跡である伊川津貝塚遺跡から出土した女性人骨（標本番号：IK002）の全ゲノム解析を行い，2018年*Science*誌にドラフト配列（1.85×カヴァレジ）を報告した（McColl *et al.* 2018）．この分析では，最初この検体を含めた愛知県と大分県からの縄文人骨12検体の歯根部からDNA抽出を行い，汎用性NGSである*Illumina*社のMiSeqを用いてプレスクリーニングを行った．出力データ（reads）を*in silico*解析[4)]でヒトゲノム標準配列にマッピングしたところ，マップ率は12検体中10検体で1%以下であった．

ヒトゲノム標準配列へのマップ率1%とは，古人骨から得られたDNAのうち1%はヒト由来（おそらく分析した人骨由来）のDNAであるけれど99%はヒト以外の生物のDNAであることを意味する．国際的なコンセンサスとして，1%以上のマップ率の試料に限り，次のステップである"深読み"（deep sequencing/ディープ・シークエンシング）へ進む価値があるとされている．日本列島の本州から出土した古人骨の場合，マップ率が1%以下であるのは普通であり，上記の12検体の場合，5検体はマップ率0.1%以下であった．こうした厳しい状況の中，伊川津のIK002は約2.5%のマップ率で一番高い値を示した．そこで側頭骨錐体からも試料のサンプリングを行い，あらためてDNA抽出を行い，上位機種NGSである*Illumina*社のHiSeqシリーズの1つでディープ・シークエンシングを行った．

古代DNA分析の作業は，コンタミネーションを防ぐ目的で，すべて専用クリーンルーム内で行う（図8.1）．古代DNA専用クリーンルームは，陽圧の密閉空間で，外部からDNAが流入することを防止する．クリーンルームを使用していない間，ルーム全体にUV照射を行う．これにより，仮に外来DNAが混入し，ルーム内の器具などに付着していたとしても，その活性を失わせる．

NGSで得られたreadsは*in silico*解析されるが，その際，read末端の脱アミノ化の程度（C to T率）を割り出す．先述のように一定程度C to T率が示されることが，そのDNAは現代DNAのコンタミネーションではなく古代DNAである証拠とされる．また人骨の形態学的情報から女性の骨であることが明白な場合，NGSで得られたreadsのうち，Y染色体にマッピングされる割合が，コンタミネーションの割合と考えられる．男性の骨や性別がハッキリしない骨の場合，この方法が使えないので，mtDNAに着目する．1検体にmtDNAは

4）*in silico*とは，「シリコン内」を意味し，「コンピュータを用いて」と同義である．したがって*in silico*解析とは「コンピュータを用いた解析」を意味する．NGSから出力されるデータ（reads）は，数百ギガバイト（Gb）におよぶため，高性能コンピュータを用いた解析が必須となる．

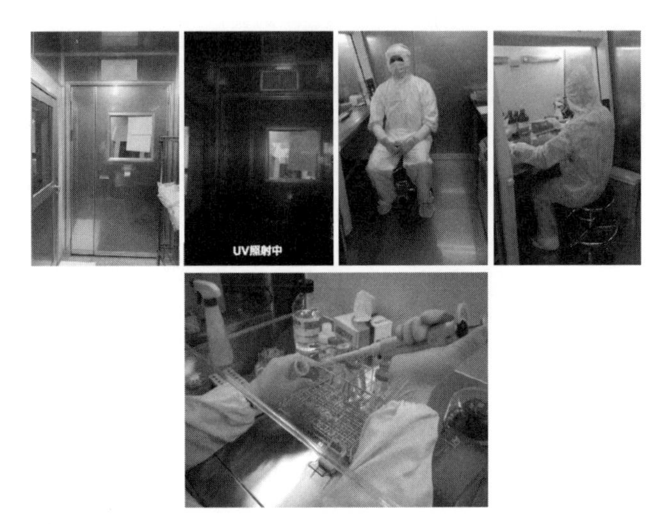

図 8.1 古代ゲノム分析専用クリーンルーム.
@東京大学・理学部 2 号館.

1 ハプロタイプしか存在しないはずなので，複数のハプロタイプが観察された場合，最大数のハプロタイプが人骨由来 DNA，少ない割合のハプロタイプをコンタミネーションと一般的に考える．とくに国際的な約束があるわけではないが，コンタミネーションの割合（コンタミ率）が 1% 以下であれば，その NGS の解析結果は信用できると考えられている．

8.3.3 ゲノムから見た縄文人

現在（2020 年 12 月）のところ縄文人のゲノム配列として，2 個体の部分ゲノム配列が三貫地貝塚遺跡から（推定平均深度 0.01-0.02×カヴァレジ），2 個体のドラフト配列が伊川津貝塚遺跡 IK002（平均深度 1.85×カヴァレジ）と船泊遺跡 F5（最大深度 1.0×カヴァレジ）から，1 個体の完全ゲノム配列が船泊遺跡 F23（最大深度 48×カヴァレジ）から，報告されている．これらの配列に基づく解析結果で共通している点は，縄文人が現代日本人や現代の東アジアに住む人々の多様性の外側にくる点である．

金沢大学の覚張隆史と筆者らは，IK002 のゲノム配列を詳細に分析し，2020 年に新たな論文として発表した（Gakuhari *et al.* 2020）．この論文では，IK002 がヒマラヤ山脈より南を通って東ユーラシアにたどり着いたグループの子孫か，ヒマラヤ山脈より北を通って東ユーラシアにたどり着いたグループの子孫かを検証した．

考古学遺物は，ヒマラヤ山脈以南，以北，どちらのルートからも発見される．このことから，6-7 万年前にアフリカ大陸を出たサピエンスは，南ルートと北ルートの両方を通って，ユーラシア大陸の東側まで拡散したと考えられる．しかし，現代のユーラシア人ゲノムを解析すると，東アジア人は南ルートの系統で，北東アジア人やアメリカ先住民もこの系統の子孫であることが示される．一方，バイカル湖近くから発見された約 2 万 4 千年前のマルタ遺跡人骨（標本番号：MA-1）のゲノムは，現在のアメリカ先住民に広く受け継がれていることが，コペンハーゲン大学のエスケ・ウイラースレヴらにより 2014 年 *Nature* 誌に報告されている（Reghavan *et al.* 2014）．つまり，現代のアメリカ先住民は，南ルートと北ルートの 2 つのグループの交雑によって誕生した集団なのだ．

それでは，縄文人はどちらの集団の子孫なのだろうか？　IK002 ゲノムの詳細な解析は，彼女の祖先が南ルートに属し，MA-1 の遺伝的影響をほとんど受けていないことが明らかになった．現代の東南アジア人，東アジア人，北東アジア人（東シベリア人），アメリカ先住民の共通祖先を東ユーラシア基層集団と呼ぶことにすると，IK002 の祖先は，東ユーラシア基層集団から東南アジア人とその他の集団が分岐した頃か，その直後に分岐した集団に属していたと考えられる（図 8. 2）．この結果は，IK002 という 1 個体の全ゲノム配列に基づく解析結果であるので，今後は，縄文人全体ではどうであったかを分析していく必要がある．

8. 4　古代ゲノム学のさらなる発展

前節では日本列島のサピエンスのゲノム解析として縄文人のゲノム解析に焦点を当てたが，世界中で先史時代のサピエンスのゲノム解析は大規模に進められており，現在の地理的な集団分布，地域集団の形成史が克明に解き明かされつつある．こうした古代ゲノム情報に基づく人類集団史の研究のみならず，古代ゲノム学はさらなる発展を遂げている．

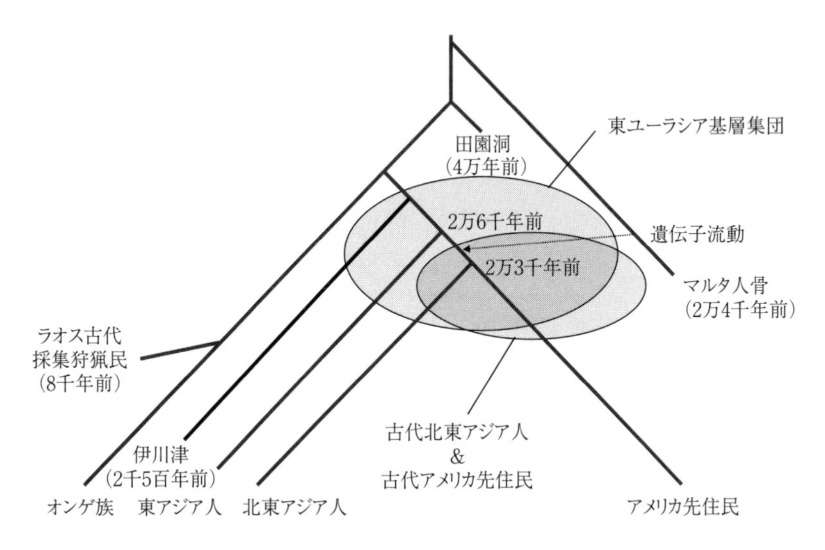

図 8.2 東ユーラシア人類集団の概略図.
東ユーラシア基層集団とは, 現在の東南アジア人, 東アジア人, 北東アジア人, アメリカ先住民が分岐する以前に存在した祖先集団. 田園洞とは, 中国の遺跡の名前で, 東アジアでもっとも古い古人骨ゲノム解析がなされた. オンゲ族とは, アンダマン諸島に住む狩猟採集民.

8.4.1 メチローム解析によるデニソワ人骨格の復元

バイサルファイト・シークエンス法はメチル化 DNA 検出法として典型的な手法の 1 つである. バイサルファイト反応 ($NaHSO_3$ 処理) でシトシンはウラシルに変換されるが, 遺伝子発現抑制と関連するメチル化シトシンはウラシルに変換されない. これを利用し DNA のメチル化領域を検出する. 先述のように, 古い生物遺物の場合, その生物の死後, 自然現象として DNA は脱アミノ化し, シトシンはウラシルに, メチル化シトシンはチミンに変換される. 古人骨から抽出した DNA に対してウラシルを除去する酵素反応 (UDG/endoVIII 処理) をすると, 死後メチル化シトシンから自然に変換されたチミンだけが残る. これを NGS で読むと, その個体が生きていた当時のゲノム中の高メチル化領域が C to T 率の高い領域として検出できる.

この方法を用いてヘブライ大学のデヴィッド・ゴクマンらは, 2014 年, ネアンデルタール人とデニソワ人の DNA メチル化マップを再現し *Science* 誌に発表した（Gokhman *et al.* 2014）．ゴクマンらはさらに 2019 年，「ヒト表現型オントロジー」などデータベースを駆使し，メチル化と遺伝子発現パターンおよびヒト表現型の詳細な解析から，デニソワ人の骨格形態を復元し，*Cell* 誌に発表した（Gokhman *et al.* 2019）．この論文は，この年の *Science* 誌の "Breakthrough of the year" の 1 つに選ばれた．

8.4.2 歯石・糞石を材料としたメタゲノム解析

古代ゲノム学の分析対象は骨ばかりではない．歯石あるいは糞石（糞便の化石）なども分析対象となりうる．これらは，過去の摂食物や腸内細菌叢，病原体や寄生虫のゲノム情報を含むため，過去の環境や栄養・健康・衛生状態を知る手がかりとなる．

アデレード大学のアラン・クーパーのグループは，ネアンデルタール人の歯石のゲノム解析を行い，2017 年，*Nature* 誌に報告した．ネアンデルタール人の口腔内フローラはチンパンジーや狩猟採集民のそれと近く農耕民と異なっていた（Weyrich *et al.* 2017）．日本でも東京大学の澤藤りかいらが，江戸時代の 13 個体の歯石のゲノム解析を行い，摂食物同定に成功している（Sawafuji *et al.* 2020）．

8.4.3 iPS 細胞を使ったアプローチ

もっとも注目すべきは，ネアンデルタール人のゲノム情報が細胞生物学の文脈で議論され始めている点である．先述のように，ネアンデルタール人はホモ・サピエンスと交雑し，そのゲノムは現生人類のゲノム中に 1-4% の割合で残っている．ヒト iPS 細胞バンク（HipSci）[5] からネアンデルタール由来のゲノム領域をもつ細胞株を同定し，オルガノイドを作成することにより，実験的にネアンデルタール人の遺伝形質を解析する試みが，マックスプランク進化人類学研究所のペーボ率いるグループによって実施され，すでに論文として報告されている（Dannemann *et al.* 2020）．

古代ゲノム情報は，希少ゲノム情報としての価値をもつ．過去に生きていた

5）HipSci とは Human Induced Pluripotent Stem Cell Initiative の略号．https://www.sanger.ac.uk/collaboration/hipsci/

ヒトやヒト以外の生物の細胞レベルから個体レベル，さらには生態レベルの情報を有し，その有効活用は，もしかしたら私たちの想像を超えるものかもしれない．このような観点から，古代ゲノム学は，今後もさらなる発展を遂げていくと考えられる．

さらに勉強したい読者へ

植田信太郎（1995）「古代試料を用いたDNA分析」『細胞工学　特集・分子進化の新展開』（宮田隆監修）秀潤社．

太田博樹（2018）『遺伝人類学入門――チンギス・ハンのDNAは何を語るか』筑摩書房．

海部陽介（2015）『人類がたどってきた道――“文化の多様化”の起源を探る』NHK出版．

海部陽介（2016）『日本人はどこから来たのか？』文藝春秋．

斎藤成也（2017）『核DNA解析でたどる日本人の源流』河出書房新社．

榊佳之（2007）『ゲノムサイエンス――ゲノム解読から生命システムの解明へ』講談社．

篠田謙一（2019）『新版 日本人になった祖先たち――DNAが解明する多元的構造』NHK出版．

西秋良宏（2020）『アフリカからアジアへ――現生人類はどう拡散したか』朝日新聞出版．

ペーボ，スヴァンテ（2015）『ネアンデルタール人は私たちと交配した』（野中香方子訳），文藝春秋．

宝来聰（1997）『DNA人類進化学』岩波書店．

山田康弘（2015）『つくられた縄文時代――日本文化の原像を探る』新潮社．

ライク，デイヴィッド（2018）『交雑する人類――古代DNAが解き明かす新サピエンス史』（日向やよい訳），NHK出版．

ルイン，ロジャー（1998）『DNAから見た生物進化』（斎藤成也監訳），日経サイエンス社．

コラム　霊長類の遺伝　　石田貴文

今を遡ること40数年，雄山閣出版から「人類学講座」が逐次刊行され，第1回配本の「霊長類」に東大人類・遺伝学研究の開祖である石本剛一先生の「霊長類の遺伝性」という章があり，冒頭に「霊長類の遺伝的研究は，系統や進化ときわめて密接にかかわりあっている」と書かれていた．半世紀前の生物学の状況に鑑み，正に炯眼というべきである．その流れで「霊長類の遺伝学」を「霊長類の分子進化学」に読み替えると，そこに鎮座するのは，アラン・ウィルソン博士ではないだろうか．ウィルソンはニュージーランドに生まれ，畜養を生業としていた父の後を継ぐべく生物学系に進学するが，生化学を専攻することになり渡米した．ワシントン州を皮切りに研究生活に入り，博士研究員時代に分子進化の概念に触れ，カリフォルニア州立大バークレー校で研究室を開設すると，霊長類の分子系統進化研究に着手した．当時しのぎを削っていた3グループを見ると，いずれもアルブミンを標的としていた．モーリス・グッドマンらは免疫拡散法，カーティス・ウィリアムズ・ジュニアらは免疫沈降法，そしてウィルソンらは補体結合法を用い系統差を見いだそうとしていた．グッドマンとウィリアムズの方法では，分解能が悪く，正しい系統関係を示せなかったが，感度の良い補体結合法を導入したウィルソンは，ヴィンセント・ザリッチと共に，類人猿の系統・分岐年代に分子から迫る成果を1967年*Science*誌に発表した．「霊長類分子系統学」が展開され，机上の説であった「分子時計」に技術的支持ももたらした．その後，DNAを直接扱えるようになると，制限酵素断片長多型（RFLP），PCR-RFLP，シーケンシングと分子生物学の技術進化を次々と取り入れた研究を推進した．

ウィルソンの「ミトコンドリア・イブ」仮説は初期の分子人類学における金字塔といってもよいであろう．その間，多くの後進の育成に努めたが，1990年日本で開催された国際霊長類学会シンポジウムの招待講演をキャンセルしたときはすでに病魔の手の内にあり，1991年その生涯を閉じた．また，彼はヒトゲノム計画のメンバーで，その成果に多大な期待をしていたが，「ヒトゲノム読了」を目にすることはなかった．亡くなる数年前の講演で，学生の質問「どんな勉強をしたらよいか？」にウィルソンが返した答えが忘れられない．

「科学の本質に斬り込むならば，より基本的・根元的な勉強をしなさい．」

III

生きているヒト

第9章　ヒトはなぜ直立二足歩行を獲得したのか
——身体構造と運動機能の進化

荻原直道

ヒト（*Homo sapiens*）という生物を，他の生物，とくに他の霊長類と分け隔てる生物学的特徴は，大きな脳，道具使用を可能とする器用な手，言語，他者を理解し協力して社会を構成する能力，など，多数存在する．その中でも常習的な直立二足歩行（Bipedalism）の獲得は，ヒトと他の霊長類を区別するもっとも重要な特徴である．ヒトは，二足歩行を獲得したことにより，前肢（上肢）を体重支持から解放することが可能となり，その後の進化の過程で，複雑な道具の製作やその道具を使用する器用な手を獲得することが可能となった．言語能力や複雑な社会を構成する能力の獲得は，その後に起きた進化である．すなわち，常習的直立二足歩行は，ヒトをヒトたらしめるもっとも根源的な特徴であり，その起源と進化を明らかにすることが，われわれヒトの進化史を明らかにする上で重要な問題の1つとなっている．

近年，初期人類化石の発見や，ヒトと類人猿の全ゲノム配列解析により，ヒトの系統がチンパンジーやゴリラといったアフリカ大型類人猿と分岐し，独自の進化を始めたのは約700万年前頃と考えられている．700万年前のアフリカで，ヒトとアフリカ類人猿の共通祖先は，なぜ，どのように直立二足歩行を獲得するに至ったのであろうか？ 本章ではヒトの直立二足歩行の進化を，運動学・生体力学の視点から考察する．

9.1　ヒトの直立二足歩行

直立二足歩行は，体幹を垂直に立て，左右の下肢を筋活動によって交互に動

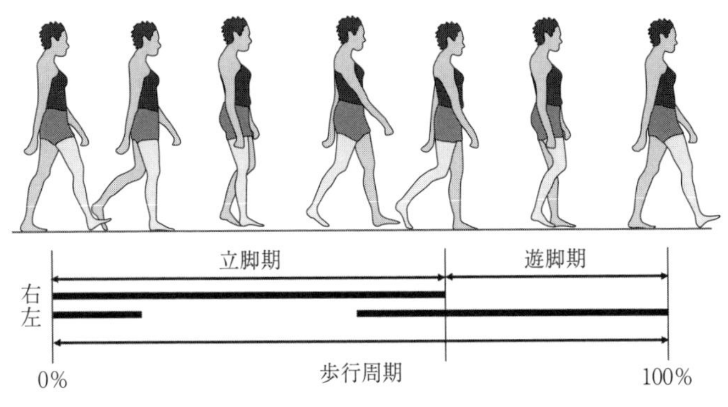

図 9. 1 ヒトの直立二足歩行の接地パターンと時間因子.

かし，比較的低速で身体を移動させる周期運動である．二脚で歩くヒトの場合，左右の脚が両方とも地面と接触している期間（両脚支持期）が存在する比較的ゆっくりした移動様式のことを「歩行」と呼ぶ．それに対して，左右の脚が両方とも地面から離れる，つまり空中期が存在する比較的速い移動様式のことを「走行」と呼ぶ．ヒトは二足歩行時に踵から接地する．片方の足が踵接地してから，同じ足がもう一度踵接地するまでの時間を歩行周期，このうち足が地面に接地している期間を立脚期，足が地面から離れている時間を遊脚期と呼ぶ（図 9. 1）．ヒトの二足歩行において，歩行周期に占める立脚期の割合（接地率）は約 60% であり，両脚支持期が存在する．接地率が 50% を下回ると空中期が存在する，つまり走行となる．

ヒトの二足歩行における関節角度変化を図 9. 2A に示す．関節角度は，体幹節・大腿節，下腿節，足部節（腓骨外顆－第五中足骨頭）が同一直線上になるときを 0 度とし，股関節，膝関節では正が屈曲，負が伸展方向を表し，足関節では正が背屈，負が底屈方向を表している．図 9. 2A より，股関節は，接地時に脚は体幹よりも前にあるため屈曲しているが，身体が前に移動するにつれて次第に伸展する．そして反対側の脚が接地するときに伸展角度は最大になり，その後，脚の蹴り出しによって屈曲が開始され，脚は前方へ移動し，次の接地を行う．膝関節は，踵接地するときは伸びているが，その後，つま先が接地するまで屈曲する．これは接地の衝撃を和らげる効果がある．反対脚が離地した直後に屈曲のピークを迎え，再び伸展する．そして，反対脚の接地とともに，再

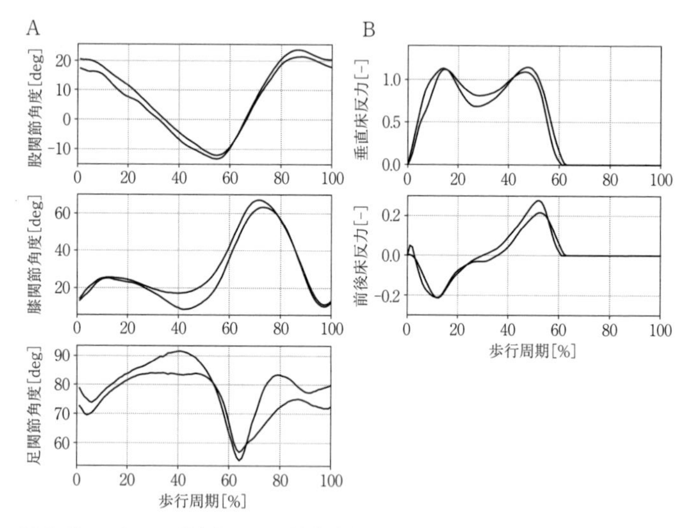

図 9. 2 ヒトの二足歩行中の関節角度変化（A）と床反力（B）．2 個体の波形を示している．床反力は体重で正規化されている．

び屈曲が開始され，遊脚期中期に最大屈曲角度となる．屈曲のピークを迎えた後，膝関節は伸展し，接地を行う．このように屈曲と伸展が歩行 1 周期に 2 回起こることを二重膝作用という．足関節は，踵から接地を行うため，踵にかかる床反力が底屈モーメントとして作用し，底屈する．つま先が接地することで底屈が終わり，反対脚の蹴り出しとともに背屈が始まる．反対脚の接地前から底屈に切り替わり，踵が浮き始める．反対脚の接地とともに屈曲が始まり，地面から離れる瞬間にもっとも屈曲する．離地直後は大きく背屈し，その後底屈を行いながら接地へと向かう．

歩行運動は，床面から足裏に作用する反力によって身体を移動させる運動である．したがってその力学的特徴は端的に床反力に表れる．ヒトの二足歩行中の典型的な床反力変化を図 9. 2B に示す．垂直床反力は，接地開始とともに増加し，反対側の脚が地面から離れるときに極大となるが，その後減少し，立脚期中期で極小となる．その後，床反力は増大に転じ，反対側の脚が接地するとき，再び極大となる．このように垂直床反力波形は，立脚期前期と後期で極大値，中期で極小値をもつ特徴的な二峰性パターンとなることが知られている．

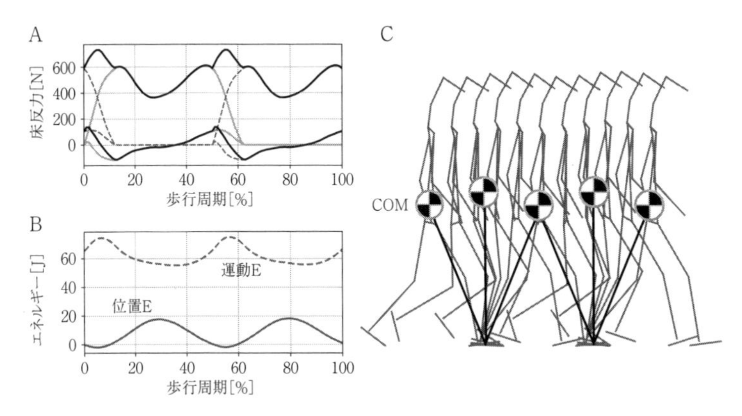

図 9. 3 ヒトの二足歩行時に作用する垂直・前後方向床反力（A）から求めたヒトの二足歩行時の力学的エネルギーの時間変化（B）．位置 E＝位置エネルギー，運動 E＝運動エネルギー．位置エネルギーと運動エネルギーが逆相で推移し，振り子のようなエネルギーの相互変換が起きている．この二足歩行のエネルギー節約原理を，倒立振子メカニズムと呼ぶ（C）．床反力は実線が右足，点線が左足に作用する床反力を，太線は身体に作用する床反力の総和を表す．COM＝身体重心．

その結果，両脚から身体重心に作用する垂直床反力の和は，両脚支持期においてもっとも大きく，立脚期中期にもっとも小さくなる（図 9. 3A）．床反力波形から積分処理により歩行中の身体重心の位置エネルギー（上下運動）を求めた結果を図 9. 3B に示す．これより，ヒトの歩行運動では身体重心が上下に変動し，立脚期中期において身体の重心位置がもっとも高く，両脚支持期でもっとも低くなっていることがわかる．

一方，前後方向床反力は，接地時に脚は体幹よりも前にあるため，立脚期前半で負，つまり進行方向と逆向きに制動力が作用し，立脚期後半で正，つまり進行方向と同じ向きに駆動力が作用する（図 9. 2B）．すなわち，ブレーキとアクセルを繰り返す．両脚にかかる前後方向床反力の和を積分し，身体重心の運動エネルギー（速度）を求めると，ヒトの歩行速度は実際に加速と減速を繰り返しており，両脚支持期でもっとも大きく，立脚期中期でもっとも小さくなっていることがわかる（図 9. 3B）．

9.2 直立二足歩行のエネルギー効率

このようにヒトの二足歩行では，立脚期中期に身体の重心位置がもっとも高く，両脚支持期でもっとも低くなる．一方，歩行速度は逆に両脚支持期にもっとも大きく，立脚期中期でもっとも小さくなる（図9.3）．このことは，ヒトの歩行運動では，重心を上昇させて蓄えた位置エネルギーを解放して運動エネルギーに変換することで重心を前に移動させ，さらにこの運動エネルギー（の一部）を位置エネルギーとして保存し，次の一歩に再利用することでエネルギーの節約を図っていることを示している．こうした振り子の単振動に見られる位置エネルギーと運動エネルギーの相互変換がヒトの二足歩行中に行われ，ヒトは，二足歩行運動に必要なエネルギー消費量を低く抑えることが可能となっている．この歩行におけるエネルギーの相互変換は，足が地面に衝突するごとにエネルギーが散逸するため，当然100%ではなく，歩行の遂行には筋活動によるエネルギーの流入が必要である．しかし，ヒトの歩行運動においては最大70%の力学的エネルギーがこのメカニズムによって回収・再利用されていることが明らかとなっている（Cavagna, Heglund and Taylor 1977）．ヒトは立脚期に膝を伸展させて歩行するため，歩行中の身体重心は支点を中心として回転する倒立振子のように基本的には振る舞う（図9.3C）．その結果，立脚期中期に重心位置はもっとも高く，両脚支持期にもっとも低くなる．したがって，このような二足歩行のエネルギーの節約原理は，倒立振子メカニズムと呼ばれている．ヒトは，この倒立振子メカニズムを活用することで，低燃費の二足歩行を実現することが可能となっている．

通常，移動のエネルギー効率の比較には，1 m移動するのに体重1 kg当たり消費するエネルギーを指標として用いる．この指標のことを移動仕事率（cost of transport）と呼ぶ．この指標を用いて，ヒトの二足歩行とチンパンジーの四足歩行（ナックルウォーキング）のエネルギー効率を比較すると，ヒトの二足歩行の移動コストは，チンパンジーの約1/4であり（Sockol, Raichlen and Pontzer 2007），他の哺乳類や鳥類の歩行の移動仕事率と比較しても小さいことが明らかとなっている．移動のエネルギーを削減できるということは，より長距離の移動を可能とするので，採食効率や繁殖機会を高めることにつながる．ヒトの二足歩行の移動コストが他の動物と比較して相対的に小さいという事実は，二足歩行が獲得された後の進化の過程で，移動のエネルギー効率に強い選択圧が作用したことを示唆している．

9.3 直立二足歩行への構造適応

動物にとって移動運動は，捕食者から逃げ，食料を探し，さらには配偶者と出会い子孫を残す，すなわち個体の生存と繁殖成功度の向上にとって，もっとも重要な身体機能の1つである．したがって，動物の筋骨格系の形態は，進化の過程でその移動様式に適応するように基本的には形づくられている．ヒトの身体も例外ではなく，常習的な直立二足歩行を獲得した結果，骨の形態や筋の配置といった身体の幾何学的構造は，数百万年という長い時間をかけて，それに適応するように進化してきた．

ヒトの骨盤は，上下に短く，腸骨翼（骨盤上方の広がった部分）が横に張り出し椀状のかたちをしている（図9.4A）．それに対してチンパンジーは上下に長く，腸骨翼がほぼ平らで背中と平行になっている．この形態差は，チンパンジーでは股関節を伸展させる筋としてはたらく中殿筋をヒトでは身体側方に移動させるため，二足歩行時の体幹の左右バランスをコントロールする上で有効な，適応的形質であると考えられている．

ヒトの大腿骨は，大腿骨頭（骨盤と関節する球状部位）が相対的に大きい．また，ヒトの大腿骨は骨幹が傾いているが，チンパンジーのそれは相対的に垂直である．このヒト大腿骨の形態的特徴は，膝，さらにその下に続く下腿・足部を重心線に近づけるため，二足歩行時の左右バランスを保ちやすくすることに寄与している（図9.4B）．

チンパンジーの足部は，アーチ構造や足底腱膜が発達しておらず，母趾が他の四趾と対向し，手のように物体を把握することができる柔軟構造である．それに対して，ヒトの足部は，二足歩行への機能適応のため，母趾が他の四趾と平行に並び，把握機能を失っている（図9.4C）．また，大きく発達した踵骨から距骨，舟状骨，中足骨と続く骨性のアーチ構造を有しており，接地時の足部の変形を許容し，踵接地時に身体に伝わる衝撃を和らげることに寄与している．

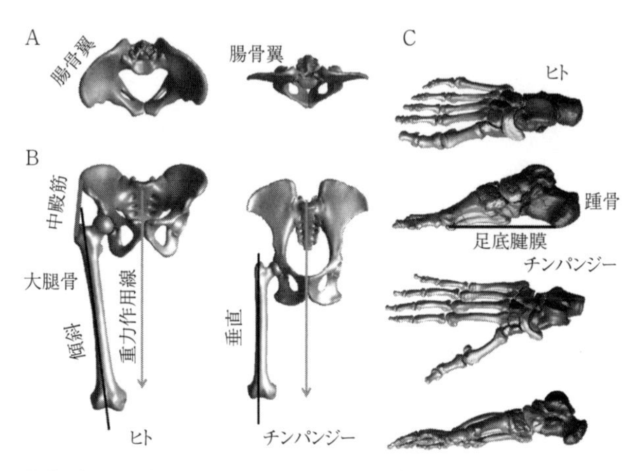

図 9. 4　ヒトとチンパンジーの下肢骨格形態の比較．A. 骨盤，B. 大腿骨，C. 足部．

さらにその足部アーチ構造には弓に張られている弦のように足底腱膜と呼ばれる弾性組織が存在し，これにより蹴り出し時にはアーチの剛性が高くなり，足部が硬いテコとして機能することで，効果的に推進力を発揮できる構造になっている．

このように，ヒトの身体構造には，二足歩行を行いやすくする仕組みが内在している．このため，ヒトは力学的には本来不安定であるにもかかわらず，安定な二足歩行を効率的に実現することが可能となっている．

9. 4　直立二足歩行の力学

ヒトは，直立二足歩行という本来不安定な移動様式を，どのように実現しているのであろうか？　ヒトの身体には重力が作用する．このためヒトが静止立位姿勢を保つためには，重力と釣り合う鉛直上向きの床反力を足裏から作用させる必要がある．ただし，床反力が図 9. 5A のように重心（Center of Mass: COM）を床面に投影した点から外れた位置に作用していると，重心まわりのモーメントが作用してしまい，この図の場合だと後方に転倒する．したがって，静止立位姿勢を保つためには，床反力を重心投影点に作用させる必要がある．床反力

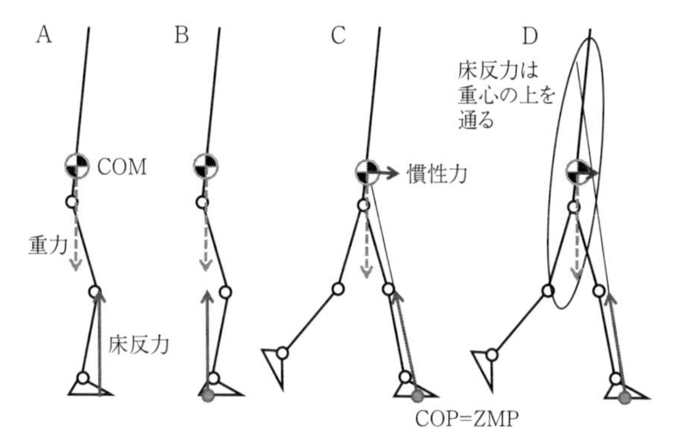

図 9. 5 静止立位時と二足歩行時のヒトの身体への力作用．A：静止立位時に，床反力が重心を床面に投影した点から外れた位置に作用していると，重心まわりのモーメントが作用し転倒する．B：静止立位時の力作用．C：身体を質点と考えたときの，二足歩行時の力作用．D：実二足歩行時の力作用．COM＝身体重心．COP＝床反力作用点．ZMP＝ゼロモーメントポイント．

は，床面と接触している足裏の内点でしか作用させることができない．このため，足裏が地面と接触する支持基底面内に重心投影点が存在することが，静止立位姿勢を維持するための条件となる（図 9. 5B）．

一方，二足歩行運動の場合は，身体重心は静止しておらず，空間内の移動にともない加減速を繰り返す．このため，身体重心に作用する重力，足裏に作用する床反力に加えて，重心に作用する慣性力（身体の加減速にともなう反作用）を考慮する必要がある．ただし，静止立位姿勢と同様に，重心まわりのモーメントが作用しないようにするためには，重力と慣性力の合力に釣り合う床反力を，重心を通るように作用させなくてはならない（図 9. 5C）．この身体重心まわりに作用する床反力のモーメントがゼロになる点を床反力作用点（Center of Pressure: COP）と呼ぶ．この点が，足裏が地面と接触する支持基底面内につねに存在することが，転ばずに歩行を維持するための条件となる．ロボット工学分野ではこの点をゼロモーメントポイント（Zero Moment Point: ZMP）と呼び，二足歩行ロボットの軌道計画や制御に用いている．具体的には支持基底面の内側を通る適切な ZMP 軌道と，それを実現する関節運動を前もって計画・制御することで，二足歩行ロボットの歩行生成を達成している（Vukobratović and

Stepanenko 1972).

ヒトの身体を単一の質点と考えれば，歩行運動の力学は前述のようになるが，ヒトの身体は実際には多数の質点の集合である．したがって，身体を剛体と捉え，その回転運動を考慮する必要がある．この場合，着力点に作用する床反力ベクトルは，必ずしも重心を通らないことになる．実際に，ヒトの二足歩行中に床反力ベクトルはつねに身体重心の上を通り，立脚期前半に体幹を後傾，後半に前傾させるモーメント生成する（Maus *et al.* 2010）．このようにヒトは身体重心の上に床反力ベクトルを通すことで前傾・後傾モーメントを交互に作用させ，体幹の姿勢を垂直位に制御し，安定な直立二足歩行を持続することが可能となっている（図 9. 5D）．

9. 5　直立二足歩行の進化

現在までに発見されている，最古の初期人類化石は，アフリカ・チャドで発見された，約 700 万年前のサヘラントロプス・チャデンシスである（図 9. 6A；2. 2 節参照）（Brunet *et al.* 2002）．この最古の化石人類は，頭蓋骨以外の化石は発見されていない．しかし，大後頭孔（頭蓋骨の底部に位置し，脳から連続する脊髄が通り頭蓋骨の外に出る孔）の位置から，二足歩行をしていたと判断されている．直立二足歩行するヒトの場合，脊柱は頭蓋の真下に伸びるため，大後頭孔は頭蓋底の中央に位置する．それに対して四足歩行するチンパンジーの場合，脊柱は頭蓋の後方に伸びるため，大後頭孔は後方に位置する．サヘラントロプスのそれは，相対的に中央に位置することから，直立二足歩行を行っていたと考えられている．

次に古いのが，ケニアで発見された，約 600 万年前のオロリン・トゥゲネンシスである（図 9. 6B，2. 2 節参照）（Senut *et al.* 2001）．この化石人類は，大腿骨近位部の形態的特徴から，二足歩行をしていたと判断されている．ヒトの大腿骨頸部の断面を観察すると，緻密骨の厚さが上部は薄く，下部は厚いことが明らかになっており，これは二足歩行に対する力学適応であると考えられている．それに対してチンパンジーでは緻密骨の厚さは上下均一である．オロリンの大腿骨頸を CT 撮影によって調べると，ヒトのような緻密骨分布が観察された．

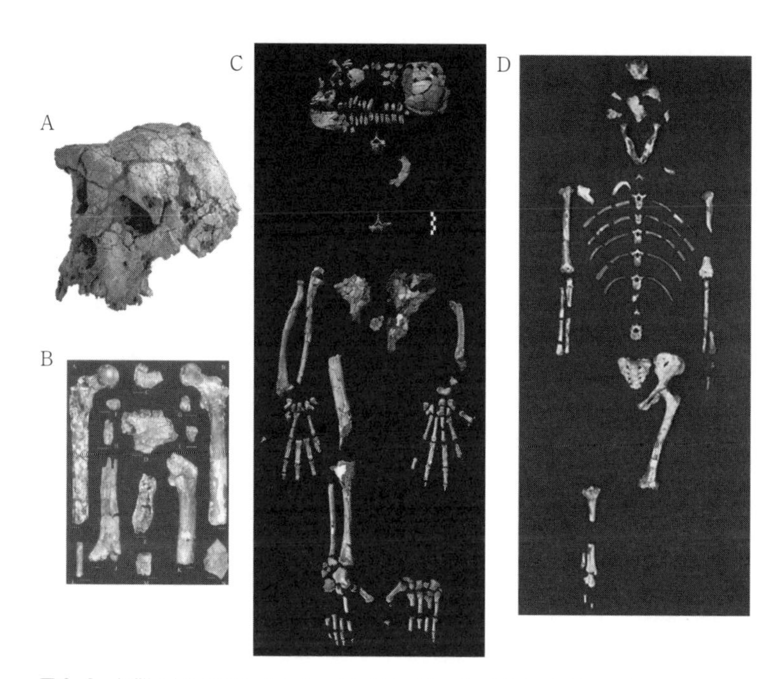

図 9. 6 初期人類の化石．A：サヘラントロプス・チャデンシス（https://www.nature.com/articles/418133a）．B：オロリン・トゥゲネンシス（Senut *et al.* 2001）．C：アルディピテクス・ラミダス（White *et al.* 2009）．D：アウストラロピテクス・アファレンシス（https://iho.asu.edu/about/lucys-story）

また，大腿骨頸部が長く，外閉鎖筋の凹みが存在するなどの形態的特徴も有していることから，直立二足歩行を行っていたと考えられている．しかし，それ以外の残存部位に乏しく，また断片的であり，その移動様式について得られる情報は限定的である．

二足歩行の進化史についてもっとも情報を与えてくれるのは，エチオピアで発見された，約 440 万年前のアルディピテクス・ラミダスの全身骨格（White *et al.* 2009）である（図 9. 6C，2. 2 節参照）．アルディピテクス・ラミダスは，ヒトの骨盤と同じように腸骨翼が横に張り出した椀状の形をした骨盤を有しており，地上で直立二足歩行を行っていたことが明らかとなっている（Lovejoy *et al.* 2009b）．また，足部化石の形態的特徴から，ヒトと同じように足部がある程度硬いテコとして機能し，蹴り出し時に効果的に推進力を生成できていたことも示唆されている．しかし，母趾が他の四趾と対向する把握性の足部を有しており，足部のアーチ構造をもたないなど，樹上生活に適応的な形質もあわせもっている（Lovejoy *et al.* 2009a）．このことは，地上での二足歩行を開始した直後の初期人類が，地上での直立二足歩行を必ずしも常習的に行っていなかったことを示唆している．

アルディピテクスの後に続くのが，同じくエチオピアで発見された，約320万年前のアウストラロピテクス・アファレンシスの全身骨格（Johanson and Taieb 1976）である（図9.6D，2.3節参照）．アウストラロピテクスは，腸骨翼が横に張り出した椀状の骨盤と，母趾が他の四趾と平行なアーチ構造をもった足部を有しており，この時代にはほぼ常習的に，現代人の二足歩行のように脚を伸展させた直立二足歩行を行っていたと考えられている（Lovejoy 1988）．このことは，骨格形態のみならず，タンザニア・ラエトリで発見された二足歩行の足跡化石の分析からも明らかとなっている（Crompton *et al.* 2012）．ただし，足趾が相対的に長く，弯曲しているなど，樹上生活への適応も残している．

現代人と完全に同じ二足歩行が獲得されるのは，ホモ属の時代になってからであると考えられている（3.2節参照）．180万年前のホモ・ハビリス，およびほぼ同じ年代のホモ・エルガスターの足部化石は，現代人の足部とよく類似している．また，ケニア・イレレットで発見された150万年前のホモ・エルガスターの足跡化石は，前述のラエトリで発見されたアウストラロピテクス・アファレンシスの足跡よりも内側縦アーチが高く，この時期には，ほぼ現代人と同じ二足歩行が獲得されていることを示唆している（Bennett *et al.* 2009）．

9.6 ヒトの直立二足歩行の選択圧

生物は，生存競争により少しでも有利な形質をもつものが生存して子孫を残し，そうでないものは滅びる結果，有利な形質をもつ個体の割合が集団内で増え，進化する．すなわち，ヒトが直立二足歩行を獲得するに至ったのは，その獲得が繁殖成功度向上に有利であったからに他ならない．初期人類は，なぜ二足で歩くようになったのであろうか？　直立二足歩行への選択圧はいったい何だったのであろうか？

直立二足歩行が選択された要因については，現在までさまざまな仮説が提案されている．ここではそのいくつかを紹介する．第1に，二足立位姿勢に選択圧が作用したと考える仮説である．たとえば，果実の量も種類も少ない時期に，四足では届かない木の高いところにある果実を二足で立ち上がることで入手できれば，生存に有利である（Hunt 1994）．また，二足で立ち上がることで自分を大きく見せ，捕食者を威嚇することでその襲来を防ぐことができれば，また二足で立ち上がることでより遠くを見わたし，捕食者をより早く察知できることができれば，生存に有利であろう（Jablonski and Chaplin 1993）．しかし，ヒヒなど多くの霊長類が，必要に応じて二足で立ち上がることは可能であるにもかかわらず，ヒト以外の動物では常習的な二足歩行を進化させていないことを考えると，説得力に乏しい．

第2に，日射への曝露面積を小さくし，日中の活動時間を長くすることに選択圧がはたらいたとする仮説である（Wheeler 1991）．樹木が少ないサバンナ環境では，日中に四足歩行をしていると日射を背中全体で受けることになるが，二足歩行ではその面積が相対的に小さくなる．このため，二足歩行により体温の上昇を抑えられ，日中の活動性を高めることができれば，生存に有利であろう．しかし，初期人類の二足歩行は，従来考えられていたようにサバンナで進化したのではなく，森林性の環境で進化したことが，初期人類の化石が森林性の動物の化石と一緒に発見されること，また，東アフリカの乾燥化が当初考えられていたよりもかなり後（200-300万年前）であり，乾燥化が二足歩行の進化の主要因ではなかった可能性が指摘されている．サバンナで二足歩行が進化したわけではないとすると，日射への曝露面積を小さくすることが選択圧だったとは考えにくい．

第3に，初期人類にとって二足歩行の移動コストは四足歩行よりも低く，移動のエネルギー効率に選択圧がはたらいたとする仮説である（Rodman and McHenry 1980）．先に述べたように，ヒトの二足歩行の移動コストはチンパンジーの四足歩行のそれと比較して際立って小さいことが明らかとなっている．移動コストの削減は，採食効率や繁殖機会を高めることにつながるため，生存に有利であろう．しかし，直立二足歩行を始めた直後の初期人類は，直立二足歩行の生成に身体が必ずしも十分適応していないため，二足歩行のほうが四足歩行よりも，移動効率がよかったということはなかったであろう．実際に，チンパンジーの移動コストは，二足歩行と四足歩行でほぼ等しく，二足歩行にエネルギー効率の優位性はないことが明らかとなっている（Sockol, Raichlen and Pontzer 2007）．

このように，どの説も仮説の域を出ず，二足歩行に自然選択が作用するに至ったプロセスは必ずしも十分明らかになっていないが，現在のところもっとも有力な仮説は，雌と子に食料を運搬し配分する雄に選択圧が作用すると考える，「食料供給仮説」である（Lovejoy 2009，2. 8 節参照）．雌にとって，雄による食料供給があれば，自身と子の栄養状態が向上し，繁殖率の向上につながる．二足歩行すれば，手を使って多くの食料を運搬できるため，そうした雄が雌に選ばれ二足歩行が進化した，と考える説である．ただし，こうした雄の行動が進化するには，食料運搬が自身の子の生存につながる必要があるため，一夫一妻的な安定な男女関係が前提となる．なぜなら，チンパンジーのような複雄複雌社会の場合，雄はどの子が自分の子供かわからないが，遺伝的繋がりのない他人の子供を助けても包括適応度は上昇しないからである．アルディピテクス・ラミダスの犬歯は，ヒトと同じように縮小し，その性差が小さいことが明らかとなっている．このことは，初期人類の繁殖が一夫一妻制であったことを示唆しており，この仮説が支持されている．

9. 7　初期人類と現生類人猿の最終共通祖先

二足で歩き始めた初期人類は，どのような類人猿から進化してきたのだろうか？　このことについては，ヒトとチンパンジーが分岐する以前（1000 万-700 万年前）の類人猿，すなわちヒトとチンパンジーの最終共通祖先の四肢骨化石が，いまのところまったく発見されていないため，ほとんど明らかになっていない．しかし，これについてもいくつか仮説が提案されている．第 1 に，ヒトともっとも近縁なチンパンジーやゴリラは，地上を移動する際にナックルウォーキングと呼ばれる，指を折り曲げて，中節骨背側面で接地する独特な四足歩行を行う（図 9. 7A, B）．このため，ヒトとアフリカ類人猿が分岐する前の最終共通祖先は，最節約的にナックルウォーキング歩行を行っていたという仮説が提案されている（Richmond and Strait 2000）．これを支持する証拠として，体重

図9. 7 現生霊長類の移動様式．A：チンパンジーのナックルウォーキング（Tuttle 1967），B：ナックルウォーキング時の手指姿勢（Richmond and Strait 2000）．C：チンパンジーの垂直木登り（DeSilva 2009）．D：オランウータンの前肢を補助的に用いた樹上二足歩行（Thorpe, Holder and Crompton 2007）．

を支え推進力を生成する手首関節（橈骨）の形態的特徴が，アウストラロピテクスとアフリカ類人猿で類似していることがあげられる．他方，最終共通祖先は，木登り（図9. 7C）を主とする樹上四足生活者であったとする仮説もある．二足歩行を効率的に行うためには，股関節を伸展する能力が必要不可欠であるが，樹上四足性霊長類は，股関節の伸展により垂直木登りの推進力を生成し，そのときの筋活動はヒトの二足歩行のそれと類似することが知られている．これが前適応となって，つまり股関節を伸展する能力が，進化の過程で二足歩行機能に転用されることによって，二足歩行が進化したとする考え方である（Fleagle *et al.* 1981）．さらにヒトの二足歩行は，オランウータンのように前肢を補助的に用いて枝の上を二足で歩く（図9. 7D）ことに端を発して進化したとの仮説も提案されている（Thorpe, Holder and Crompton 2007）．こうした樹上での二足歩行にまず選択圧が作用し，これが前適応となって地上での直立二足歩行が進化したとこの説では考えている．この樹上二足歩行の適応的な点は，果実がより多く存在する枝の末端でバランスを保持して採食し，枝から枝へ隣の木へ効率的に行うことを可能にする点にある．これが前適応となって地上での直立二足歩行へ移行したと提唱者は考えている．しかし，ヒトとアフリカ類人猿の最終共通祖先に位置する類人猿がどういう生物であったのかを明らかにするには，化石の発見を待つ必要がある．

9.8　ニホンザルの二足歩行

ヒトの直立二足歩行の起源と進化を明らかにするためには，進化の直接的な証拠である化石の発見が不可欠である．しかし，ヒトが直立二足歩行を獲得する頃，およびその前後の人類・霊長類の化石は，前述のように圧倒的に限られており，発見されていても断片的である．このため，生得的に四足歩行する現生霊長類の二足歩行運動を，直立二足歩行を開始した直後の初期人類のモデルと捉え，その分析からヒトの直立二足歩行の起源と進化を探る試みもなされている．具体的には，ヒトと遺伝的にもっとも近縁なチンパンジーやボノボを対象として二足歩行運動の分析が精力的に行われている．しかし，現生霊長類の身体は，ナックルウォーキングやぶら下がり運動への顕著な特殊化が見られ，必ずしも初期人類のモデルとして適切ではないことが近年指摘されている（White *et al.* 2015）．この状況の中，われわれのグループでは，ニホンザルの二足歩行の研究を推進してきた．ニホンザルは，系統的にはアフリカ類人猿よりヒトから離れるが，その四肢筋骨格系は相対的に特殊化していない，半樹上・半地上性の典型的な四足性霊長類である．こうした生得的に四足歩行するニホンザルが，訓練により後天的に獲得する二足歩行運動は，ヒトのそれとどのように異なるのだろうか？　このことを明らかにするために，猿まわしの芸ザルとして調教を受けたニホンザルの高度に訓練された二足歩行を詳細に分析し，ヒトのそれと比較することを試みてきた（図 9.8）．

図 9.9 にニホンザルとヒトの二足歩行の歩容を，図 9.10A に二足歩行時の関節角度変化の比較を示す．これより，ニホンザルは，ヒトよりも股関節と膝

関節を相対的に屈曲させて歩いていることがわかる．ニホンザルでは股・膝関節が伸びず，脚が全体的に屈曲した状態で二足歩行が行われている．とくにヒトの膝関節では接地の衝撃を和らげるため二重膝作用が観察されるが，ニホンザルではこうした立脚期における膝の伸展が見られず，屈曲している．また，ニホンザルは足関節の可動範囲が大きく，接地時，離地時にヒトと比べて足関節が大きく底屈していることが明らかとなった（Ogihara, Makishima and Nakatsukasa 2010）．

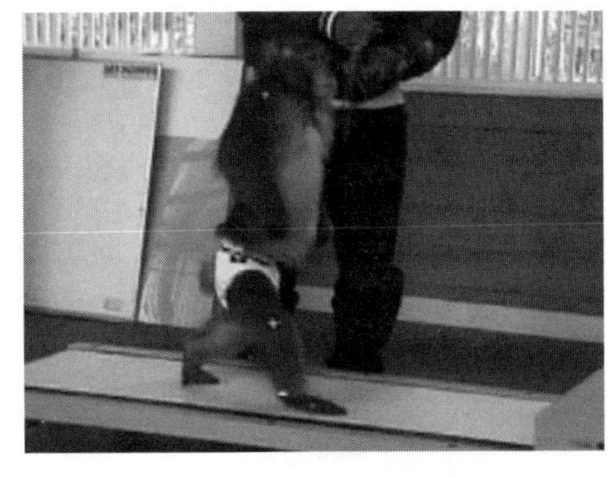

図 9. 8　猿まわしニホンザルの二足歩行．

図 9. 10B に二足歩行中の床反力波形の比較を示す．猿まわしの芸サルのように高度な二足歩行訓練を受けたニホンザルは，きわめて上手に二足歩行で歩くことができるため，ヒトに見られる二峰性床反力波形を二足訓練により獲得し，倒立振子メカニズムを利用した効率のよい二足歩行を実現していると当初予想した．しかし，実際に計測してみると，高度な訓練にもかかわらず，床反力はヒトに見られる二峰性にはならず，そのピークが立脚期前半に表れる一峰性となることが明らかとなった．また，ニホンザルでは制動力のピークは相対的に大きいが制動期が短く，逆に推進力のピークは小さいが推進期が長くなっていることがわかった．ヒトの垂直床反力波形の 2 つのピークは，それぞれ接地と蹴り出しに対応する．つまり，ニホンザルの二足歩行では相対的に蹴り出しが弱く，ヒトのような力強い推進力の生成ができていないことを示している．この結果，ニホンザルの床反力パターンでは，位置エネルギーと運動エネルギーの時間変化が，ヒトの二足歩行時に見られるような逆相にはならず，また両者の振幅も一致しない．すなわち，ニホンザルの二足歩行では，高度な訓練にもかかわらず，倒立振子メカニズムの活用は限定的であることが明らかとなった（Ogihara *et al.* 2007）．

ニホンザルに限らず，ヒト以外の多くの霊長類は，訓練をされなくても二足

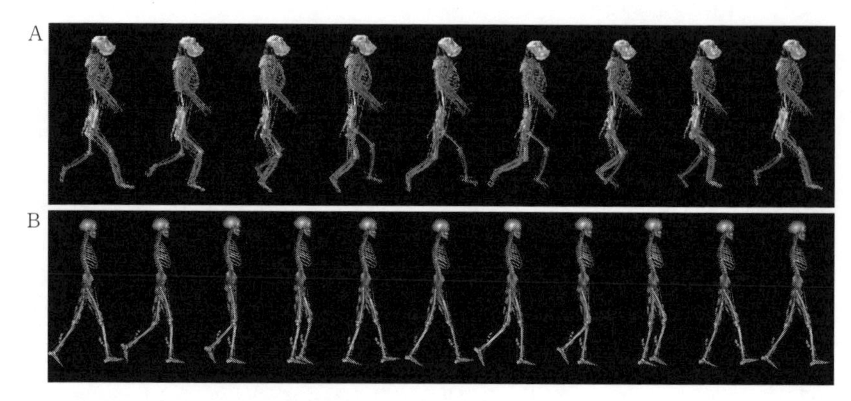

図 9.9 ニホンザル（A）とヒト（B）の二足歩行運動の比較.

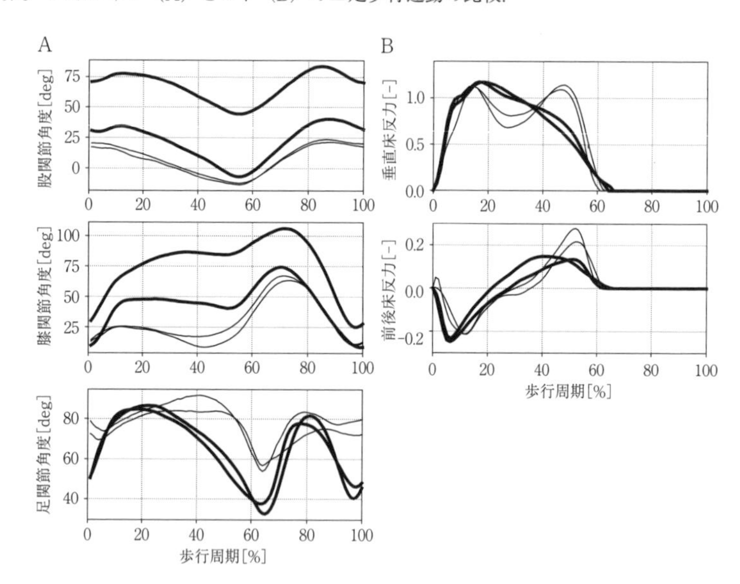

図 9.10 ニホンザルとヒトの二足歩行中の関節角度変化（A）と床反力（B）. 各２個体の波形を示している. 床反力は体重で正規化されている. 太線＝ニホンザル, 細線＝ヒト.

で歩くことは可能であり, 実際に野生下においても二足で歩く姿は観察されるが, 彼らが常習的に二足歩行を行うことはない. これは, ヒト以外の霊長類が二足で歩くと, 移動のコストが相対的に高くなるためである. 実際に, ニホンザルの二足歩行と四足歩行のエネルギー消費量を比較すると, 二足歩行のほうが約 20-30% 移動コストが高い（Nakatsukasa *et al.* 2004）．生得的に四足歩行する霊長類は，地上や樹上を四足で歩くことに対して適応的に身体が形づくられているため，ヒトのように歩くことはできないのである．

9.9 神経筋骨格モデルに基づく二足歩行シミュレーション

生得的に四足歩行するニホンザルにとって，どのような身体の構造改変が起これば，ヒトのように倒立振子メカニズムを活用した効率的な二足歩行の獲得を促進することができるのであろうか？　逆に言えば，どのようなニホンザルの身体形質が，ヒト的二足歩行の獲得を妨げているのであろうか？　このことを明らかにすることができれば，初期人類における直立二足歩行の進化プロセスを考える上で有力な手がかりになる．しかし，ニホンザルの身体構造に対して何らかの外科的な改変を行い，その結果起こる二足歩行の変化を実験的に調べることは，技術的にも倫理的にもきわめて困難である．このため，ニホンザルの筋骨格系の力学モデルと，歩行を生成する神経系の数理モデルを構築し，二足歩行運動の計算機シミュレーションを行うことで，筋骨格構造の違いが二足歩行運動に与える影響を定量的に検証することを試みた（Oku, Ide and Ogihara 2021）．

X 線 CT 積層断層像から取得した身体 3 次元形状情報と実解剖データに基づいて，解剖学的に精密なニホンザルの 3 次元筋骨格モデルを構築した（図 9.11A）（Ogihara *et al.* 2009）．ここではニホンザルの身体力学系は計 20 節の直鎖剛体リンク系としてモデル化した．関節は 1-3 軸の回転ジョイントとしてモデル化し，その回転軸の位置と向きは各関節を構成する骨形状データに基づいて決定した．各節の質量，重心位置，慣性モーメントなどの物理パラメータは，ニホンザルの身体表面形状モデルを各節に分割し，密度一定を仮定して算出した．筋系については，実際に解剖して取得した位置情報に基づいて，筋を起始点から停止点を，経由点を介して結ぶワイヤーとしてモデル化した．各筋は，脊髄から各筋に至る α 運動ニューロンからの運動指令（0 から 1 の連続量）に比例した筋力を生成するものとし，各筋が生成しうる最大筋張力は各筋の生理学的断面積の大きさに比例するものとした．ただし，この 3 次元筋骨格モデルに基づく二足

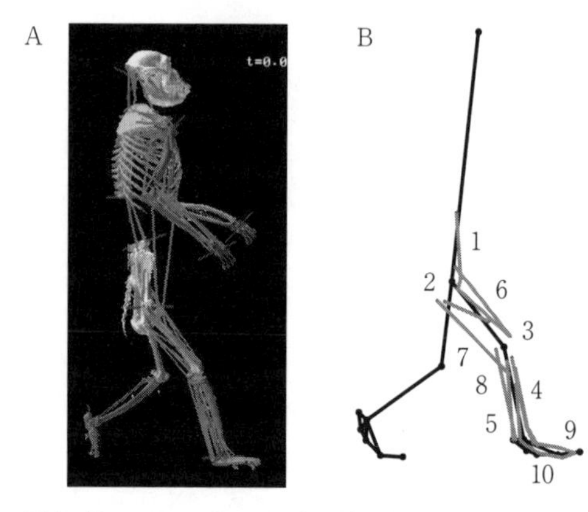

図 9. 11　ニホンザルの３次元筋骨格モデル（A）とそれを簡略化した２次元筋骨格モデル（B）.

歩行シミュレーションは現在のところ難しい．このためこの筋骨格モデルを簡略化した２次元９節（体幹節，大腿節，下腿節，足部節，指節）10 筋からなる筋骨格モデルを構築し，二足歩行の生成を試みた（図 9. 11B）.

歩行運動のような動物のリズム運動は，脊髄に存在するリズム生成神経回路網（Central Pattern Generator: CPG）が発生する交代性の運動指令により基本的には生成されていると考えられている．このため CPG を，歩行の基本的リズムを生成するリズム生成相（RG）と，そこから出力される位相信号に基づいて各筋への運動指令を形成するパターン形成相（PG）の２層でモデル化し，それぞれ，位相振動子，２つのガウス関数の和により表現できると仮定してモデル化した（図 9. 12）．また，接地情報に基づく CPG の位相リセット（Aoi *et al.* 2010）と，体幹の姿勢制御機構もモデル化した．１つのガウス関数の形状は，３つのパラメータで規定できるため，各筋へ送られる運動指令の波形は，計６つのパラメータで規定される．したがって，構築した筋骨格モデルに二足歩行を行わせるためには，10 筋への運動指令を規定する計 60 個のパラメータを適切に定める必要がある．ここでは生物の進化の仕組みに着想を得た進化型最適化計算手法の１つである遺伝的アルゴリズムを用いて，計 60 個のパラメータを，歩行距離，および移動仕事率を評価関数として探索することで，ニホンザルの二足歩行の生成を試みた．その結果，仮想空間内に実歩行とほぼ一致したニホンザルの二足歩行運動を再現することが可能となった（図 9. 13A）．こうした力学シミュレーションにより，二足歩行中の筋骨格系と環境との力学的相互作用をシミュレートすることが可能となれば，筋骨格構造の一部の改変が，二足歩行の力学や移動効率にどう影響するかを予測することが可能となる（Oku, Ide and Ogihara 2021）.

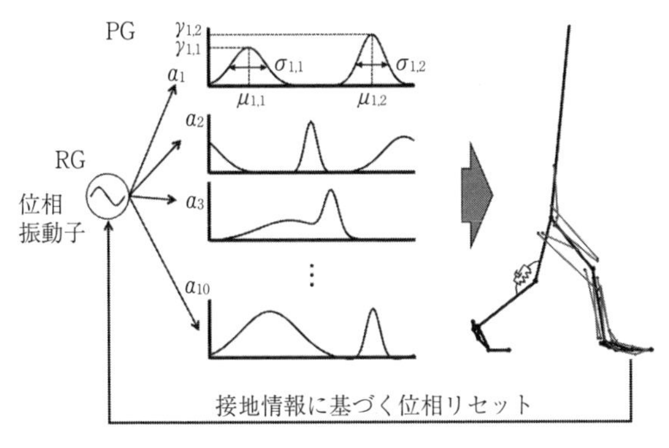

図 9. 12　ニホンザル二足歩行の神経筋骨格モデル.

9. 10　足部構造が二足歩行に与える影響

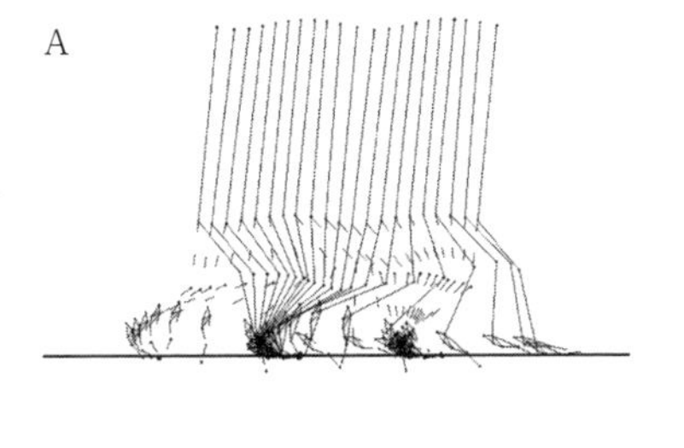

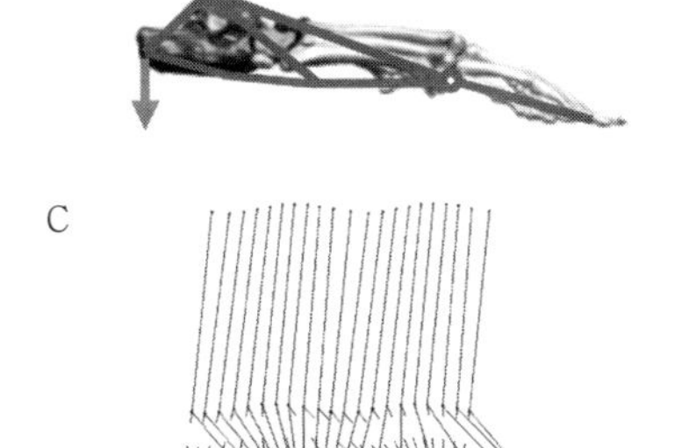

図 9. 13　神経筋骨格モデルに基づくニホンザルの二足歩行シミュレーション. A：生成された二足歩行. B：足部構造の仮想改変. C：足部構造改変後の二足歩行.

先に述べたように，床面と直接的に接触し，力のやりとりを行う足部の構造は，ヒトの二足歩行運動の生成に大きく影響していると予想される．とくに，ヒトの足部は踵が発達しており，その踵から接地し，足裏全体を床面に接触させて歩行するのに対して，ニホンザルでは踵骨は相対的にほっそりしており，踵後部が上方を向いている．このため，ニホンザルはヒトのように踵から接地を行うことはできず，立脚期中つねに踵を浮かせて歩いている．われわれはヒトの進化過程における足部の形態的改変が，二足歩行中の身体と環境との力学的相互作用，ひいては二足歩行の移動効率に大きな影響を与えていると予想し，ニホンザル筋骨格モデルの足部形態をヒトに類似させる方向に変化させたときに，ニホンザル二足歩行運動がどのように変化するのかをシミュレーションにより推定した(Oku, Ide and Ogihara 2021). 具体的には, ニホンザルの踵を下方に移動させ, ヒトのように踵接地が可能となるように足部を改変したときの歩行をシミュレートし, その床反力とエネルギー消費量がどのように変化するのかを分析した(図9. 13B, C).

その結果, 足部の構造改変により, ニホンザルの二足歩行時の床反力波形が, 一峰性から二峰性に変化することが明らかとなった. また, 足部の形態をヒトの足部のように踵接地が可能なように改変することにより, 二足歩行の移動仕事率が減少した. 前述のように, 二峰性床反力は, 倒立振子メカニズムを活用して移動効率よく二足で歩けることと密接に関係する. こうした構成論的な試みにより, 二足歩行に選択圧が作用する上で, 足部の構造改変が本質的に重要であることが示唆されつつある.

筋骨格系の仮想的改変が, 二足歩行やその効率にどのように影響するかといった, 仮想進化実験ともいうべき二足歩行のシミュレーション研究が, いまだ十分に明らかになっていないヒトの直立二足歩行の起源と進化を明らかにする上で強力なツールとなる. ここで紹介した力学シミュレーションを駆使して, ヒトの直立二足歩行の進化メカニズムに少しでも迫ることができればと考えている.

さらに勉強したい読者へ

土屋和雄, 高草木薫, 荻原直道編 (2010)『身体適応——歩行運動の神経機構とシステムモデル』オーム社.

第10章　なぜヒトは多様な色覚をもつのか

——霊長類の色覚由来から考える

河村正二

10.1　霊長類の色覚多様性

脊椎動物は視覚センサーとして眼球網膜に桿体と錐体という2種類の光受容細胞（視細胞）をもつ．桿体は薄明視に特化しており，明視と色覚は錐体が担っている．視細胞中で光を感受する物質を視物質と呼び，膜貫通タンパク質であるオプシンと感光物質であるビタミンAアルデヒド（レチナール）から構成される．哺乳類ではこの感光物質は1種類であり，オプシンのアミノ酸配列によってその吸収波長が異なるため（下記のM/LWSやSWS1など異なるタイプのオプシンの間でアミノ酸配列が大きく異なるとの意であり，各タイプに種内多様性があるという意味ではない），哺乳類の色覚多様性はオプシンによってもたらされる．色覚とは波長構成に基づいて光を識別する感覚である．色覚は感受波長域を異にする錐体視細胞の応答を比較することで実現できるため，網膜にそのような錐体視細胞を少なくとも2種類必要とする．出力比のとりうる範囲がその動物の認知できる色の種類量を反映する．感受波長域の異なる錐体が2種類であれば2色型色覚，3種類であれば3色型色覚となる．

脊椎動物の視覚オプシンは進化系統の観点からは5つのタイプに分類できる．桿体オプシン（ロドプシン）であるRH1と4タイプの錐体オプシン，RH2（緑タイプ），SWS1（紫外線タイプ），SWS2（青タイプ），そしてM/LWS（赤－緑タイプ）である（Yokoyama 2000）．分子系統解析からこれら5タイプは無顎類を含む脊椎動物の共通祖先においてすでに確立していたと考えられる（Davies, Collin and Hunt 2012）．したがって，脊椎動物はその共通祖先ですでに4種類の錐体

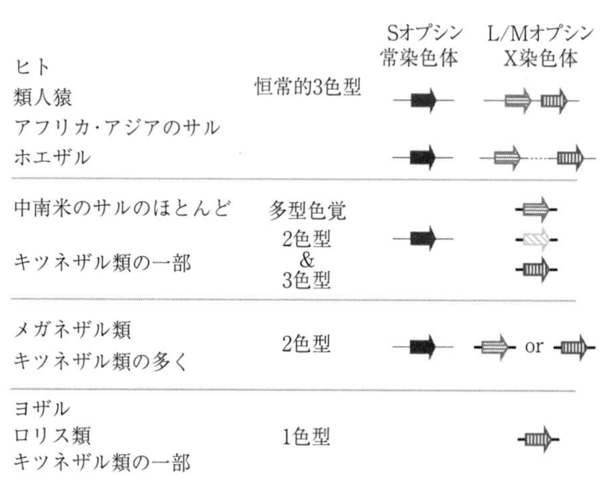

図 10. 1　霊長類の色覚多様性.

オプシンを有することから4色型色覚であったと考えられる. 胎盤哺乳類と有袋類はRH2とSWS2を失いSWS1とM/LWSによる2色型となった. これは中生代の恐竜の時代の夜行性生活への適応と考えることができる. 哺乳類の中で霊長類は, 残された錐体オプシン遺伝子の一方を増やすことで, 2色型色覚から3色型色覚を実現させた. しかし, その実現のさせ方は実に多様である.

霊長類の色覚の特徴は, 哺乳類の中でM/LWSオプシンを分化させることで3色型色覚を進化させたことであるが, その進化形成過程のパターンが多様であることも大きな特徴といえる（図 10. 1）（Kawamura 2016）. 霊長類のM/LWSオプシンに対しては, 長波長のサブタイプをLオプシン, 中波長のサブタイプをMオプシン, あわせてL/Mオプシンと呼び, SWS1オプシンをSオプシンと呼ぶのが慣例となっている. L/Mオプシン遺伝子はX染色体にあり, Sオプシン遺伝子は常染色体にある. 狭鼻猿類（ヒト, 類人猿, アフリカ・アジアのサル類, 図 1. 2 参照）では, LとMオプシン遺伝子はX染色体上で直列している. ヒトに見られる多様性を除外すると, 狭鼻猿類は基本的に雄も含めたすべての個体が3色型色覚となるため, 恒常的3色型色覚と呼ばれる. 広鼻猿類（中南米のサル類, 図 1. 2 参照）では, L/Mオプシン遺伝子座位は1つであるが, ほとんどの種でLやMやその中間のさまざまなアレル（5. 1 節参照）に分化している.

これにより，雄は2色型色覚，雌は2色型あるいは3色型色覚となり，多型色覚が実現する（図10.2）．アレルの種類数により，2色型，3色型のそれぞれに，さらなるバリエーションがもたらされる．広鼻猿類の中でホエザル属のみは狭鼻猿類のように，LとMオプシン遺伝子が直列している（図10.1）（Matsushita *et al.* 2014）．ヒトから見てさらに遠縁の曲鼻猿類であるキツネザル類の一部にも，類似の多型色覚が見られる（Jacobs *et al.* 2017）．メガネザル類と多くのキツネザル類は，一般の哺乳類同様にL/Mオプシンは1種類であるが，種によってLやMの違いがある（Melin *et al.* 2013）．広鼻猿類のヨザル，曲鼻猿類のロリス類，一部のキツネザル類など，夜行性の種には，Sオプシン遺伝子に欠損が生じている種が知られている（Veilleux, Louis and Bolnick 2013）．

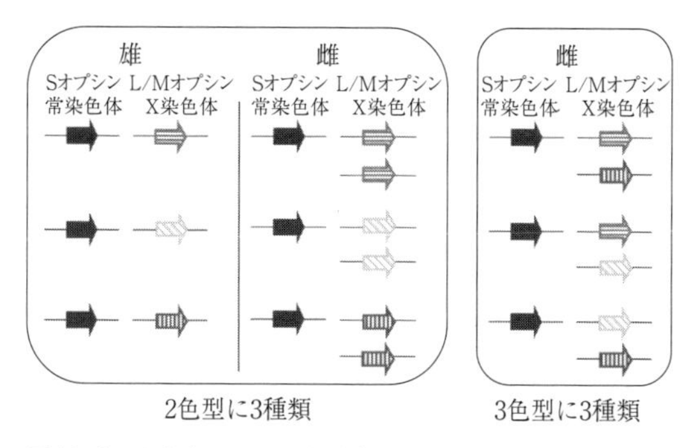

図10.2　中南米のサルの色覚多様性（L/Mオプシンが3種類の場合の例）．同一種内に全部で6種類の異なる色覚が混在．

10.2　3色型色覚の有利性

古典的に霊長類の3色型色覚は成熟した木の葉の背景から熟した果実を見つけるように進化したと考えられてきた（果実説）（Osorio and Vorobyev 1996）．しかし，果実には熟しても赤や黄などの顕在色にならない種もあり，それが霊長類の摂食量のかなりの割合を占めることも報告されている（Dominy and Lucas 2001）．多くの果実はまた，季節性が強く乾季には欠乏してしまう．

3色型色覚の進化を説明する学説として他に「若葉説」がある（Dominy and Lucas 2001）．この学説は，アフリカの厳しい季節性の下で，若葉が果実欠乏期の欠かせない非常食資源となる点に注目している．樹木の種によらず，若葉は柔らかくて遊離アミノ酸（タンパク質としてでなく単独で存在するアミノ酸）とタンパク質に富んでいる．若葉は赤味を帯びている傾向が強く，3色型色覚に備わったL–M比較回路（赤－緑色度チャンネル）だと成熟した葉から色で識別することができる．そのため，若葉と成熟葉を識別する能力が霊長類の3色型色覚進化の主要な選択圧となった可能性がある．しかし，多型的3色型色覚が大多数である広鼻猿類の生息する中南米と，一部がそうであるキツネザル類の生息するマダガスカル島では，季節性のないイチジク類やヤシ類が豊富であり，マーモセット類のように一部の広鼻猿類は若葉をほとんど食べない（Dominy, Svenning and Li 2003）．したがって，若葉説はアフリカの外での3色型色覚の進化と維持を説明することができていない．

3色型色覚の進化を説明する他の学説として，社会シグナルや捕食者の検出がある（Changizi, Zhang and Shimojo 2006）．しかし，霊長類のさまざまな分類群の間で，3色型色覚の系統分布は赤い性皮色などの交配シグナルの系統分布よりはるかに広範であるため，前者の起源は後者の起源より古いと考えられ，社会シグナルが2色型色覚から3色型色覚を進化させた原動力とは考えにくい（Fernandez and Morris 2007）．

これらの問題を克服できる学説と私が考えるのは「森林説」である（Sumner and Mollon 2000）．「L」「M」「S」をそれぞれL，M，S錐体視細胞の捕捉光子量としたとき，3色型色覚の霊長類にとって感知される色度はそれらの相対比として記述できる．横軸をL/(L+M)，縦軸をS/(L+M) とした色空間座標において，横軸はL錐体とM錐体の捕捉光子量の総和に対するL錐体の捕捉光子量の比を表し，縦軸はL錐体とM錐体の捕捉光子量の総和に対するS錐体の捕捉光子量の比を表す（Regan *et al.* 1998）．L/(L+M) は3色型色覚だけに備わっている赤－緑色度チャンネルで与えられる赤味を反映する．S/(L+M) は基本的にすべての哺乳類に備わっている青－黄色度チャンネルで与えられる青味を反映する．森林において比色定量分析を行うと，成熟した葉の色度はL/(L+M) 軸の狭い値をとる一方，S/(L+M) 軸では広い分布を示すことが示されている．したがって，果実，若葉，体毛，皮膚の色度はL/(L+M) 値において成熟葉とずれる傾向が強いが，S/(L+M) 値や明度値においては成熟葉と入れ混ざってしまう．このことから，3色型色覚は森林において背景となる成熟葉からL/(L+M) 値が異なるものを「何でも」検出するのに適しているのであり，そのために進化したと推論された．

一方，最近の研究は，2色型色覚が，ある条件下では有利にはたらくことを報告している．それは，環境と類似した色（隠蔽色）の果実や昆虫の採食，隠蔽色のヘビなどの捕食者の検出・同定である（Saito *et al.* 2005）．3色型色覚個体の神経回路は，空間視や形状，テクスチャー，動きの感知などの色と無関係なタスクに必要な明度シグナルを得るのにも，LとMの錐体視細胞からのシグナルを統合しなければならない．2種類の視細胞の感受波長の違いに基づく入力の差は明度シグナルの損壊につながり，シグナル全体としての強度を弱めてしまう．さらに，色情報はテクスチャー情報と競合してしまい，3色型色覚個体はテクスチャーから得られる情報を犠牲にして色に頼るよう学習すると考えられる．したがって，2色型色覚個体は，カモフラージュの検出や深さの感知など，色と関係のない（achromatic あるいは colorblind）タスクにおいて，3色型色覚より優越することがありうるのである．

10.3 広鼻猿類野生群に対する生態遺伝学研究

理論や実験室での行動実験からの予測がどのようなものであれ，霊長類の3色型（あるいは2色型）色覚の適応的意義は野生下での行動を見てみなければ評価することができない．したがって，自然状態での2色型と3色型の行動を比較し，視覚対象物と背景の視覚刺激のコントラストが両者の行動の違いと関連があるのか，あるとすればどのように関連しているかを評価することが重要である．広鼻猿類はL/Mオプシン遺伝子のアレル多型によって2色型と3色型の個体が同じ群れの中にいる．したがって，野生下で遺伝子解析によって色覚型を明らかにする一方で，色覚型による採食などの行動の違いを評価する生態遺伝学的研究の優れたモデルとなる（図10.2）．

こうした研究はL/Mオプシンの遺伝子配列が糞などの野外試料からもPolymerase Chain Reaction（PCR）という実験方法で容易に調べることができるようになり，また，遺伝子中のどの領域を重点的に調べれば感受波長型を判定することができるかが十分に調べられてきたこと（Hiramatsu *et al.* 2004），さらに，野外霊長類研究者が長年にわたって観察路を整備し個体識別を行い人付け（観察対象動物が観察者の存在に関心を示さなくなるまで慣れさせること）を行ったことで，個体ごとに遺伝子型（すなわち色覚表現型）を同定すること（Hiramatsu *et al.* 2005）が可能となったことで実現している．

コスタリカのグアナカステ自然保護区サンタロサ地区には，シロガオオマキザル（*Cebus imitator*：*Cebus capucinus* から近年学名変更された），クロテクモザル（*Ateles geoffroyi*），マントホエザル（*Alouatta palliata*）の３種が同所的に棲息している．L/M オプシンについて，オマキザルは３種類のアレル，クモザルは２種類のアレルを有する多型色覚であることが飼育個体からの研究で報告されており，ホエザルは恒常的３色型色覚と報告されていた（Kawamura 2016）．食性もオマキザルは雑食性，クモザルは果実食性，ホエザルは葉食性の傾向が強く，互いに異なっている．1980 年代からカルガリー大学（カナダ）のリンダ・フェディガンの研究グループによってシロガオオマキザルの長期継続的行動観察研究が行われている．2000 年代初頭からはリバプール・ジョン・ムアズ大学（英国）のフィリッポ・アウレリが参入して，クロテクモザルの長期継続行動観察研究が行われている．私は 2003 年からフェディガンを通じてこの調査地での研究に参入した．両種とも個体識別と人付けが行われており，系統，食性，色覚のバリエーションに富む同所棲息種を調査できる理想的な環境で研究を開始することができた．

私は当時指導大学院生の平松千尋（現九州大学）とともにクロテクモザル野生集団に対して，糞試料から L/M オプシン遺伝子解析を行い，果実採食効率の調査と果実／背景葉の比色定量分析を行った．２色型色覚は３色型色覚に対して，果実検出の頻度，正確性，時間当たり摂取量のいずれにおいても劣っていなかった（Hiramatsu *et al.* 2008）．これは果実と背景葉の赤－緑コントラストではなく明度コントラストが２色型においても３色型においても果実検出の主要な決定要素となっているためであることを明らかにした．われわれはまた，クモザルが色覚型によらず，顕在色系の果実よりも隠蔽色系の果実に対して，より頻繁に匂い嗅ぎ行動をとることを示し，そして２色型個体は３色型個体よりも顕色系果実に対してより頻繁に匂い嗅ぎ行動をとる傾向が高いことを示した（Hiramatsu *et al.* 2009）．

シロガオオマキザルに対しては，フェディガンの大学院生であったアマンダ・メリン（現カルガリー大学）とともにL/Mオプシン遺伝子解析と果実採食調査を行った．クモザル研究においてよりもより多くの個体を対象とし，より長い継続調査を行った．採食する果実の色において，植物種の70-80%は3色型によく目立つ色調であるのに対し，2色型に目立つのは30%以下であり，3色型に有利な条件であることを確認した（Hogan *et al.* 2018）．小さな果樹は先に到着したサルが果実をすべて食べ尽くしてしまうため，遅く到着するサルは不利となる．われわれは，小さな果樹に先着する個体の色覚型を比較してみた．その結果，早い者勝ちの小さな採食樹への先着度は3色型が2色型より有意に高いことを示した（Hogan *et al.* 2018）．3色型色覚の有利性は遠距離から顕在色の資源や個体を検出するのに有利であるとする仮説がある（Sumner and Mollon 2000）．これらの結果はこの仮説を支持している．一方果実と近距離にある状態での果実の採食効率においても，果実検出の正確度と単位時間当たりの摂食量において3色型色覚が勝っていた（Melin *et al.* 2017）．しかし，2色型色覚は3色型色覚より高頻度に果実の検査行動をとり，匂い嗅ぎ行動も有意に高頻度であった．興味深いことに，時間当たりの摂食量の差は幼若期においてのみ顕著で，成長するにつれて解消していく（Melin *et al.* 2017）．クモザルとオマキザルの以上の結果は，霊長類の果実採食において色覚のみが注目され重視されてきたが，実際は明度視や嗅覚を含めてさまざまな感覚を相補して動員し，採食量の最大化を図っていることを示している．そのために2色型は3色型に遜色ない果実採食が行えているのだと考えられる．

われわれはまたシロガオオマキザルの昆虫採食の調査において，葉や樹木の表面にいる昆虫（すなわち周囲の色にブレンドした昆虫）の採食行動を調査し，昆虫採食の効率は2色型の方が3色型色覚よりも優位に高いことを報告した（Melin *et al.* 2007）．霊長類の赤－緑色覚は，哺乳類にもともとある輪郭視の神経回路に相乗りしているため，互いに競合的な関係にある．そのため，色のカモフラージュをした対象の視認には輪郭視が赤－緑色覚より重要となる．3色型色覚は輪郭視を犠牲にして成り立っているという一面をもっており，2色型色覚は赤－緑色覚がないぶん，輪郭視に敏感となっている．2色型色覚の昆虫採食における有利性はこのように説明できる．さらに，30年近くに及ぶ長期行動観察データとの照合から，3色型色覚と2色型色覚には繁殖成功度に差がないことも報告した（Fedigan *et al.* 2014）．これらの行動観察は3色型色覚の優れた赤－緑色彩視の能力が，他のさまざまな感覚モダリティが互いの短所を補い合うために，ストレートに適応上の優越性として現れるとは限らないことを示している．

3色型色覚はL/Mオプシン遺伝子のヘテロ接合（7.1節参照）によって生じるため，L/Mオプシンのアレルを維持する自然選択がはたらかなければ，遺伝的浮動（7.2節参照）によって消滅するはずである．集団遺伝学は自然選択がはたらいているかどうかを検証する非常に有効なツールである．われわれは行動観察を行ったのと同じ野生群のオマキザルとクモザルに対し，L/Mオプシン遺伝子のイントロンも含めた領域と他のゲノム領域の塩基配列多型性を調査した（Hiwatashi *et al.* 2010）．その結果，L/Mオプシン遺伝子領域は他のゲノム領域に比較して塩基配列の多型性が有意に高く，塩基サイト間での多様度の分布の特徴を検定するTajima's Dと呼ばれる指標においても有意に大きな正の値（すなわち多様度の高いサイトが有意に多いこと）を示した．このことはL/Mオプシン遺伝子の多型性が本当に自然選択（この場合は平衡選択）によって維持されていることを示している．

われわれはマントホエザルおよびベリーズのユカタンクロホエザル（*Alouatta pigra*）に対しても遺伝子調査を行った（Matsushita *et al.* 2014）．その結果，両種とも確かに雄にも雌にもLとMのオプシン遺伝子両方が存在することが確認できた．しかし，両種とも約10％の高頻度で，LとMオプシンの融合遺伝子を検出した．そして，融合遺伝子にコードされるオプシンによる視物質の吸収波長はLとMオプシンのちょうど中間であった．つまり，ホエザルはせっかく色解像度の高いLとMオプシンによる恒常的3色型色覚を獲得したというのに，わざわざ色解像度の劣る融合遺伝子をつくり出していたのである．

ここまで見てきたように，広鼻猿類の野生下での採食行動観察から，果実採食において3色型色覚は確かに有利であることが証明できた．しかしその一方で，その有利性は成体に成長するまで揺るぎないわけではなく，また，膨大な観察事例がないと証明困難な有利性であったことにも注目したい．さらに特筆すべきは，カモフラージュされた昆虫の採食においては，むしろ2色型色覚が有利であることが示されたことである．これらの行動観察の結果から，L/Mオプシン遺伝子の多型性を維持する平衡選択は，3色型色覚というL/Mオプシン遺伝子のヘテロ接合の有利性を必ずしも示しているのではない，ということがいえる．隠蔽色資源の採食に得意な2色型と顕在色資源の採食に得意な3色型が同じ集団に共存することで，個々の個体の生存に有利にはたらく，ということが平衡選択の実態であるとも考えられるのである．

広鼻猿色覚の生態遺伝学的研究から多くを学んだ．しかし，研究課題はまだ残っている．厳しい乾季において食糧資源が希少である状況で3色型色覚の有利性が発揮される可能性（Dominy and Lucas 2001）も野生下では未検証である．皮膚色などの社会シグナルの検出（Changizi, Zhang and Shimojo 2006; Fernandez and Morris 2007）や捕食者の検知も野生下での検証が必要である．一方，ヒトを除く狭鼻猿類では色覚の種内変異はきわめて低く，ほぼ完全に恒常的3色型色覚である．これは彼らには3色型色覚を維持するきわめて強い自然選択がはたらいていることを示している（Hiwatashi *et al.* 2011）．2色型色覚に有利性があるとしても，ヒトを除く狭鼻猿類においては3色型色覚の有利性がそれをはるかに凌ぐものであることが推定できる．この違いは南米とアフリカ・アジアとの季節性，植生，霊長類の食性などの違いがもたらすのであろうか？　ひとつ確実にいえることは，3色型色覚の優位性は環境・生態条件に依存するのであり，絶対的なものではないということである．

10.4　ヒトにおける色覚多様性の意味の再考

恒常的3色型色覚の狭鼻猿類の中でヒトだけが例外である．男性の約3-8%にLとMオプシン遺伝子間の非相同組換えあるいは遺伝子変換による遺伝子変異を主要な要因とする何らかの「色覚異常」が見られる（Deeb 2006）．「　」をつけたのは「いわゆる」という意味で，人口に膾炙した表現では，という意図である．女性では約0.2%と男性よりもかなり頻度が低い．これはLとMオプシン遺伝子がX染色体にあるからである．男性はX染色体を1本しかもたないため，遺伝子変異の効果がストレートに現れるが，女性はもう一方のX染色体が補ってくれるため，女性で低頻度なのは両方のX染色体に遺伝子変異をもつというレアな場合だけだからである．遺伝子変異は主にLあるいはMオプシンの片方がない場合とＬとＭオプシンの融合遺伝子の場合がある．片方がない場合は２色型色覚（「赤緑色盲」）となる．融合遺伝子と通常のＬまたＭオプシンによって，変異３色型色覚（「赤緑色弱」）が生じる．これらをあわせて男性の約3-8%である．融合遺伝子はもう一方のオプシン遺伝子が何なのかにより，軽微な変異３色型ともなる．軽微な変異３色型は「正常」色覚とほとんど区別できない．特筆すべきは，融合オプシン遺伝子の頻度は40%ほどにも上るという事実である（Winderickx *et al.* 1993）．これだけ高頻度の変異を「異常」変異といえるのだろうか？

ヒト以外の狭鼻猿類では融合オプシンも遺伝子欠失もきわめてまれである（Hiwatashi *et al.* 2011）．ヒト以外の狭鼻猿類では「正常」３色型色覚を維持する強い選択圧が掛かっていることがわかる．逆に言うと，ヒトにおいてはそれが緩んでいることになる．一般にはそれはごく最近の近代的社会からと考えられているかもしれないが，ヒト進化史のいつからこのように色覚多型が顕在化したかは明らかではない．霊長類の３色型色覚はそもそも森林環境への適応として進化したのだとすれば，約200万年前から森林を離れサバンナを主な生活の場に狩猟採集者として進化してきたホモ属には３色型色覚への選択圧はすでにその時点で緩んでいた可能性も考えられる．さらに，２色型色覚の隠蔽色視・輪郭視における有利性を考慮すれば，獲物となる小動物や捕食者となる肉食獣，また屍体の検出において，２色型色覚をむしろ維持する選択がはたらいていた可能性も考えられる．つまり，２色型も含めた多様な色覚があったおかげで人類の祖先は生き延びてこられた可能性もあるのだ．一方，L/M融合遺伝子が多様な感受波長域のバリエーションをもたらし，とくに女性にさらなる色覚の向上をもたらした可能性とそのことへの自然選択（採集における有利性）の可能性も議論されている（Verrelli and Tishkoff 2004）．しかし，同じことは主として果実採食性である他の狭鼻猿類にもあてはまるはずであるが，実際はそうではない．したがって女性におけるL/M融合遺伝子の有利性仮説には私は懐疑的である．今後，さまざまな人類集団を対象としたL/Mオプシン遺伝子と他のゲノム領域の塩基配列多型性の比較解析から答えが見つかっていくことが期待される．

第11章　ヒトの環境適応能
——生理的適応現象とその多様性

西村貴孝

11.1　人類集団の環境への生理的適応

11.1.1　ヒトの環境適応能

ヒト（*Homo sapiens*）はさまざまな環境あるいはその変化に対して多様な手段で適応する術をもつ．ヒトは少なくとも600万年以上前にアフリカで誕生し，その進化の過程の中で，火の使用，住居や衣服の作成，狩猟具の高度化など，文化的適応を獲得してきた．その延長線上に現代社会があり，たとえば暑さ寒さを軽減するためにエアコンを開発し，夜間でも活動ができるように照明器具を発展させた．

一方で，われわれには生物としてのヒトが本来有する環境へ適応しようとする生理機能（環境適応能）が備わっている．ここでいう環境とは主として，物理環境のことである．温度環境を例にあげると，暑熱環境では発汗や皮膚血管拡張により，体温を下げようとする反応が生じる．あるいは寒冷環境では皮膚血管収縮や震えが生じ，逆に体温を上げようとする反応を示す．これらは体温を一定に保とうとする恒常性維持の一環である．こうした短期的な反応のみならず，通常とは異なる環境が続く場合，ヒトは中長期的にその環境へ適応しうる．一般に，人類学や遺伝学において，適応は集団における正の自然選択による遺伝的適応を意味する．一方で，生理学においては一個体内の短期的あるいは中長期的な環境への適応的な生理的応答現象も含めて適応と表現することがあり，必ずしも遺伝的な変化をともなうわけではない．この適応の中には時間経過や環境刺激の数によっていくつかの言葉が定義されている．たとえば数時間で生じる環境に対する「慣れ」，数週間や数カ月によって生じる暑さ・寒さなどへの「順化」，気温や光，食料，ストレスなどさまざまな要因によって生じる「順応」，ヒトが発達期を通して獲得する「発達期順応」などである．このようにヒトは短期的にも長期的にも柔軟に環境に適応するのである．

では逆に，ヒトがもっとも快適に過ごせる環境，あるいは適応の必要がない環境とはどのようなものだろうか．われわれヒトは数百万年の歴史を有するが，その多くは温暖なアフリカのサバンナ地帯で過ごしたと考えられる．まず温熱環境について，ヒトは裸体の状態で暑くも寒くもない温度は28-30℃であり，これを温熱的中性域という．おそらくヒトはこの温度域で長い時間を過ごしてきたため，この温度域が温熱的にはもっとも中立（快適）であると考えられる．次に，空気環境については他の生物と同様，酸素濃度が20％程度必要である．したがって，登山などの低圧低酸素環境では，ヒトは高山病を容易に発症する．光環境については，朝が来たら目を覚まして，夜が来たら寝る生活をしていたはずだ．また十分に太陽光に曝露されていたと考えられる．加えて十分な水と食料があれば，少なくとも飢餓状態にはならない．このように，暑くも寒くもなく，酸素，光，水・食料が約束された環境であれば，適応をする必要なく生きていくことができる．ところが現代を含めた人類史の中では，気候変動や居住地の移動によりしばしば新しい環境への適応に迫られてきた．とくに現在地球上に存在する唯一のヒト，すなわちわれわれ現生人類はその拡散の過程で過酷な環境に果敢に適応してきたといえる．

適応すべき物理環境要因は多々あるが，本章ではとくに現代を生きるヒトの温熱環境，高地環境，光環境に対しての生理的な適応現象に注目する．この適応現象には生理的多様性が見られ，地域集団間の違いや集団内（たとえば日本人集団）においても多様性が見られる．地域集団間の多様性は適応戦略の違いを現していると考えられる．一方で，集団内における多様性も単なる個人差として捉えるのではなく，それを実体として見れば，なぜヒトが多様であるのかを知る手掛かりになるし，個々人の適応戦略の違いに関与する要因を明らかにすることもできるだろう．以上から，通常とは異なる物理環境へ，ヒトが拡散の過程でどのような適応をしたのか，現代のヒトは環境にどのように適応するのか，そしてそれらの多様性が何を意味するのかを具体的に述べる．

11.1.2 気候への適応

ヒトは温暖なアフリカで15-20万年前に誕生した．その後，約10万年前にアフリカを離れた集団が世界に拡散し，少なくとも1万年前には南アメリカ大陸まで到達したと考えられる（3.6節参照）．われわれともっとも近縁であるネアンデルタール人の誕生は，現生人類よりも古い30万年前と考えられるが，その生息域はヨーロッパから中央アジア周辺に留まっており，彼らと比べてもその拡散は急速であった．ところが，アフリカを出発した人類を待っていたのは，全地球の寒冷化，すなわち最終氷期である．この氷期は11万年前～1万年前まで続き，高緯度地域はほぼ氷床に覆われていた．すなわち，ヒトの拡散はその過酷な寒冷環境においても続いたことを意味し，その過程において寒冷適応は必須であった．火や毛皮などの衣類による対応にも限界があったと考えられ，さらに狩猟採集の不安定な食料状況の中，ヒトは多様な適応戦略で寒冷適応を獲得した．そしてその適応戦略の違いにより，世界には特徴のある寒冷適応を有する地域集団が存在する．

基本的にヒトは寒冷環境に曝露されると，深部体温を維持するためにまず皮膚血管が収縮し，体表面からの放熱を抑制する．そして血管収縮では対応できない場合，震え産熱などのエネルギー代謝に依存する反応が生じて，体温を維持する．ところが，1950年代から欧米の研究グループによって，各地域の寒冷適応能を調査した研究では，その一連の体温調節機能の一部に特化した，代謝型適応，断熱型適応，低体温型適応など，その地域の環境に応じた適応戦略があることが明らかになっていった．

地球上でもっとも寒冷な地域に居住する，亜北極地帯のイヌイットを中心とした集団は，積極的に産熱を亢進させることで体温を維持する代謝型適応を獲得した（Hart *et al.* 1962）．彼らは，狩猟により得られたアザラシなどの脂質が豊富な肉を，ときには生で食べる食生活により，そのエネルギー源を確保している．植物の育たない亜北極地帯での肉の生食は，ビタミンを補給することでもきわめて重要である．さらに，エネルギー代謝を高めるはたらきをもつ甲状腺ホルモンの数値がきわめて高いことが報告されている．彼らは厚い毛皮をまとい，保温性の高い住居に住んでいるが，狩猟の際は数日あるいはそれ以上の期間を外で過ごしていたことから，体温を維持するため，あるいは凍傷にならないように産熱をする必要があったと考えられる．彼らが生活する地域の冬期の外気温は－40℃以下である．

次に，亜北極地帯に比べれば温暖なオーストラリア・アボリジニらは，体表面の温度を下げることにより，産熱を生じることなく，核心部の体温をある程度維持する断熱型適応を獲得した（Scholander *et al.* 1958）．オーストラリア・アボリジニの居住域は，昼は比較的温暖であるが，夜間から夜明けにかけて気温は0℃近くまで低下する．この断熱型適応もとくに夜間の睡眠時に見られる現象である．彼らは衣服をほとんど身に着けておらず，睡眠時は焚火を囲んで寝転がるだけであり，皮膚温はかなり低下するが，深部体温はそれほど低下せず，産熱が生じることなく熟睡していたという．このように代謝に依存しない断熱型適応はエネルギー消費の観点から見ると，非常に省エネであり，限られた食料事情も背景として存在すると考えられる．対照条件として設定された被験者である欧米人が同様の状況で睡眠を試みた結果，深部体温・皮膚温はそれほど低下しなかったが，代謝が著しく亢進し，震えながら眠れない夜を過ごしたそうだ．この研究には続きがあり，対照の欧米人をその環境に順化させると，震えながら眠れるようになった．しかしながら，これは代謝に依存した適応現象であり，エネルギー消費の観点から断熱型適応より効率が悪い．すなわち，オーストラリア・アボリジニは環境温度・食料・体温維持のバランスをとりつつ，長期的にこの適応様式を獲得したと考えられる．

カラハリ砂漠のサンと呼ばれる集団も特徴的な寒冷適応を有する．カラハリ砂漠は標高800–1000 mに位置し，冬期の夜間では気温が0℃前後となる．そのような環境の中で，彼らは体表面の皮膚温は一定であるが，深部体温を下げる低体温型適応を獲得した（Hildes 1963）．この深部体温の低下は，エネルギー代謝の減少とともに生じるので，この適応も省エネといえる．ただし，サンは夜間では草でつくった簡易なシェルターと焚火を用いるため，オーストラリア・アボリジニとは若干異なる環境である．このような文化的な差も寒冷適応の様態の違いに影響を及ぼすと考えられる．この文化と生物の適応の交叉をbio-cultural adaptation（生物文化適応）という．

このように寒冷環境に対する適応戦略の違いは，寒冷環境の程度，そして食料が影響しているように思える．すなわち極寒の地に住むが，豊富な脂質を採取できるイヌイットは産熱に依存した適応を選択し，オーストラリア・アボリジニやサンらは脂質を多く含む食料が望めない事情によりできるだけ産熱を少なくする，いわば省エネ的な適応を選択したといえる．また，オーストラリア・アボリジニやサンらについても，気温が0℃よりさらに下がる状況では，いかに彼らといえど深部体温を維持できず，その結果，産熱が生じると予想される．このようにヒトの寒冷適応は，摂取するエネルギー源（食料）と寒さへの対抗手段（生理的あるいは文化的）のせめぎあいの中でもたらされたといえるだろう．

では逆に暑さへの適応戦略には違いがあるのだろうか．これは寒冷適応のように，特徴的な適応の報告は少ないように思われる．なぜならばわれわれヒトはもともと暑熱環境に対し優れた適応能を発揮するからである．それはなぜかというと，ヒトは汗をかくことができるからである．暑熱環境に曝露されると，まず血管拡張により放熱が促進される．暑熱環境が継続あるいは強くなると，交感神経のはたらきにより発汗が開始され，汗が蒸発する際に生じる気化熱によって体表面の温度を下げる．これが温熱性発汗である．ヒトはこの発汗機能によりとても効率的に体温を調節することができ，トレーニングをすることでマラソンでは42.195 kmを2時間強，ウルトラマラソンでは100 kmを6時間強で走りぬくことが可能である．実はこの温熱性発汗機能を有する生物は限られており，ヒト以外であればウマだけである．ウマもヒト同様，長距離を走破することができ，その距離は1日80 km以上ともいわれる．他の生物，たとえばイヌなどは汗腺がないため，舌を垂らしながら激しく呼吸することで体温を下げている．ウサギなどのように大きな耳に血管を張り巡らせて体温を低下させる生物もいるが，発汗ほどの効率はない．このように，ヒトが有する発汗機能は他の生物と比べてかなり特殊であるといえる．

以上からヒトは暑熱環境に対して，優れた適応をもつと考えられるが，やはり地域集団間において差が見られる．汗をかくことができる能動汗腺数は，寒帯地域に居住するロシア人やアイヌにおいて少なく，タイ人やフィリピン人など熱帯地域において多いという報告がある（Kuno 1956）．したがって，熱帯地域の集団はよく汗をかくように見えるが，実際に生理学的に発汗機能を測定してみると逆である．すなわち，日本人に比べてタイ人では発汗の開始が遅く，また発汗量も少ない（Matsumoto *et al.* 1993）．また日本人と日本に滞在して2週間以内のナイジェリアやタンザニアなどのアフリカ出身の滞在者を比べても，やはりアフリカ出身の滞在者のほうが発汗量は少なく，単一汗腺当たりの発汗能力も低い（Lee *et al.* 1998）．このような実験を日本人の非アスリートで行った場合，ポタポタと滴り落ちるような発汗が見られる．実はこのポタポタと地面に落ちる汗は地面を冷やすことはできても体を冷やすことができない，無効発汗と呼ばれる体温調節の役に立たない汗である．すなわち，熱帯集団ではこのような滴り落ちる汗ではなく，ジワっと染み出るように少量の汗をかくことで，気化熱によって効率的に体温を下げるのである．さらに，ヒトは発汗と同時にナトリウムイオンも体外に排出するが，熱帯地域住民は発汗のナトリウムイオン濃度が低いことがわかっている．すなわち発汗量が少ないということは，水分摂取量も少なくてすむということであり，かつ体内のナトリウムイオンを無駄に排出しないということで，熱帯地域の集団は省エネかつ合理的に体温を下げる適応現象を示している．

このような，温熱環境への適応戦略の違いの分子レベルのメカニズム，あるいは適応の限界を明らかにすることは非常に興味深いテーマである．しかし，これらのデータを取得した60年前と比べて，テクノロジーの進歩により，彼らの生活環境もまた激変している．基本的に，現代のオーストラリア・アボリジニもイヌイットもわれわれが住んでいるような家屋に居住しており，狩猟採集のみに依存する集団は皆無である．熱帯集団においても，日本のオフィスよりもエアコンを効かせた生活をしている場合もある．本来彼らが有していた環境適応能を生理的に測定するのは難しい時代にきている．あるいは遺伝的解析により，その生理機能と関連する遺伝子を明らかにすることができれば，そのテーマを実行することが可能かもしれない．

11.1.3　高地への適応

ヒトの拡散は地図で見ると水平な移動に見えるが，実際は3次元的に移動しており，一部の集団は4000 m級の高山地帯（高地）へ進出した．高地環境は特殊な環境である．寒冷であるが日差しが強く，紫外線量は多い．さらに基本的に乾燥しており風も強く，育つ作物も限られている．そして何よりも，高度が上がるにつれて気圧が低くなるため，ヒトの生体は低酸素状態となる．現生人類の中には，このような特殊環境に適応し，現代においても4000 m以上の高地で生活している集団が存在する．

ヒトは血液中のヘモグロビンによって酸素が全身に運ばれる．まず酸素は呼吸によって肺に取り込まれ，肺胞内において肺動脈中のヘモグロビンと酸素が結合する．そして酸素と結合したヘモグロビンは体循環により全身に運ばれ，各組織において，酸素を解離し組織へ供給する．このヘモグロビンと酸素がどれだけ結合しているかを表す指標が，酸素飽和度である．とくに，末梢で循環している酸素レベルを表す指標が経皮的酸素飽和度（SpO_2）と呼ばれ，手指や耳たぶなどで簡便に測定可能である．なんらかの理由で生体が低酸素状態に陥った場合，SpO_2が低下し，通常では90％を下回ると危険な状態とされる．ところが，われわれのように普段低地で暮らしているヒトが，4000 m級の高地に突然移動すると，SpO_2は80–90％まで低下する．ではなぜ高地では生体の酸素レベルが低下するのであろうか．

高地では酸素が薄いという表現がよく使われているが，厳密にはこれは正しくない．海抜0 mでも海抜4000 mでも空気中の酸素濃度はほぼ一定である．高地において生体の酸素レベルが低下する理由は，大気中の酸素濃度ではなく，高地では気圧が下がるので，肺胞内の酸素分圧が低下し，肺動脈に酸素が取り込まれにくくなるからである．わかりやすくいうと，二酸化炭素は高圧下では水によく溶けるが，常圧に戻す（減圧する）と溶けた二酸化炭素は気体となり炭酸水となる．つまり気圧が下がると，酸素濃度は一定でも，血液に酸素は溶けにくいため，結果としてヘモグロビンと結合する酸素が不足し，生体内の酸素レベルが低下するのである．高地で生活するには，なんらかの手段で，生体の低酸素状態を克服し，高地に適応する必要がある．では過去に高地へ進出したヒトはどのように適応したのだろうか．

高地適応の様式については，好対照な2つの集団が存在する．それは南米のペルーやボリビアに定住したアンデス系の集団と中央アジアに定住したチベット集団である．しばしば前者は生理的に高地へ適応した集団，後者は遺伝的に高地へ適応した集団とされる．

アンデス集団はおよそ1万年前には南米に到達しアステカ文明やマヤ文明を築き，一部が4000 m級の高地へ定住したと考えられている．アンデス集団の研究は100年以上前に始まっており，彼らはいわゆるバレルチェスト（樽胸）と呼ばれる形態的特徴をもち，換気量が高いことで知られる．さらにもっとも特徴的とされるのが，血液中の赤血球数やヘモグロビン量が多いことである．すなわち，彼らは酸素を取り込みにくい高地環境において，呼吸の量を増やし，酸素を運ぶヘモグロビンの量を増やすことで，酸素飽和度の低さを補い，生体内の酸素レベルを維持しようとする適応を獲得したのである（Beall 2000）．アンデス集団のSpO_2は90％程度と報告されており，筆者が実際に現地で調査した若いボリビア人男女でも同程度の数値であった（ちなみに筆者が3800-4000 mに滞在した間のSpO_2は高くても85％程度であった）．しかしながら，高いヘモグロビン量は血液粘性を高めるため（多血症），血液の循環が悪くなり，慢性高山病のリスクを増悪させる．慢性高山病とは長期的に高地に滞在した際に発症する，頭痛，めまい，不眠などを主訴とする疾患であり，現代のアンデス集団においても問題となっている．さて，このヘモグロビン量を増やす適応現象は，われわれ低地人が高地に移動した際に一般的に生じる適応現象である．たとえば高地トレーニングなどはヘモグロビンを増やすことで，酸素の運搬能力を増やし，有酸素運動能力を強化することを目的としている．したがって，アンデス集団は彼らの高地での居住の短さ（1万年程度？）も相まって，生理的適応とされてきた．では遺伝的に適応したとされるチベット集団は，アンデス集団と何が違うのだろうか．

チベット集団は，ヒトの中でももっともよく高地に適応した集団とされる．彼らは4-5万年前には，4000 m級のチベット高原に進出し定住を開始したとされ，遺伝的に適応する時間があったと考えられている．前述したように，ヒトは高地に長期滞在するとヘモグロビンが増加することで，仮に酸素飽和度が低くても酸素の運搬総量を向上させることができる．ところが，チベット集団ではこのヘモグロビンの顕著な増加が見られない．加えて，SpO_2はアンデス集団よりやや低めの数値を示すことも報告されている．つまり酸素運搬能力は一見，アンデス集団よりも低い．しかしながら，彼らはアンデス集団と同様に高い換気量に加え，血流量が非常に高いことが明らかになっている．チベット集団において，血管拡張作用を有する一酸化窒素（NO）の血中濃度を測定すると，アンデス集団や低地人の実に10倍以上の数値となり，血流量も低地人の2倍以上であることが報告されている（Erzurum *et al.* 2007）．そもそもヘモグロビンを増加させないということは，血液粘性が増加しないということであり，高い血流量を維持することに都合がよい．さらには，多血症による慢性高山病のリスクや，妊娠時高血圧のリスクも低下させることができる．このように，チベット集団ではヘモグロビンを増加させるのではなく，代わりに血流量を極端に増やすことで酸素運搬能力を補完しているのである．この一連の弊害の少ない適応様式ゆえに，チベット集団はもっとも高地適応に成功した集団と考えられているのである．

そして近年，このヘモグロビン量を増加させない遺伝的メカニズムが明らかになってきた．通常，生体が低酸素状態になると，低酸素誘導因子のHypoxia inducible factor-1α（HIF-1α）とEndothelial PAS domain-containing protein 1（EPAS1）というタンパク質のはたらきによって，赤血球の産生を促進するエリスロポエチンが活性化し，ヘモグロビンの増加を引き起こす．ところがチベット集団では，この*EPAS1*遺伝子の変異が見られ，その遺伝子多型が低ヘモグロビンと関連することが明らかになった（Beall *et al.* 2010）．この変異はチベット集団では80%以上の頻度で見られるが，低地人では10%以下の頻度であり，強い自然選択を受けたと考えられる．すなわち，チベット集団ではこれらの変異によってEPAS1のはたらきが抑制され，その結果ヘモグロビンの増加が起こりにくい遺伝的適応を獲得したと考えられている．さらに，この*EPAS1*遺伝子の変異はデニソワ人（8.2節参照）由来であることが指摘されており，現生人類がすでに適応を獲得した近縁種と交配することにより，自然な変異を待つよりも早く高地環境への遺伝的適応基盤を獲得した可能性がある（Huerta-Sánchez *et al.* 2014）．もしかすると，この近縁種との積極的な交配が現生人類の速やかな拡散と環境適応の鍵を握っているのかもしれない．

このように，もっとも高地に適応的とされるチベット集団の適応史と生理的メカニズムが分子レベルで明らかになってきている．そしてこのチベット集団で明らかになった遺伝的変異は，生理的適応としたアンデス集団においても，低酸素誘導因子に関連する*EGLN1*遺伝子の変異が確認されており，チベット集団同様，ヘモグロビン増加を抑制することが示唆されている．高地への到達ではチベット集団よりも短いアンデス集団であるが，あるいは遺伝的適応獲得の途上にあるのかもしれない．4000 m級の高地で実際に生活するとわかるが，ヒトにとって，高地環境は近縁種と交配を含む遺伝子レベルで適応せざるをえないほど過酷であったのだろう．

11.1.4　光環境への適応

ヒトの光環境への適応は，主に日光に対する適応である．われわれは紫外線に曝露されるとメラニンが皮膚表面に沈着し日焼けが生じるが，これは皮膚を紫外線のダメージから守るためである．アフリカ集団のように紫外線が強い地域では皮膚を保護するために，皮膚色は黒く濃くなる．一方で高緯度地域では，日照時間が少なくなるため，皮膚色が濃すぎると日光によるビタミンDの合成に支障をきたすため，ヨーロッパ集団では皮膚色が薄く白くなっていったと考えられ，アジア集団はその中間であると考えらえている．皮膚色がどのような自然選択を受けたかはいまだに結論が出ておらず，有力な説としてビタミンD合成効率と皮膚防御のバランスが提示されているが，若年時の皮膚がんが関与しているのではとの指摘もある．

もうひとつ，光環境において興味深いのは虹彩の色である．皮膚色と同等あるいはそれ以上にヒトの虹彩の色は多様性に富んでおり，黒，グレー，茶色，青とその色はさまざまである．日本では蛍光灯（現在はLED照明）によって，夜間でも白色・高照度の明るい空間で過ごすことが多いが，ヨーロッパでは比較的暖色・低照度の照明が好まれるとされる．これは明るさへの感受性が民族間で異なり，虹彩の色に依存しているのではないかと指摘されている．さらにヒトの眼には，色や形を認識する機能だけではなく，非視覚作用と呼ばれる別の機能が存在する．非視覚作用は，網膜で受けた光を視交叉上核という体内時計の中枢に送り，概日リズムの調整やメラトニンの分泌抑制などを行う．このメラトニンは概日リズムをもち，ヒトの睡眠において重要なホルモンとされる．メラトニンは夜間の過剰な光曝露によって分泌が抑制され，睡眠の質の悪化や概日リズムの乱れの原因となる可能性が指摘されている．そしてこのメラトニンの抑制は同等の光を照射しても，日本人集団に対してヨーロッパ集団で強く生じることが報告されており（Higuchi *et al.* 2007），虹彩の色による光の透過率が抑制の程度に関与している可能性がある．ヒトが夜間に過剰な人工照明を浴びるようになったのはつい最近の出来事であり，それが虹彩の色に選択圧としてはたらいた可能性はほぼないだろう．一方で，虹彩の違いによりメラトニン抑制が影響を受けることはヒトの睡眠の質を左右しうる重要な問題である．そして睡眠の質が悪化すれば，さまざまな健康問題を引き起こすことは明白である．このように，ヒトの多様性はさまざまな生物としてのヒトの機能にリンクしているのである．

11.2　個体の生理的適応現象とその多様性

11.2.1　温熱環境への適応と季節変動

11.1節では，主に集団間の環境適応能の多様性について説明したが，われわれヒトは個々においても生理的多様性を有する．すなわち，顔つきや身長が違うことと同様に，生理機能も個人間で異なり，しかもその生理機能は可塑的に変化する．身近な例としては，やはり温熱環境への生理的適応の多様性があげられる．日本には四季があり，夏と冬では温度，湿度は大きく異なる．われわれの生理機能もこの環境の変化に対して適応するのであるが，この場合は長期的な意味を有する適応に対して，短・中期的な意味を有する順化あるいは順応という表現が使用される．すなわち，われわれは夏期に対しては，暑熱順化を示し，冬期に対しては寒冷順化を示す．さらに，たとえば日本人が熱帯地域や寒帯地域に長期的に移住した場合も順応現象が生じる．このような研究は11.1節で述べたフィールド調査的な研究ではなく，管理された温度・湿度環境下でより詳細な生理指標を厳密に測定するいわゆる実験室実験によって研究が行われてきた．

まず，短期的には，暑熱曝露下における運動において，ヒトは体温上昇にともない，血管が拡張し，発汗が生じ，心拍数が上昇する．これを毎日繰り返すと，血管拡張と発汗の開始が早まり，体温と心拍数の上昇は穏やかになる．これは発汗量を増加させ，発汗と血管拡張の開始を早めることで，より速やかに体温を下げようとする暑熱順化が生じたことを意味する．さらに熱帯地域集団と同様に汗のナトリウムイオン濃度も低下する．このように，短期的な暑熱順化では体水分量の損失という犠牲は払うが，より早く体温を下げようとする順化が生じるといえる．このような暑熱順化は，繰り返しの暑熱曝露でも生じるが，運動と組み合わせたほうがより強く生じるようである．この暑熱順化の有無は，夏期における熱中症のリスクと関連する．すなわち，暑熱順化が不十分であると熱中症になりやすくなるため，空調の整った環境で生活する現代人ではあるが，外出や運動をし，暑熱順化を獲得する必要がある．

では，より長期的に暑熱環境で生活した場合はどうなるのだろうか．これは生活した時期とその長さが重要となる．まず熱帯地域集団で多いとされる能動汗腺数であるが，タイやフィリピンなど熱帯地域で生まれた日本人も，熱帯地域集団に近いあるいは同等の汗腺数を有することが報告されている．一方で，成長して熱帯に移住した日本人ではそのような現象は見られない．したがって，能動汗腺数は生後2歳程度までの暑熱環境の強度が重要であることが指摘されている．すなわち，ヒトの発汗可能な能動汗腺数は2歳までにある程度決まり，それの数は生涯変わらないのである．

次に発汗量について，実験条件がそれぞれ異なるため，単純に比較することは難しいがいくつかの興味深い研究が報告されている．まず，成人後にマレーシアに2–10年居住した日本人女性の発汗機能を調べてみると，現地での居住期間が長くなるにしたがって，発汗開始が遅くなり，その量も減少する（Bae *et al.* 2006）．これは日本人が，タイ人やフィリピン人などの熱帯地域集団の脱水量を節約する適応様式に近くなることを意味する．では逆の場合どうなるのかというと，熱帯で生まれ育ったマレーシア人が日本に0–7年ほど居住した場合，滞在期間が長くなるにしたがって，発汗の開始が早くなり，発汗量が増大する（Lee *et al.* 2004）．すなわち，日本で生まれ育った日本人の発汗特性に近づくということである．したがって，長期的にその温度環境に居住した場合，その地域に在住する地域集団に近づくということは，暑熱環境に対する適応は遺伝要因よりも環境要因が強く作用することを示唆する．

まとめると，暑熱環境に対する適応あるいは順化は，短期的には発汗量を増大させてより体温を下げようとするが，より長期的には体水分量を保持するために省エネ型の適応にシフトするのである．これはヒトがその適応の歴史において，水が手に入りくい状況や，汚染された水を避けて生き抜いてきたことによって獲得した普遍的な適応能なのかもしれない．

次に個体の寒冷環境への適応あるいは順応について述べる．ヒトは寒冷環境に対しては，深部体温を保つために，まず血管収縮によって，体表面からの放熱を抑制する．11.1節のオーストラリア・アボリニジのような断熱型適応を獲得していない場合，血管収縮によって調整可能な温度域は小さい．したがって，その調整温度域を下回ると，エネルギー代謝をともなう産熱反応が生じる．ヒトの産熱反応は震え産熱が中心である．現代社会では冬期でもエアコンが効いているため震えが生じることは少ないが，低気温下で長時間活動した場合や，冷水に浸かった場合などに震えが生じることがある．震え産熱は，脳の体温調節中枢から運動神経を介して骨格筋を不随意に動かし，その運動エネルギーを熱エネルギーに変えることによって生じる．したがって，強く震えが生じている場合は随意運動が阻害されるため，体をうまく動かすことができない．震え産熱は，安静時代謝量の3-5倍の代謝量に達する．ところが，震え産熱は骨格筋の運動により生じることから，深部体温の維持にも寄与するが，体表面から外にも熱を散逸するため，大きなエネルギー消費を必要とする反面，実は熱獲得効率はそれほど高くない（黒島 2001）．ヒトは夏から冬にかけての季節変化や寒冷環境への繰り返し曝露によって，このような体温調節反応が変化する．冬期では深部体温が低下しにくく，震え産熱にともなうエネルギー代謝量が小さいとされるが，エネルギー代謝量は変わらない，増加するといった報告もあり，寒冷順化・順応については一致した見解があるとはいえない．これは実験条件や民族の違いが影響していることに加え，震え産熱ではない産熱機能が交絡している可能性がある．

骨格筋の少ないげっ歯類（マウスやラットなど）では，震え産熱ではなく，褐色脂肪組織による非震え産熱が産熱の主体となる．褐色脂肪組織とは，もともとの幹細胞は骨格筋と同じであり，ミトコンドリアが非常に豊富な組織という点では，脂肪というよりも筋肉に近い．ミトコンドリアはわれわれのエネルギー通貨であるアデノシン三リン酸（adenosine triphosphate: ATP）を酸化的リン酸化により合成し，細胞の増殖，筋肉の収縮などすべての生命機能において必須のエネルギー源を供給している．そして，褐色脂肪組織のミトコンドリアには脱共役タンパク質 1（Un-coupling protein 1: UCP1）が特異的に発現しており，寒冷刺激により交感神経系が賦活されると，UCP1 のはたらきにより，褐色脂肪組織のミトコンドリアは酸化的リン酸化が阻害され，本来 ATP となるエネルギー基質がすべて熱に変換される．これが非震え産熱の実態であり，震え産熱のように運動エネルギーを熱に変換するのではなく，生体内で化学的に熱を生み出しているためきわめて熱獲得効率が高い（黒島 2001）．ヒトは骨格筋が未発達な乳幼児において，この褐色脂肪が背中の肩甲骨あたりに分布しており体温調節で重要な役割を果たしている．ところが，ヒトは成長するにつれてこの褐色脂肪は消退するため，成人では褐色脂肪の体温調節への関与はないとされ，半ば無視されてきた．ところが 21 世紀に入り，がん検診で用いられる PET-CT（陽電子放出断層撮影）が，成人のヒトの鎖骨や脊椎周辺にがんではないが，エネルギー消費をしているものが分布していることを発見したことなどが報告された．詳細に調べてみるとこれは寒冷刺激によって亢進する褐色脂肪組織であることが明らかになった（Lichtenbelt *et al.* 2009）．さらに，褐色脂肪活性型は不活性型に比べ，深部体温を高く維持し，震え産熱の開始が遅いことが報告され，ヒトの体温調節機構における褐色脂肪の重要性が示された（Wakabayashi *et al.* 2020）．ヒトの褐色脂肪についてはまだ研究の途上であるが，20℃程度の穏やかな寒冷刺激によって亢進すること，その活性は冬期において高いこと，加齢にともない減少していくことがわかっている．さらに，ヨーロッパ集団ではほぼすべてのヒトが褐色脂肪を有するが，たとえば日本人だと約半数しか褐色脂肪が活性化しないなど，集団間・集団内の多様性に富むことは実に興味深い．

このようなことから，前述の寒冷順化・順応においてエネルギー代謝量の結果が一致しないことは，震え産熱として捉えていた代謝量の中に，褐色脂肪による非震え産熱の代謝量が含まれているからかもしれない．筆者らも，この褐色脂肪の実態が明らかになりつつある時期に，ヒトで震えが生じない程度の寒冷環境下では，エネルギー代謝が亢進し，非震え産熱が生じることを報告した（Nishimura *et al.* 2015）．しかもその亢進は冬期においてより顕著であり，冬期では平均して15%程度エネルギー代謝量が大きかった．ところが結果を個別に見ると，冬期でエネルギー代謝が亢進する個体もいるが，変わらない，むしろ低下する個体も半数近く存在した．PET-CTを用いた研究では，褐色脂肪の活性が高い個体は，寒冷曝露時のエネルギー代謝量の増加は基礎代謝の15-20%に相当すること，日本人では半数が褐色脂肪不活性型であることを考えると，直接褐色脂肪を測定してはいないが，やはり冬期での非震え産熱亢進の鍵となるのは褐色脂肪であると考えることが妥当である．そこで褐色脂肪活性化において重要な*UPC1*遺伝子の遺伝子多型を解析し，エネルギー代謝量との関連を検討した（Nishimura *et al.* 2017）．この*UPC1*遺伝子多型は現代人の肥満に関連しており，あわせてヒトにおいて何らかの生の自然選択を受けているとされる．そして，実際に寒冷曝露をした結果，肥満になりにくい多型では実際に寒冷曝露時のエネルギー代謝量が大きかった．さらに，エネルギー代謝量から推定されたもっとも産熱量が高い遺伝子多型の組み合わせ（ハプロタイプ）を世界中の集団で見たところ，ヨーロッパなどの高緯度地域（気温が低い）でその出現頻度がもっとも高かった．これは，より非震え産熱量が大きいほうが，寒冷環境で有利であった可能性を示している．このような非震え産熱量の生理的多様性に遺伝要因が関与することを報告した研究は少なく，時間軸をもって人類の適応史を理解するためには，さらに多くの検証が必要である．

11.2.2　低圧低酸素環境における適応の個人差

登山は趣味やスポーツとして広く認知されているが，とくに訓練をしていない者が高い山に登ると，早い人では2500 mを超えたあたりから高山病を発症する．症状としては，頭痛，吐き気，食欲不振，不眠などさまざまであるが，重篤な場合は脳浮腫や肺水腫を発症し最悪の場合死に至る．そしてこの高地での反応には個人差があり，上記の症状がありつつも，比較的元気な人は3500 mでも元気である．筆者らが人工気候室を使って，実際に標高4000 m相当の低圧低酸素環境に若年男性53名を曝露したところ，SpO_2は平均で86%だったが，78-93%までのばらつきを示した．海外のフィールド調査においても同様で，高地適応をしているはずの標高4000 mに住むボリビアで暮らすアンデス系先住民族の若年男女でもSpO_2は84-96%とばらつきを示した（Nishimura *et al.*

2020）．一般に SpO_2 が低いほど，高山病のリスクが高くなるとされるが，なぜ高く維持できる人とできない人がいるのかはよくわかっていない．2014 年に噴火を起こした御嶽山では，被災者を救助するために自衛隊が派遣されたが，標高 3000 m における救助活動において，訓練された屈強な自衛隊員ですら高山病に苦しんだようである．このように，平地における体力と高地での適応能はあまり関連しないと考えられている．おそらく，高地における SpO_2 には，呼吸化学感受性による換気応答が関与していると考えられるが，その個人差に言及した研究は少なく，なぜ高地での高山病リスクや SpO_2 を含む生理値には個人差があるのか，今後も検証する必要がある．

一方で，高山病のリスクを減らし，高地で健康に過ごすための方法はさまざまな報告からある程度確立されている．コツは高度を一気に上げないことである．救助活動のように，ヘリコプターで一気に山頂付近まで上がると，急激な気圧の変化により高山病のリスクは上昇する．一方で，徐々に体（とくに呼吸系）を慣れさせながら高度を上げていくことにより，高山病の症状はある程度緩和されることが知られている．あるいは高山病の症状が出てしまったら，少し高度を下げて，様子を見る，あきらめて下山する選択をすることで自分の安全を守ることができるだろう．筆者も初めてボリビアのラパス（4000 m）を訪れた直後から身体の違和感と，高山病の諸症状に悩まされた．したがって，2 回目はペルーのクスコ（3400 m）やマチュピチュ（2400 m）にしばらく滞在して，調査に臨んだ．初回よりもはるかに楽だった．高地で元気に過ごすためには，ゆっくりと生体を高地順化させる必要があるということだろう．

11.2.3　現代社会で環境適応能を維持するために

近年，地球規模の温暖化と 2019 年に発生した COVID-19 パンデミックによりわれわれの生活が大きく変わりつつある，たとえば，酷暑における熱中症による死者が増加し，とくに温度感受性が低下し，暑さに鈍感な高齢者の在宅での死亡が急増している．暑熱適応能は本来であれば，夏にかけて発汗機能が向上し，深部体温を効率的に下げることができるようになる．ところが現代社会ではエアコンの発達により暑熱環境に曝露される機会が減っている．つまり熱中症予防において重要な，暑熱順化が生じていない人が多いのである．これに

COVID-19の影響により，テレワーク（遠隔勤務）が推奨され，極端にいえば1日中自分の好きな温度環境で生活することが可能になった．このような生活様式は，季節ごとの暑熱順化・寒冷順化を阻害する可能性が高く，急激な環境刺激に対してヒトの本来の適応能を脆弱化させることが予想される．さらには，外に出ない生活により紫外線曝露の低下から生じるビタミンD欠乏，運動不足，それらに起因する中高年以降のサルコペニアや骨粗鬆症の増加が危惧されている．このような社会環境の変化に対して，ヒト本来の適応能を維持することはかなりの困難が予想されるが，人類学の多様な観点からの知見を活かし，現代そして未来に生きるヒトがどのように新しい環境に適応していくか示すことが望まれる．

さらに勉強したい読者へ

日本生理人類学会編（2009）『カラダの百科事典』丸善出版．
日本生理人類学会編（2015）『人間科学の百科事典』丸善出版．
安河内朗，岩永光一編著（2020）『生理人類学——人の理解と日常の課題発見のために』理工図書．

第12章　生存にかかわる腸内細菌
——ホモ・サピエンスの適応能

梅﨑昌裕

12.1　ホモ・サピエンスの多様性

みなさんに改めて考えていただきたいことは，現在の地球に生きている私たち人類（これ以降，ヒトと呼ぶ）はすべて，ホモ・サピエンスという1つの生物種だということである．種を同じくする生物は基本的には同じ生物学的な特徴をもっている．ためしに手元にある動物図鑑を見てみると，カバの項目には「昼は水の中ですごし，夜は食事のため草原に出てきます．オスは単独でなわばりを持ち，メスと子どもは100頭以上の群れをつくります」という説明がある．また，キリンの項目には「もっとも背が高いほ乳類です．2～10頭の群れで暮らします．20年以上生きます」という説明がつけられている（『小学館の図鑑 NEO ①動物』）．掲載されている写真やスケッチも基本的には1つである．例外は，イヌやネコ，ウシなどの家畜動物であり，そのページには品種ごとにそれぞれの説明と写真が掲載されている．

私たちヒトは1つの生物種にもかかわらず，顔だち，体つき，瞳の色，毛髪の太さなどの生物学的な特徴がさまざまである．ヒトの姿を説明するための写真を1つだけ選ぶことは不可能であり，ヒトを説明するためには，さまざまな地域に暮らすヒトの写真を並べる必要があるだろう．ヒトはその形質が多様なだけではなく，言語，食生活，衣服，さらには土地や財産の相続にかかわる決まり，結婚して家族を形成するプロセスなど，いわゆる文化的な要素においても，驚くほどの多様性が見られる．これはどういうわけだろうか．

ヒトと家畜動物は，いずれも同一種内の個体間に見られる多様性が大きいと

写真 12. 1　2頭立ての牛車で大量の薪を運ぶ男性（インド・マディアプラデシュ，2005年）．

いう特徴を共有しているが，その多様性が生まれてきたプロセスはまったく異なっている．ほとんどの家畜動物が生まれた時期は1万年前よりも新しいと考えられている．家畜をつくりだしたのはヒトであり，ヒトが家畜に求めた特徴はさまざまであった．たとえば，ブタは肉と脂肪を，ヒツジは毛を多く生産し，ウシは頑丈でよくはたらき，あるいは乳と肉を提供するという特徴が選択された家畜である（写真12. 1）．イヌはヒトによくなつき，すぐれた嗅覚により狩猟をサポートすることができる．家畜とされた動物の種内多様性が拡大してきた背景には，ヒト集団のそれぞれが，望ましいと思う特徴をもつ動物の個体を選択してきたプロセスがあるのだろう．これは育種と呼ばれるものである．育種のプロセスは現在まで継続しており，近年では，人為的な遺伝子組換えによる新しい品種の作成が，かつてとは比較にならないスピードで可能となっている．

一方，ヒトの集団間に見られる多様性は，外的な力（家畜にとってのヒトによる育種のような）によって生み出されたものではなく，自然選択と偶然（機会的浮動）によって生じたものである．ホモ・サピエンスは，アフリカ大陸で進化したのちに，地球上の全体へと拡散した（3. 6節参照）．地球上にはさまざまなバイオーム（生物群系．たとえば温帯広葉樹林，ツンドラなど）が存在する．気温および降雨量はバイオームごとに多様であり，存在する植物種と動物種も異なっている．たとえば，気温の低いバイオームでは保温性のある毛と断熱材の役割をはたす厚い皮下脂肪をもつ動物が進化し，乾燥したバイオームでは体内に水分を保持することのできる多肉質の葉をもつ植物が進化した．ホモ・サピエンスの場合には，アフリカ大陸で進化したために，地球上の中では気温が高い低緯度地域のバイオームでの生存に適した生物学的特徴をもつように進化したことだろう．低緯度地域は，高緯度地域に比較して照射する太陽エネルギーが大きいために，動植物相が豊かである．ホモ・サピエンスがわざわざアフリカを出て，相対的に動植物相の乏しい高緯度地域に向けて移動したことは，生物の行動としては理にかなっていない．物理的環境だけでなく，食べ物となる動植物の種類が異なる「不慣れな」環境において，ホモ・サピエンスが新しい生存戦略を確立するのはそれほど簡単なことではなかったはずである．

12.2　暑さ・寒さへの適応

恒温動物であるヒトは，深部体温を37℃に維持することが生存の基本である（11.1.2項参照）．熱いサウナに入ると，私たちの肌は赤くなり，心拍数が上昇し，たくさんの汗が出る．このとき私たちの体では，体表近くの毛細血管が拡張し，そこに血液が体内の熱を運び，その熱が汗の気化熱で冷却されている．ヒトの冷却システムは優秀であり，乾燥した日陰であれば外気温が50℃を超えるような場所でも深部体温を37℃に維持できるという（Harrison *et al.* 1988）．熱帯雨林など湿度の高い環境では気化熱による冷却機能がうまくはたらかないために，深部体温を維持できる気温は40℃くらいまでである．地球上で最高気温が50℃を超える場所は稀であり，湿潤なバイオームでは40℃を超えることも少ない．すなわち，ヒトはその生物的な能力だけで地球上のもっとも高い気温にまで対応することのできる暑さに強い生物であるといえる．

一方，ヒトの有する寒さに対する生物学的な対処機構は大変脆弱なものである．外気温が低いとき，ヒトは体内の化学エネルギー（炭水化物，タンパク質，脂質）を熱エネルギーに変換するほか，体表近くの毛細血管を収縮させ，体を小さく丸めて体内の熱が体外に逃げないようにする．さらに身体活動を行えば，生成される熱エネルギーによって，風のない気温0℃の場所で服を身に着けない状況でも8時間ほどは耐えることができるといわれている.

私たちにとって，たとえば気温0℃というのは大変寒く感じる環境であるのに対して，シロギツネ，ホッキョクグマにとってそれはたいして寒い環境ではない．寒い環境で進化したこのような動物は，保温性の高い体毛と断熱性の高い厚い皮下脂肪を有している．ホッキョクグマが深部体温を維持するために体内の化学エネルギーを熱エネルギーに変換し始める気温は10℃以下，シロギツネにいたってはマイナス40℃以下と推定されている（Harrison *et al.* 1988)．いずれの動物もマイナス70℃の外気温においても深部体温が低下することなく生命を維持することができる．マイナス70℃というのは地球上の最低気温に近く，ホッキョクグマとシロギツネは寒さに強い動物なのである.

しかし実際には，ヒトも気温がマイナス50℃を下回る環境で生活している．それを可能にしたのが，寒さに対する文化的対処であったことはいうまでもない．たとえば，極北地域のイヌイットはアノラックと呼ばれるフード付きの衣服をつくりだした．アノラックはアザラシやカリブーの毛皮でつくられており，それを身に着けることで気温マイナス40℃の屋外での狩猟採集活動が可能であったという（11.1節参照).

ここまで紹介してきた事例の中で，深部体温を37℃に維持するために心拍数，毛細血管の大きさ，発汗量などを調整することは，ヒトの生物的適応の結果である．一方，寒い地域での生存を可能とする衣服は，文化的適応の結果であるといえる．この用語を使うならば，ヒトは地球上の暑さに対しては生物的適応による対処が可能であるのに対して，寒さに対しては生物的適応に加えて，文化的適応による対処が必要であるということができる．ホモ・サピエンスという種が自分の進化したのとは異なる環境で生存できたのは，新しい環境で小進化によって獲得したいくらかの生物学的適応能力と，創意工夫により獲得した強力な文化的適応能力によるものである.

12.3　生存の基本条件

アフリカを出て地球各地に移動したホモ・サピエンスにとって，新しい居住地における「不慣れな」環境の要素は，気温，降水量，紫外線の強さなどの物理的環境だけではなかった．自分が生存し，子供を産み育てるためには，生物としての栄養要求を満たす食生活が不可欠であり，その食生活を成り立たせるための栄養適応のシステムが必要とされた．

必要量の食料エネルギーを摂取することは，生物としての栄養要求の中でもっとも基本的なことである．日常生活で摂取する必要のある食料エネルギーは，個人がどのような環境に居住し，どのような食料獲得技術をもつかによって大きく異なる．狩猟採集によって食料を獲得するヒト集団を考えた場合，動物の狩猟と植物の採集が容易であれば，食料の獲得に長い時間と大きなエネルギーを費やす必要がなく，日常生活で摂取する必要のある食料エネルギーは少なくてすむ．対照的に，狩猟採集に長い時間と大きなエネルギーが必要な集団では，日常生活で摂取する必要のある食料エネルギーも大きくなる．極端なケースとして，日常生活で消費する総エネルギーが，摂取できる食料エネルギーよりも大きい環境に居住した個人はやせ衰え，その集団は滅亡へと向かっただろう．

もちろん，そのような「厳しい」環境で生存せざるをえない状況になったホモ・サピエンスは，何もせずに滅亡していったわけではない．現在の地球に生きる私たちは，上述の生物的適応と文化的適応によって，環境に適した生存システムをつくりあげることに成功したホモ・サピエンスの子孫である．長期的には，集団レベルの遺伝的な構造の変容による環境への適応（小進化）がおこった．この適応は，個人が意図した結果ではなく，自然選択のプロセスの中でゆっくり進行したものである．たとえば，草本資源の豊富な環境では，ウシなどの草食動物の生産する乳を食料源として利用することが生存を有利にした．ヒトを含むほとんどの哺乳類は乳に含まれる乳糖を消化する酵素（ラクターゼ）の活性が離乳後に低下するのが一般的である．ところが草食動物の牧畜を生業としたヒト集団のいくつかは，離乳後もラクターゼの活性が維持される遺伝的背景を獲得したといわれている（7.5節参照）．

一方，ホモ・サピエンスは，より効率的に食料を獲得し，生存を容易にするための技術を模索し，さらには環境を自分たちの生存に都合のよいように変化させた．代表的な例が，農耕の発明である．農耕が発明された要因については諸説あるものの，野生動植物の中から自分たちの生存に都合のよいものを選び，その形質を改変して家畜・栽培植物をつくりだした．さらには，栽培植物を育

写真 12. 2　草原につくられた都市（モンゴル・ウランバートル，2010 年）．

て，家畜を飼養するための空間を確保するために森を開墾し，畑や牧草地をつくった．河を堰き止め，そこから水路をひくことで，畑や集落に水を供給した．ヒトの生存する環境ではたえまない改変が続けられ，そのインパクトは宇宙から撮影された衛星画像でさえ確認することができる．ヒトの多くが居住する都市に至っては，改変される前の環境を推し量ることすら不可能である（写真 12. 2）．

ヒトの中でも産業革命の影響の相対的に少ない地域に居住する集団の中には，現在も周辺環境と密接に結びついた生業を営む者もみられる．そのような集団においては，人間－環境系の解明を目的とした生態人類学の研究者による膨大な調査研究の積み重ねがある．それらの研究が示唆するのは，ヒト集団の食生活・栄養素摂取量には大きな集団間差があったということである．言い換えれば，ヒトは「不慣れ」な環境で生存するシステムを世界のそれぞれの場所で構築し，農耕と牧畜の発明によってシステムの多様性はさらに拡大したと考えられる．たとえば，極北の先住民は，アザラシなどの動物および魚を主食とし，植物の摂取量が極端に少ない食生活を営んでいた（Draper 1977）．アフリカの牧畜民であるトゥルカナの１つの集団は，乳・乳製品から摂取エネルギーの 60％以上を摂取していた（Little 1997）．また，私自身が実施したインドネシアのスンダ農村での調査では，大量のコメとわずかな塩魚という食生活が観察された．彼らの食生活は，居住する生態系の特徴と，そこでの食料獲得戦略との組み合わせによって成立したものである．現代社会の都市部に居住する人たちのように，「好きだから」「体にいいから」「おしゃれだから」といった自分の好みによって選択したものではない．

12.4　低タンパク質適応

12.4.1　パプアニューギニア高地人

パプアニューギニア高地と呼ばれる地域には，サツマイモ栽培に強く依存した人々が居住している．パプアニューギニア高地は，バナナおよびコロカシア属のタロイモ（コロカシアタロ）が栽培化された農耕起源地の1つであるといわれている（Denham *et al.* 2003）．およそ400年前にニューギニア島北岸の火山が噴火し，この地域には大量の火山灰がふりそそいだ．300年前にはヨーロッパ経由で中米原産のサツマイモが導入された．サツマイモは水はけがよい火山灰土壌でよく育ち，またタロイモ・バナナより耐寒性が高いため，より標高の高いところにまで耕作地が拡大した．さらには，畑の周辺に樹木を植えることで収穫したサツマイモと同じくらいのバイオマスを畑に戻すという在来農耕システムにより，サツマイモの連続的な耕作が可能となった（梅﨑 2007）．その結果，人口密度は在来農耕を営む社会としては異例の高さとなり（1 km^2 当たり100人以上），大型の野生動物が絶滅しただけでなく，食用になる小動物や昆虫もほとんど見られなくなった（写真12.3）．

パプアニューギニア高地で最初に生態人類学の調査が実施された1950年ごろには，コロカシア属のタロイモとサツマイモはおなじくらいの量が食べられていた．その後，次第にコロカシア属のタロイモはサツマイモに置き換わり，現在では，食生活の大部分がサツマイモによって賄われるという状況になっている．動物性のタンパク質源としては，サツマイモを餌にして飼養されるブタがあるものの，ブタは交換財，威信財として重要であり，日常的に屠殺して食べるような存在ではない．

写真 12.3 サツマイモ畑ではたらく人々（パプアニューギニア・ゴロカ，2006年）．

栄養学的には，過去300年の間に狩猟採集が衰退し，サツマイモ栽培への依存が高まったために，タンパク質の摂取量が継続的に低下してきたと考えられる．パプアニューギニア高地の中でも，商業地域から遠く購入食品の摂取の少ない地域では，主食であるサツマイモから総エネルギーの70%以上が摂取されており，日常的な動物性タンパク質の摂取はほとんどなかった．かつて，パプアニューギニア高地で実施されたほとんどの食事調査が，タンパク質摂取量が1人1日当たり20–30 gであることを報告している．私たちが2010年ごろに実施した調査でも，商業地域から遠く離れたレバニ渓谷では，1日当たりのタンパク質摂取量が20 gに満たない個人が多く確認された（Morita *et al.* 2015）．WHOなどがまとめた報告書では，個人のタンパク質摂取必要量は，体重1 kg当たり0.66 gである．その値は食生活のタンパク質のクオリティーが悪い場合はより大きくなる．私たちの試算によれば，レバニ渓谷の人々のタンパク質必要量は1日当たり40–50 gと推定され，レバニ渓谷のほとんどの人々はタンパク質摂取量が明らかに不足していると判断された．

タンパク質は，筋肉をはじめとする生体組織の主たる材料である．タンパク質が不足すると筋肉が減少し，さまざまな身体機能が低下する．一方で，これ

写真 12.4 たくましいパプアニューギニア高地の若者（パプアニューギニア・タリ，2012 年）.

までにパプアニューギニア高地人を対象に実施された医学研究では，タンパク質欠乏にともなう臨床症状はほとんどみられない．なによりも，彼らの隆々とした筋肉質の体つきは，タンパク質摂取の不足した個人のイメージからはほど遠い（写真 12.4）.

12.4.2 低タンパク質適応のメカニズム

パプアニューギニア高地人はタンパク質摂取量が少ないにもかかわらずタンパク質欠乏症状を示さないという現象は，「低タンパク質適応」と呼ばれ，これまでさまざまな研究が行われている．不可避窒素損失量（無タンパク質食を与えたときに体から排出される窒素量）を測定した研究では，パプアニューギニア高地人の値は比較対象となった日本人，アメリカ人，インド人よりも低いという結果が報告された（Koishi 1990）．栄養学の教科書によれば，多量のタンパク質を摂取すると，過剰分のタンパク質はエネルギーに変換され体外に排出される．しかしながら，パプアニューギニア高地人に多量のタンパク質を摂取してもらう実験では，比較対象になった日本人に比べて，体内にため込むタンパク質の量がはるかに多いことが報告された（Koishi 1990）．これらの実験結果が示すことは，パプアニューギニア高地人は，大量にタンパク質を摂取する機会があればそのタンパク質を体内にため込み，一度ため込んだタンパク質をなるべく体外に出さないような体質を有するということである．さらに，窒素出納（体に入る窒素量と体から出る窒素量の比較）を検討した研究では，タンパク質摂取量の少ない個人ほど窒素出納が負に傾くという報告がなされた（Oomen 1970）．この結果が本当であれば，平常状態において，体内に取り込まれるより多くの窒素が体外に排出されていることを示唆している．経口的に投与された尿素（ヒトは尿素を分解する酵素をもっていない）をパプアニューギニア高地人はより効率的に体内のアミノ酸プールに取り込むという報告もある（Miyoshi *et al.* 1986）．

これらの結果の解釈として，パプアニューギニア高地人がタンパク質栄養にかかわる特異な小進化をとげた可能性，およびパプアニューギニア高地人の腸内細菌叢が低タンパク質適応の中心的な役割を担っている可能性が考えられる．パプアニューギニア高地人は5万年ほど前にサフル大陸（海水面が低く，現在のオーストラリア大陸とニューギニア島が地続きになっていた場所）に移住したホモ・サピエンスの子孫であるといわれている．オーストラリア大陸の先住民は近年まで狩猟採集民として暮らし，またニューギニア島にもサゴヤシのでん粉採集と狩猟採集によって大部分の食物エネルギーをまかなう半狩猟採集民の集団が多く見られた（Roscoe 2002）．パプアニューギニア高地人も，サツマイモが導入される前は，狩猟採集によって相当量のタンパク質を摂取していたと推測される．低タンパク質適応が成立したのは，おそらく，サツマイモが導入され，その栽培システムが集約化した過去300年のことである．このような短い時間で，タンパク質栄養にかかわる小進化が起こったとは考えにくいのではないか．

一方，腸内細菌は私たちの体の外側に存在しているため（私たちの体はちくわのような構造であり，ちくわの真ん中にある穴が消化管に相当すると考えるとわかりやすい），体の内側にあるゲノムに比較すれば，相対的に変化しやすいものである．そこで，パプアニューギニア高地人の摂取するタンパク質の量が次第に減少するなかで，それを補うような機能をもつ細菌が優占するようになったという仮説を考えてみたい．腸内細菌のさまざまな栄養機能が明らかになったのは近年のことである．ヒトの消化管には1 kg以上の重さの細菌が生息すると推定されている．腸内細菌の餌は，人間が消化・吸収しなかった食物の残渣と人間が消化管に排出した物質，および他の細菌がつくりだした物質である．私たちが消化・吸収できなかった物質は，細菌によって新しい物質へとつくり替えられ，

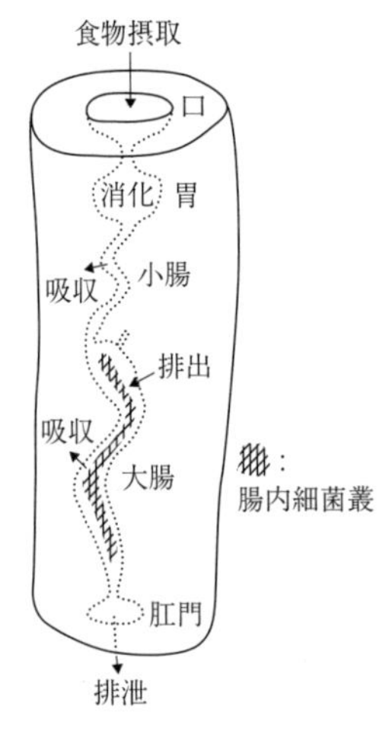

図 12.1　ちくわの中で糞便ができるまで.

その一部は再び腸管から体内に吸収される（たとえば，ヒトが消化する能力をもたない食物繊維は，腸内細菌によって短鎖脂肪酸にかえられ，それが私たちの体内に吸収されることで，エネルギー源となるだけではなく免疫系にも影響を及ぼしている）．正確にいえば，私たちの糞便とは，私たちが消化・吸収できなかった食物の残渣と私たちが消化管に排泄した物質のうち腸内細菌が利用しなかったものと，腸内細菌が生成した物質のうち私たちが腸管から吸収しなかったもの，そして細菌の死骸のあわさったものである（図 12.1）．どのような細菌が消化管に存在するかによって，私たちが消化管から吸収する物質および糞便に含まれる物質の種類と量は大きく異なるであろう．

ではどのような機能を有する細菌が消化管に存在すれば低タンパク質適応を説明できるだろうか．タンパク質摂取量の少ないパプアニューギニア高地人の窒素出納が負であるという報告は，食べ物以外にタンパク質源が存在する可能性を示唆している．タンパク質以外の窒素化合物は毒性の高いもの（たとえば，アンモニア，亜硝酸化合物）もしくは人間が消化・吸収できないもの（たとえば，気体の窒素，尿素）であり，通常は，それらを摂取しても，そこから有機性窒素（タンパク質，アミノ酸）がつくられることはない．

ところが，腸内細菌の中には，このような有機性窒素以外の物質を餌として，有機性窒素を生成するものが知られている．よく知られているのは，ウレアーゼを産生する尿素分解菌であり，この菌は尿素からアンモニアを生成することができる．ほかにも，窒素をアンモニアに変換する細菌（窒素固定菌と呼ばれる），アンモニアを L-グルタミン酸（アミノ酸の一種）に変換する細菌などが存在する．これらの細菌が腸管に存在し，そこに窒素および尿素が存在すれば，細菌の力によりアンモニア，さらにはアミノ酸が生成され，腸管からホストに吸収されることで体タンパク質（体を構成するタンパク質）の材料になるというシナリオも想定されうる．

尿素は肝臓でつくられ，尿の成分として排出されるほか，腸管にも排泄される物質である．上述のように，経口投与した尿素が体タンパク質合成に使われたという証拠は，腸管に排出された尿素が細菌の力によって最終的にはアミノ酸に変換され，もう一度，体タンパク質の材料となったことを示唆している．このような尿素の再利用メカニズムの存在そのものは以前より知られていたが，問題はそれがパプアニューギニア高地人のタンパク質栄養に有意な寄与をしていたかどうかである．私たちのグループは，尿素再利用の程度を反映する指標（窒素同位体の濃縮係数）が，動物性タンパク質摂取量の指標が小さい個人ほど大きいことを報告した（Naito *et al.* 2015）．これは，腸内細菌による尿素の再利用が，低タンパク質適応のメカニズムを部分的に説明することを示唆している．また，パプアニューギニア高地人の糞便からは，さまざまな窒素固定菌が見つかり，そのいくつかは窒素固定にかかわる遺伝子（*nifH*）が発現していることも確認されている（Igai *et al.* 2016）．不思議なことに，パプアニューギニア高地人はタンパク質摂取量の少ない個人ほど糞便に高濃度のアミノ酸が含まれている（Tomitsuka *et al.* 2017）．糞便から検出される細菌は半分近くが新種（未同定種）であり，属レベルで同定されていない菌も多い．低タンパク質適応メカニズムの全貌は未解明であるといえる（写真 12.5）．

写真 12.5 低タンパク質適応のメカニズムを調べるための調査の様子．

12.5 ホモ・サピエンスの栄養適応と腸内細菌

パプアニューギニア高地人の事例が示唆することは，ホモ・サピエンスが地球上のそれぞれの環境での生存を可能にする適応システムを成立させるプロセスで，その消化管には栄養学的な問題を緩和するような細菌叢が形成されてきたのではないかということである．前に説明した通り，アフリカを出たホモ・サピエンスは自分が進化したのとは異なる生態系で生存するにあたり，特定の

写真 12. 6　自然を優先する社会では、村落内でさまざまな家畜／家禽が飼育されていることが多い（ラオス・ナモー，2020 年，撮影：木部未帆子）.

栄養素が不足する，あるいは消化できない物質を過剰に摂取してしまうような食生活を選択せざるをえない状況に直面したであろう．下ごしらえ，加熱，貯蔵などの技術によって問題に対処したのは間違いないが，それに加えて消化管内の細菌生態系が一定の役割を果たしたとしても不思議ではない．

細菌の側からみれば，消化管は，そこに存在するだけで生存のための餌が自動的に提供される環境である．たくさんの細菌が消化管に定着することを試み，細菌種同士の絶え間ない競争を経て，細菌生態系が形成されていく．たとえば，パプアニューギニア高地人のように，サツマイモの摂取量が多く，タンパク質の摂取量の少ない個人の消化管には，大量の食物繊維が届く一方で，タンパク質，ペプチド，アミノ酸などはほとんど届かないと考えられる．タンパク質源として使える可能性があるのは，窒素とヒトが腸管に排泄する尿素くらいのものであり，そこには窒素や尿素を餌にして生きる細菌のためのニッチが存在しただろう．また，タンパク質欠乏によって人間側の適応度が下がるなかで，尿素の再利用および窒素固定によりタンパク質源を提供できる細菌はホストの適応度を上げることで，みずからの適応度を上げることができたのだと思う．それぞれの地域の食生活は固有の腸内細菌叢と不可分の関係のもとで存在していたのではないか．

ヒトの腸内細菌叢は，母親との接触に始まり，食事，成長過程での他者との接触を通じて形成される．地域生態系にはヒトの消化管，野生・飼養動物の消化管，植物の表面，水や土壌など，あらゆるところに細菌が存在している（写真 12. 6）．ホモ・サピエンスの消化管には，その栄養学的なニッチに応じて地域生態系の中の細菌が選択的に定着するとすれば，地域生態系の中に多様な細菌叢が維持されていることは，ヒトの腸内細菌の可塑性を担保する前提条件であるということができる．ところが，産業革命以降のいわゆる衛生行動によって，動物は人間の生活空間から隔離され，手洗い，消毒，抗生物質・抗菌剤の利用によって，私たちの身の回りの細菌生態系の多様性は極端に低下した．本章で説明してきたように，ホモ・サピエンスが地球上のあらゆる環境に適応する際に腸内細菌が重要な役割を果たしたとするならば，ヒトがそれを知らずに細菌を排除するための衛生行動を規範としてきたことは皮肉なことである．

さらに勉強したい読者へ

大塚柳太郎，河辺俊雄，高坂宏一，渡辺知保，阿部卓（2012）『人類生態学（第2版）』東京大学出版会．

渡辺知保，梅崎昌裕，中澤港，大塚柳太郎，関山牧子，吉永淳，門司和彦（2011）『人間の生態学』朝倉書店．

コラム　人口からみるヒト

大塚柳太郎

K戦略者かｒ戦略者か

ヒトの人口は動物の個体群に相当し，その成員数は出生と死亡によって変化する．動物の出生・死亡パタンを繁殖戦略からみると，変動する環境に合わせ好条件のときに出生率を高めることで個体数を維持するｒ戦略と，環境依存性が低く出生率も死亡率も低く抑え個体数を安定的に維持するＫ戦略が両端に位置し，ヒトを含む霊長類は典型的なＫ戦略者とみなされている．

人口人類学者のモニ・ナグが，避妊や中絶を行わない現生狩猟採集民や農耕民など45の自然出生力集団を対象に，女性の完結出生児数（概念的には，「女性の一生における出生数」を指す合計出生率に相当する）を分析した結果，1）集団内の個人差が大きく，10を超える女性を含む集団も多く，2）狩猟採集民（N=9）の平均値は7を超え，3）平均値が10.4と最高だったハテライトは北アメリカに居住する農業集団で，宗教的な理由から20世紀前半まで避妊を受容しなかったなど，ヒトの出生力は潜在的に高いことが示された（Nag 1961）．

ヒトに比べると，チンパンジーの完結出生児数は少なく6を超えることはほとんどない．ヒトの完結出生児数が多いのは，出産間隔がチンパンジーの5-6年に対し約4年と短いことに関連しており，その主な原因は，ヒトが赤ん坊に離乳食を与えるので母親の授乳期間が短くなり，ホルモン作用で妊娠しにくい期間が短縮するためと考えられる．このように，ヒトは相対的にｒ戦略者的で，栄養・健康状態がよければ高い出生率を発揮するといえよう．

環境収容力の押し上げと生息地の拡大

どの動物種も，生息する環境中に生存できる個体数は入手可能な食物量などの環境収容力の制約を受ける．ところが，ヒトは環境収容力を文化的・技術的な手段で押し上げてきた．野生植物のアルカロイド毒を水さらしして無毒化し食用にする，あるいは狩猟具を改良し大型野生動物を捕獲するなど，多くのことがあげられよう．一方，ヒトは1万2千年前ころまでに地球のほぼ全域への移住・拡散に成功した（3. 6節参照）．環境収容力の押し上げと生息地の拡大に呼応するように，ヒトはｒ戦略者的な特性を活かして人口増加を続けてきた．

人口考古学者のフェクリ・ハッサンが，ヒトが野生動植物だけを食物にしていた1万2千年ほど前の地球全域の環境収容力を，規定要因が野生動物のバイオマスと仮定して分析し860万人と推定した結果などを踏まえると，当時の世界人口は500万-700万人だった可能性が高い（Hassan 1981；大塚2015）．

農耕と家畜飼育の開始は，ヒトが自然生態系の一員の地位から離脱することを意味し，その後の環境収容力は農業生産性などに依拠するようになった．森林伐採，農地の拡大，都市化，工業化などが進む中で，世界人口は，飢饉，感染症，戦争などによる一時的な減少はあったとしても，基調として増加を続け1750年には約7億2000万人に達したと推定されている．

変容する生と死

死亡率と出生率が著しく変化したのは，先進国で18世紀後半に，途上国では19世紀あるいは20世紀に始まった人口転換で，①死亡率も出生率も高い「多産多死」から，②死亡率だけ低下する「多産少死」（人口急増期にあたる）を経て，③出生率も低下する「少産少死」へと移行した．人口転換は先進国では20世紀に，アフリカを除く途上国でも21世紀中に，ほぼ終了すると予測されているが，世界人口は21世紀後半に100億人を超えそうである．

人口転換期に死亡率と出生率を低下させた主な要因は，初期のヨーロッパでは，食物の生産・供給の安定化と晩婚化・非婚化・禁欲であったが，その後は先進国でも途上国でも，死亡率には医療・保健サービスの向上，出生率には近代的な避妊法の普及であった．今後の出生と死亡を含む人口の動向は，進展が著しい医学・生命科学の影響が一層強まること，先進国の出生率が人口置換水準以下に低下する傾向にあることなどから，新たな段階に入るであろう．

引用文献

大塚柳太郎（2015）『ヒトはこうして増えてきた――20万年の人口変遷史』新潮選書．
Nag, M. (1961), *Factors Affecting Human Fertility in Nonindustrial Societies*, Department of Anthropology, Yale University, New Haven.
Hassan, F.A. (1981), *Demographic Archaeology*, Academic Press, New York.

IV

文化と人間

文理の境界領域

第 13 章　言語の起源と進化

——その特殊性と進化の背景

井原泰雄

13.1　動物のことば

言語はヒト（*Homo sapiens*）に固有の形質だと考えられている．ヒトは言語をもつことにより，動物の中できわめて独特な存在になったといえるだろう．幼児期に言語（母語）を難なく獲得し使いこなすヒトの能力は，ヒトとチンパンジーの祖先が分岐してから現在までの数百万年の間に，ヒトの系統で派生したものである．ヒト以外の動物にも音声や身振りなどを使ってコミュニケーションをするものがいるから，これを動物のことばと呼んでもよいかもしれない．実際，いくつかの例では，科学者によって動物のことばが読み解かれている．しかし，ヒトの言語は，これらの動物のことばといくつかの重要な点で異なっている．

ミツバチは，ダンスと名づけられた行動により，餌場などの目的地の位置に関する情報を他個体に伝達する．ミツバチのダンスを構成するのは，8 の字の軌道を描く歩行と，軌道の中心軸をなす直線部で体を震わせる動作である．中心軸の向きは目的地の方角を示しており，体を震わせる時間の長さは目的地までの距離を表現している．ダンスを見た周囲の個体は，これらの情報を受け取って，それぞれが目的地に到達できるようになるのだ．個体間の情報伝達という側面に注目すれば，ミツバチとヒトのコミュニケーションの間に共通点を見いだすことができるだろう．しかし，もちろん両者の間にはさまざまな違いがある．まず，ミツバチのダンスは生得的行動であり，学習により後天的に獲得されるヒトの言語とは対照的である．また，ミツバチのコミュニケーションは，ダンスの軌道の向き（信号）が目的地の方角（情報）を表象するなど，情報の媒体である信号と伝達される情報との間の本来的な類似を利用しているということができる．これに対して，言語によるコミュニケーションには必ずしもこのような類似が介在しない．たとえば，「タイヨウ」という音声とそれが指し示す天体とは，いかなる意味においても似ていない．

アフリカに生息するベルベットモンキーは，捕食者を見つけた個体が警戒声を発し，それを聞いた周囲の個体は警戒の態勢をとる．注目すべき点は，彼らが捕食者の種類に応じていくつかの異なる警戒声を使い分けていることだ．地上にいる個体であれば，ヒョウに対する警戒声を聞けば木の上に逃げ込むし，ワシに対する警戒声では空を見上げ，ヘビに対する警戒声では地面に注意を向ける（Seyfarth, Cheney and Marler 1980）．警戒声は，それぞれの捕食者が発する音声を模しているわけではなく，信号と指し示す対象との間に本来的な類似は存在しない．また，捕食者の種類と警戒声との対応づけは生得的なものではなく，適切な使い分けを身につけるには学習の過程を経なければならない．このように，ベルベットモンキーの警戒声には，ヒトの言語における単語に似たところがあるようだ．ただし，ベルベットモンキーは，警戒声を組み合わせて新しい意味をもつ信号をつくるようなことはしない．一方，ヒトの言語については，有限の単語を組み合わせて無限の文をつくり出せることが，大きな特徴としてあげられている．

スズメ亜目の鳥類には，複雑なさえずりをするものがいる．さえずりとは，なわばりの主張や求愛の際に雄が歌う歌であり，地鳴きと呼ばれるそれ以外の鳴き声と区別される．たとえば，ジュウシマツのさえずりは，異なる音要素の配列からできている（Okanoya 2004）．ジュウシマツは，数個の音要素を組み合わせて1つのまとまりをつくり，それを繰り返したり，並べ替えたりしながら歌を歌う．繰り返しや並べ替えのしかたには規則性が知られており，さえずりにはある種の構造を見ることができる．音要素のまとまりとそれを組み合わせる規則は，それぞれヒトの言語における単語と文法に似ている．さらに，さえずりに必要な発声学習の過程と，幼児による言語獲得の過程との間にも種々の類似点があることが指摘されている．もっとも，そもそも鳥のさえずりには特定の対象を指し示す機能がないので，この点ではヒトの言語と大きく異なっている．

13. 2　言語の特殊性

このように，言語によるヒトのコミュニケーションと，他の動物の非言語的コミュニケーションとの間には，さまざまな違いがある一方で，共通する部分もある．このことから，言語能力はまったく新しい形質として突如ヒトの系統に出現したのではなく，ヒトとチンパンジーの共通祖先がすでにもっていた形質の一部が，少しずつ変化することにより派生してきたのだと考えることができる．また，言語能力は単一の形質というよりも，複数の下位機能からなる複合的な形質と考えるべきであり，それぞれの下位機能が言語とは異なる個別の文脈で生存や繁殖に寄与してきた可能性を考慮に入れる必要がある．

13. 2. 1　入れ子構造

生物学者のマーク・ハウザーとテカムセ・フィッチ，そして言語学者のノーム・チョムスキーの3人は，ヒトの言語能力を，広義の言語能力とその部分である狭義の言語能力に分けて議論することを提案した（Hauser, Chomsky and Fitch 2002）．広義の言語能力には，文法的な演算を担う狭義の言語能力に加え，これと相互作用してコミュニケーションにかかわる仕組み（感覚・運動系），および思考に寄与する仕組み（概念・意図系）が含まれる．広義の言語能力のさまざまな側面がヒト以外の動物と共有されているのに対して，狭義の言語能力はヒトに固有の形質だとされる．

さらに，ハウザーらの提案に従えば，狭義の言語能力とは，すなわち入れ子構造をつくる操作（「再帰」と呼ばれている）を可能にする認知能力のことであるという．たとえば日本語でも，「一郎が失敗した」という文を入れ子式に他の文に埋め込むことにより，「一郎が失敗したことを二郎が喜んでいることを三郎は知っている」のような構造をもつ文をつくることができる．この操作によりヒトの言語では，有限の要素から潜在的には無限の表現を生成することができる．ヒト以外の動物では，このような能力は知られていない．

なお，入れ子構造をつくる認知能力のはたらきは，併合（Merge）と呼ばれる基本的な操作に帰せられる（Fujita 2009）．併合とは，2つの項目からそれらを要素とする集合をつくる操作である．たとえば，項目αとβからこれらを要素とする集合$\{\alpha, \beta\}$をつくる操作は，$\mathrm{Merge}(\alpha, \beta)=\{\alpha, \beta\}$のように表記される．さらに，併合の産物に対してもう一度併合を行うと，$\mathrm{Merge}(\{\alpha, \beta\}, \gamma)=\{\{\alpha, \beta\}, \gamma\}$となり，その産物である集合$\{\{\alpha, \beta\}, \gamma\}$は，集合$\{\alpha, \beta\}$を要素に含む入れ子構造をもつことになる．

13.2.2 協力的コミュニケーション

ヒトの言語における文法の重要性は疑いようがないが，言語的コミュニケーションでは，伝えようとする内容のすべてを記号化して言語表現に含ませるわけではない．「あれはどうなった」のような不完全な表現でもコミュニケーションが成立するのは，話者の間で共有される注意や知識について相互の了解があるからだ．

心理学者のマイケル・トマセロは，ヒトのコミュニケーションの特殊性を，指さしやパントマイムのような身振りによるコミュニケーションのうちに見てとれると論じている（Tomasello 2008）．指さしは，行為者が，観察者の注意をその時その場所にある特定の何かに向けさせようとする行為だといえる．しかし，ヒトの指さしによるコミュニケーションにおいて，観察者は単に指さされる対象に注意を向けるだけではない．観察者は同時に，行為者が観察者に何を期待してその対象に注意を向けさせようとしているのかを推測しており，行為者の方でもまた，観察者がそのような推測をはたらかせるだろうことを理解したうえで，指さしをしている．例としてトマセロは，バーテンダーの視線を捉えた客が，空になったグラスを指さすことにより飲み物のおかわりを要求するという場面をあげている．

一方，パントマイムは，動作による模倣を使って，必ずしもその時その場所にはない何かに相手の想像を向けさせる．この場合にも，観察者は単に模倣されている対象を想像するだけではなく，行為者の期待を推測し，行為者もそれを前提としてパントマイムを行うという構図を認めることができる．パントマイムの例としてあげられているのは，空港の保安検査官が手で円を描く動きをしてみせ，これを見た乗客が後ろを向いて，背中に金属探知機をあてさせるという場面である.

言語的・非言語的コミュニケーションを通じて見られるこのような特徴から,ヒトのコミュニケーションは当事者間の協力によって成り立っているということができるだろう.トマセロによれば,協力的コミュニケーションを支えているのは,ヒトに固有の認知的技術と社会的動機である.ここでいう認知的技術とは,互いの心を読み合うことにより「私たち」としての共通基盤を確立する能力であり(「共同志向性」という),社会的動機とは,他者を助け,また物事に対する感じ方を他者と共有したいと感じる傾向を意味している.

13.3 言語進化の背景

以上のように,入れ子構造をつくる能力や協力的コミュニケーションの能力は,ヒトの言語の基盤になっているようだ.それでは,これらの能力は,いつ,どのようにしてヒトの系統で出現したのだろうか.また,もう1つの重要な疑問は,これらの能力がなぜチンパンジーを含む他の動物では出現しなかったのかということである.これらは答えるのがたいへん難しい,しかし避けて通るにはあまりにも興味深い問題である.現在のところ,化石や考古遺物の証拠に基づいて,絶滅した人類のコミュニケーションや思考を復元するさまざまな試みがなされている.以下で紹介する仮説の多くも検証の途上にあり,今後の研究により否定されたり,大幅に書き換えられたりすることもありうる.

13.3.1 肉食のための協調

チンパンジーやボノボは基本的には果実食者だが,小型哺乳類などを捕獲してその肉を食べることも珍しくない(1.4節参照).初期の猿人にも同様の肉食行動があったと考えても差し支えないだろう.ヒトとチンパンジーの共通祖先は,主に森林や疎開林に生息していたと考えられるが,猿人は次第に,より開けた環境を利用するようになった.おそらくこの変化にともない,猿人は徐々に肉食への依存を強めていったと思われる.人類による肉食の証拠としては,石器による解体痕が残された大型哺乳類の骨が,古くは260万年前の遺跡から見つかっている(Domínguez-Rodrigo *et al.* 2005)(3.2節参照).当時の人類がどのようにして肉を手に入れていたのかについては議論がある．狩猟により肉を獲得していたことも考えられるが，初期ホモ属（3.2節参照）の石器技術の水準などから考えて，大型獣の捕獲はかなり困難だったのではないかともいわれている．当時の人類は，むしろ自然死した動物や肉食動物に殺された動物の肉を食べる屍肉食者だったと考えるべきかもしれない（1.4節参照）．

言語学者のデレク・ビッカートンは，非言語的なコミュニケーションからヒトの言語へと至る一連の変化の第一歩が，初期ホモ属の屍肉食を背景に起こったとする仮説を提唱した（Bickerton 2009）．サバンナに進出した初期ホモ属は，もし屍肉食をしていたとすれば，大型肉食獣との競合を避けられなかったはずだ．当時の人類は，ライオンの牙や爪に匹敵するような強力な武器をもたなかった．競合に勝つために彼らにできたことといえば，動物の死骸を発見するや否や，できる限り大勢の仲間を現場に急行させ，あわよくば数に頼って肉食獣を追い払うか，あるいは肉の一部を掠め取ることぐらいだっただろう．競合する肉食獣との直接的な対峙をともなう屍肉食のことを，対峙的屍肉食と呼んでいる．もし対峙的屍肉食の成否が当時の人類の生存を左右する重要な要因だったとすれば，初期ホモ属において，個体間で効率的に協調する能力を有利にする自然選択が，他の霊長類では例がないほどの強さで作用したことも考えられる．

効率的な協調にはコミュニケーションの手段が必要である．とくに対峙的屍肉食では，ある時ある場所で動物の死骸を見つけた個体は，競合相手がそれを食べ尽くす前に，その情報を少しでも多くの仲間に伝達する必要があっただろう．このことからビッカートンは，対峙的屍肉食により，情報伝達のための信号の進化が促進されたはずだと主張した（Bickerton 2009）．彼はさらに具体的に，その時その場所にはない対象に関する情報を伝える手段として，発声や動作による模倣を使った信号が使われるようになったのではないかと述べている．この推論が正しいとすれば，人類の前言語的コミュニケーションは，機能と形式においてミツバチのダンスに近いものだったということもできるだろう．

前出のトマセロも，ヒトの協力的コミュニケーションを可能にしている認知的技術と社会的動機の起源を，狩猟や対峙的屍肉食を背景とした個体間の相互依存性，すなわち協調の必要性に求めている（Tomasello *et al.* 2012）．多数の個体による狩猟は人類に固有の行動ではなく，チンパンジーでもしばしば観察されている（1. 4 節参照）．しかし，現代の狩猟採集民で知られている協調的な狩猟とは異なり，チンパンジーは「私たち」として目標を共有することなく，むしろ各々の目標達成を目指して並行して狩りをしていると解釈する研究者も多い．この違いはいわば，友人どうしが共通の目的地である駅に向かって一緒に歩くことと，駅に向かう見知らぬ人どうしの歩調がたまたま合ってしまうこととの違いである．また，狩猟採集民が仕留めた獲物を積極的に分配するのに対して，獲物を捕らえたチンパンジーは周囲の個体による執拗な物乞いや嫌がらせから，不承不承に肉の分配を許しているように見える．実際，実験室で行われる協調課題においても，チンパンジーはヒトの幼児が見せるような協力的コミュニケーションを行わないようだ．

13. 3. 2　石器製作における教示

言語能力と並んで，石器製作の能力もまたヒトを特徴づける形質である．野生の類人猿で意図的に石器をつくるものはいないが，飼育下では，ある程度まで石器製作の技術を習得した事例がある．考古学者のニコラス・トスとキャシー・シックは，飼育下のボノボに石器製作の教示を行っている（図 13. 1）．対象となったボノボは，幼い頃からシンボルを使ってヒトとコミュニケーションする訓練を受けた，カンジという名前の個体である．結果としてカンジは，自発的に石を他の石で打ち割り，得られた剥片を刃物として使って報酬を得ることを学習した．したがって，ボノボに石器を製作・使用する潜在的な能力があることは明らかだ．カンジの石叩きによる産物は，一見したところ，260 万年前以降の人類がつくっていたオルドヴァイ型石器（図 3. 4 参照）とよく似ている．しかし，トスとシックによれば，長年にわたり実験を継続しているにもかかわらず，カンジの石器製作技術はオルドヴァイ型石器製作者ほどには熟達していないという．これらの知見は，オルドヴァイ型石器製作者と現生類人猿の道具製作，道具使用の潜在的能力には一定の連続性があるということ，また一方で，オルドヴァイ型石器製作者は，すでにヒトに特異的な行動の一部を獲得していたことを示唆している．

人類の石器製作技術は，模倣や教示などの社会学習を通じて，個体から個体へと受け継がれてきたものと思われる．このことから，特定の石器製作技術について，それを個体間で伝達するために必要な社会学習の種類や水準がわかれば，当時の人類がもっていたはずの最小限の社会学習能力を推定できるかもしれない．大沼克彦らによる先駆的な研究では，ネアンデルタール人の石器製作を特徴づけるルヴァロア技法の教示実験が行われた（Ohnuma, Aoki and Akazawa 1997）．実験参加者は2つのグループに分けられ，一方は言語や身振りにより石器製作の教示を受け，他方は言語を用いずに身振りのみによる教示を受けた．もしルヴァロア技法が，言語を使わないと伝達できないのだとすれば，ネアンデルタール人が言語を使っていたという仮説に信憑性が出てくる．しかし，実験の結果は，グループ間で石器製作技術の伝達効率に差がないことを示唆するものであった．つまり，ネアンデルタール人が言語を使って石器製作技術を伝達していたことを示す証拠は得られなかった．

図 13. 1 石器を製作するボノボ（Toth and Schick 2009）．

同じ流れを汲むより新しい研究では，5種類の異なる学習条件の下で，実験参加者どうしがオルドヴァイ型石器製作技術の伝達を行った（Morgan *et al.* 2015）．実験では，5人または10人の参加者グループのそれぞれについて，まずは1人目の参加者がオルドヴァイ型石器製作の経験者から石器製作技術を学習した．次に，この参加者が2人目の参加者に技術を伝達し，2人目が3人目に伝達するなど，以下同様にこれを繰り返した．5種類の学習条件は次の通りである．（1）製作された石器を観察，（2）石器製作の過程を観察，（3）身振りや言語を使わない教示（石の握り方を手で示す，動きを遅くする，観察者から見やすい角度を保つなど），（4）身振りを使った教示，（5）身振りと言語を使った教示．条件間で技術の伝達効率の指標を比較した結果，製作された石器を観察するだけの場合と比べて，身振りを使った教示，あるいは身振りと言語を使った教示が行われた場合に，一貫して伝達効率が上昇した．これに対して，石器製作の過程を観察するだけでは，製作された石器を観察するだけの場合と比べて，効率が上昇することはなかった．以上の結果から，オルドヴァイ型石器製作技術の伝達は，言語的・非言語的教示により促進されるが，模倣などの観察学習だけで大きく効率化されることはないことが示された．

教示には他者の心を読む能力が要求される．教える側は，相手が何を知っていて何を知らないのかをわかっている必要があり，教えられる側も，相手が発話や身振りにより何を伝えようとしているのかを正しく推測しなければならない．また双方ともに，相手の注意がどこに向けられているか，自分の注意がどこに向けられているかを相手がわかっているかなどを知っている必要がある．最近のある研究では，オルドヴァイ型石器と，約70万年前以降につくられた後期アシュール型の握斧（ハンドアックス）（図3.4参照）について，製作の基盤となる認知能力を比較している（Gärdenfors and Högberg 2017）．この研究では，教示行動を，心を読む能力をどれだけ要求するかに応じて，5段階に分類している．そのうえで，オルドヴァイ型石器製作の学習には実演をともなう教示が，後期アシュール型の握斧の製作を学習するには発声や身振りによる概念の伝達をともなう教示が必要だったと結論している．

13.3.3　道具の中の入れ子構造

発達心理学の分野では，幼児における道具使用の発達と言語獲得の過程のあいだに関連性が見いだされている．パトリシア・グリーンフィールドらが行った実験では，生後11カ月から36カ月の幼児に，入れ子式に組み合わせて1つにまとめることができる5つの大きさの異なるカップを与え，彼らがカップを組み合わせるやり方を分析した（図13.2，Greenfield, Nelson and Saltzman 1972）．カップの組み合わせ方には，質的に異なる3つの型があるとされた．たとえば，幼児が大きなカップに小さなカップを入れたとすると，それは「ペア型」の操作とみなされる．大きなカップに小さなカップを入れてから，そこにさらに小さなカップを入れたとすると，これは「ポット型」の操作と呼ばれる．また，大きなカップに小さなカップを入れてから，2つを合わせたものをさらに大きなカップに入れた場合は，「サブアセンブリ型」の操作である．

実験の結果から，これらの3つの型の使われ方が，幼児の月齢により変化することがわかった．生後11カ月頃の幼児は主にペア型の操作を行う．発達とともにポット型の割合が増加していくが，最後になって現れるのがサブアセンブリ型である．これと並行するように，幼児が母語として英語を獲得する過程は，1語の発話から始まって，やがて2語を組み合わせて1つのまとまりをつくるようになり，次の段階では，形容詞と名詞を組み合わせてつくった名詞句を動詞と組み合わせるなどして，入れ子構造をもつ文を用いるようになる．これらの観察から，グリーンフィールドらは，道具の操作と言語の使用が共通の認知基盤をもつ可能性にも言及している．

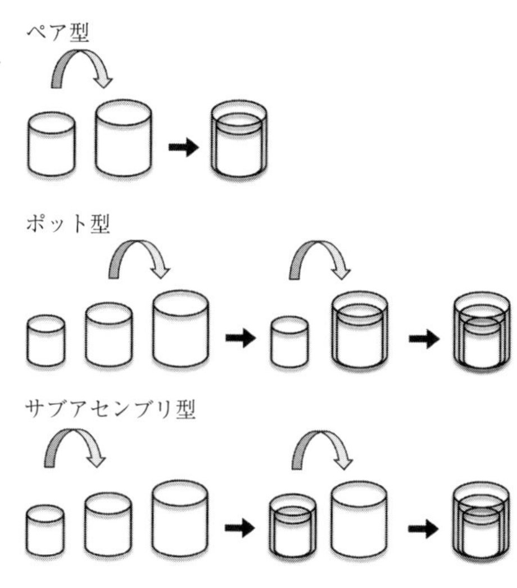

図13. 2 入れ子のカップの組み合わせ方．Greenfield, Nelson and Saltzman（1972）に基づき作成．

石器製作の工程は，同じ行為が何度も繰り返されたり，異なる行為が規則的に交替したりしながら進行する．このような行為の配列の中にも，ある種の入れ子構造を認めることができる．ディートリック・スタウトによれば，オルドヴァイ型石器製作の工程は，6層の入れ子構造をもつ行為の配列として記述できる（図13. 3，Stout 2011）．全体の目標であるオルドヴァイ型石器の製作を第1層とすると，構成要素である第2層には「原材料の調達」と「剝片の製作」が含まれる．原材料の調達はそれ自体が材料の「選択」と「吟味」により構成され，適切な材料が得られるまで何度も繰り返される．一方，剝片の製作では「剝片の剝離」が何度か繰り返されるが（第3層），個々の剝片の剝離には，剝離のための「標的の選択」と「打ち割り」が含まれる（第4層）．また，打ち割りは「石核（石器の素材となる石）の位置調整」「叩石（石核を叩くための石）の握り調整」「打撃」からなり（第5層），石核の位置調整と叩石の握り調整はどちらも「把握」と「回転」を含む（第6層）．スタウトは，同じ記述法をアシュール型石器製作の工程にも適用し，オルドヴァイ型から前期アシュール型を経て

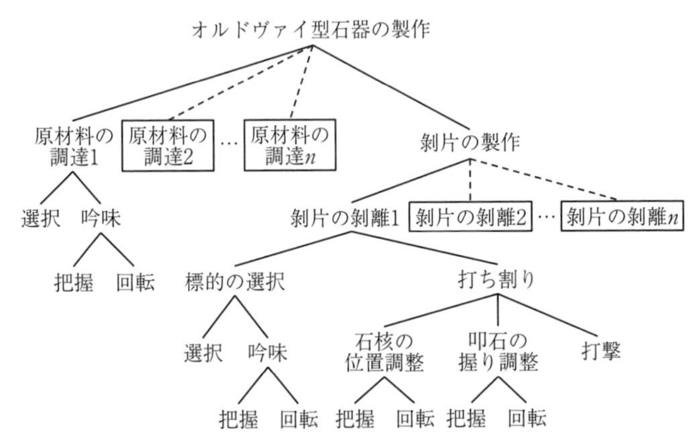

図 13.3 オルドヴァイ型石器の製作工程．Stout (2011) に基づき作成．

後期アシュール型へと時代が進むとともに，製作工程がもつ入れ子構造の階層が深くなると述べている．石器製作が当時の人類の生存や繁殖に大きく寄与したと仮定すれば，ヒトの言語の基盤となっている入れ子構造を理解する認知能力が，そもそもは石器製作を背景とした自然選択により進化したという可能性も考えられるだろう．

およそ 50 万年前以降の人類の遺跡からは，かつて槍の先端に取りつけられて使用されたと思われる石器が見つかることがある (Wilkins *et al.* 2012)．石器と木製の槍のそれぞれの製作工程に入れ子構造があるとすると，両者を組み合わせてつくる組み合わせ道具では，入れ子構造の階層がさらに深くなる．石器と槍はそれぞれ単独でも使用されており，接着剤を介してそれらを組み合わせる能力は，単語を組み合わせて文をつくる能力と共通の認知基盤をもつのではないかという指摘もある．また，組み合わせ道具の製作には機能単位を「足し合わせる」操作がともない，オルドヴァイ型石器やアシュール型石器の製作における「削り落とす」操作とは異なる認知基盤が関与していたのではないかともいわれている．

13.3.4 現代人的行動

幼児が母語を獲得する際には，周囲の話者の発話を聞き，それに基づいて母語の文法規則を自分自身で発見する必要がある．この難題を幼児はいとも簡単に，しかも比較的短い期間でやり遂げてしまう．推定すべき文法の複雑さを考えれば，一人の幼児が手掛かりとして利用できる発話の数はあまりにも少ない．このことから，幼児は文法をまったくの白紙から学習しているのではなく，文法の枠組みのようなものを何らかのかたちであらかじめ備えていることが考えられる．想定される生得的な枠組みのようなものを指して，普遍文法という言葉が使われている．この考え方に従えば，個々の言語間で見られる文法の違いは，普遍文法によって規定される一定の範囲内でのばらつきであり，母語獲得において幼児は主にこの部分の学習をしていることになる．

オルドヴァイ型石器以降の長きにわたり，人類はもっぱら肉を切ったり獲物を殺したりするための道具として石器をつくってきた．しかし，後期更新世になると，道具の材料が多様化するのと同時に，装飾品や芸術品と呼べるような人工物がつくられるようになる．南アフリカで発見された7万5千年前の貝殻のビーズは，「現代人的行動」の最初期の表出とされる人工物の代表例である（Henshilwood *et al.* 2004）．刃物や武器のような機能的な道具とは異なり，ビーズは当時の人類社会で何らかの象徴的な役割を担っていたのかもしれない．言い換えれば，当時の人類は特定の人工物に意味や価値を賦与し，それを社会の成員の間で共有していたのではないだろうか．貝殻のビーズの発見者であるクリストファー・ヘンシルウッドらは，このような行為には完全な統語性を備えた言語（文法規則をもつ言語）が必要だったはずだと述べている．ヨーロッパでは，現代人的行動の出現と時期を同じくして，ネアンデルタール人とヒトの交替が起こっている．言語をもたなかったネアンデルタール人が，ヒトとの競争に敗れ，絶滅したのではないかと考える研究者もいる（4.6節参照）．

ヒトの7番染色体に位置する*FOXP2*という遺伝子に特定の突然変異が生じると，言語や文法の能力が障害されることが知られている．*FOXP2*は進化的に高度に保存されており，ヒトとマウスの間のアミノ酸配列の違いはわずか3カ所である．ところが，この3回のアミノ酸置換のうち，2回はチンパンジーの祖先と分岐した後のヒトの系統で起こっている．つまり，*FOXP2*はヒトの系統でなぜか急速に進化したのである．このようなことから，*FOXP2*の進化が，ヒトの言語能力の起源と深くかかわるのではないかと考えられるようになった．2002 年の段階で，ヒトの系統で *FOXP2* にアミノ酸置換が起こった時期を 20 万年前以降とする推定が発表された（Enard *et al.* 2002）．この推定は，ネアンデルタール人とヒトが分岐した後で，ヒトの系統でアミノ酸置換が起こったことを意味しており，ネアンデルタール人が言語をもたなかったという仮説と整合的であった．しかし，2007 年にはネアンデルタール人の骨から DNA を抽出して *FOXP2* のアミノ酸配列を直接特定することに成功し，その結果，ネアンデルタール人の *FOXP2* は，ヒトと同じアミノ酸配列をもつことが明らかになった（Krause *et al.* 2007）．したがって，当初の推定とは異なり，ネアンデルタール人とヒトの共通祖先は，すでにヒト型の *FOXP2* をもっていたことになる．ヒトの *FOXP2* に自然選択が作用したというゲノム人類学的分析の結果についても議論があり（Fisher 2019），現時点でははっきりした結論が出ていない．

さらに勉強したい読者へ

藤田耕司，岡ノ谷一夫（編）（2012）『進化言語学の構築――新しい人間科学を目指して』ひつじ書房．

マイケル・トマセロ（2020）『道徳の自然誌』（中尾央訳）勁草書房．

第14章　考古学と自然人類学

——縄文時代・弥生時代の生業を考える

米田 穣

14.1　考古学と自然人類学

700万年前にまでさかのぼる人類の進化を研究する自然人類学は，われわれの歴史をもっとも長いレンジで扱う学問領域のひとつである．同じように長い歴史を扱う学問領域に考古学がある．考古学は歴史学の一分野で，道具や建物などの物資文化を研究対象とするので，最長で300万年前の石器から近現代の遺構までを対象とする．日本の大学では，考古学を含む歴史学は文学部に属するのに対し，自然人類学は生物学の一部として理学部に属することが多い．一方，北米では人類学部という総合的にヒトを研究する学部が設置されることが多く，生物学的な視点に基づく自然人類学，物質文化を研究する考古学に加えて，文化人類学，宗教学，言語学を主要な5分野として構成される．

考古学では，遺跡を発掘して得られる石器，骨角器，土器や金属器などの道具（遺物）と，住居や貯蔵庫，道路の跡など地面に残された構造物の跡（遺構）から，当時の生活や社会，文化を研究する．一方，自然人類学では，人骨の形からそこに暮らした人々の系譜（近隣集団との関係や歴史的な成立過程）や，当時の生活の習慣や病気，年齢・性別を含む集団構造を調べる．同じ人類集団に対して別の角度から研究することで，より実証的かつ総合的に過去のヒトの実態にせまることができる．世界でも，骨から抽出されたDNAによるゲノム研究や，言語学の遺伝的解析結果も加えて，現代人類集団の成り立ちを復元する総合的な考古学プロジェクトが盛んだ（ベルウッド 2008; アンソニー 2018）．人類史を文化史だけでなく，進化学的な視点で読み解くことはとても有効だが（ダイアモンド 2013)，日本の考古学では少数の例外をのぞき（たとえば西田 2007)，進化生物学や生態学の視点にたった考古学プロジェクトは少ない．

残念ながら更新世（旧石器時代や縄文時代草創期）の人骨は，日本列島では少数しか出土していないが，縄文時代人骨は貝塚や洞窟遺跡を中心に多数出土しているので，考古学と自然人類学の共同研究が活発だ．自然人類学のなかにも，過去の社会や生活に着目して研究をすすめる骨考古学（osteoarchaeology）や生物考古学（bioarchaeology）という分野が発展してきた．私自身は，古人骨を化学分析することによって生前の食生活を復元したり，年代を測定したりする骨化学（bone chemistry）の専門家として考古学者と共同研究をしている．本章では，日本列島における縄文時代から弥生時代を中心に，文化や社会のなかで生きる「人間」を研究する考古学と，環境に適応した種あるいは環境撹乱者としての「ヒト」を研究する自然人類学という異分野の融合で生まれる，新たな視点を紹介しよう．

14.2　日本先史時代の区分と境界の定義

文系と理系の学部に分かれることが多い，文字情報のない先史時代については考古学と自然人類学の協働が比較的多い．日本の先史時代は，約 4 万年前にヒトが日本列島に住みつくことで始まる旧石器時代，更新世の最終氷期最盛期に土器という新しい道具が使われはじめた縄文時代，水田稲作が生業の中心となる弥生時代から，中央権力との関係を示す前方後円墳が広く造営されるようになる古墳時代までを含む（表 14. 1)．旧石器時代と縄文時代の境界を示す最古の縄文土器は，青森県大平山元 I 遺跡で見つかっており，土器に付着した炭化物で約 1 万 6 千年前の放射性炭素年代が報告されている（中村・辻 1999)．興味深いことに，大平山元 I 遺跡からは少数の土器に加えて，御子柴・長者久保文化と呼ばれる旧石器時代の伝統に属する石器群が出土している（中村・辻 1999)．石器からみると旧石器時代の伝統が継続しているなかに，土器という新たな道具が加わったのだ．縄文土器を含む東アジアの土器は，2 万年前にまでさかのぼる世界最古の土器文化であり（Jordan and Zvelebil 2009)，この新たな道具が人類史ではたした役割を考えるうえでも，縄文時代はとても重要だ．

表 14.1 日本の先史時代

時代区分	開始年代	始まりの定義	主な生業
旧石器時代	40000 年前頃	石器（沖縄では人骨）	狩猟・採集・漁撈？
縄文時代	16000 年前頃	土器	狩猟・採集・漁撈，植物管理
弥生時代	2800 年前頃（紀元前 9-10 世紀）	本格的な食糧生産	水稲や雑穀の栽培，ブタ・ニワトリ飼育，狩猟・採集・漁撈
古墳時代	紀元後 3 世紀中頃	前方後円墳の造営	水稲・雑穀の栽培，ブタ・ニワトリ・ウマ・ウシの飼育，狩猟・採集・漁撈

縄文時代の始まりは土器で定義されるが，縄文時代と弥生時代の境界は水田稲作農耕という新しい生業で定義される（佐原 1975）．弥生時代は現在の東京大学弥生キャンパス近くで見つかった「弥生（式）土器」に由来する．九州北部では，弥生土器が出土する以前の層（すなわち縄文土器を包含する文化層）から水田跡が見つかり，土器型式による縄文時代晩期という区分が弥生時代早期という時代区分に変更された（佐原 1983）．弥生時代の開始年代は，弥生時代早期の土器付着炭化物の放射性炭素年代によって約 2800 年前とされている（春成・今村 2004）．この年代は，銅鏡や銅剣に刻まれた記銘から推定された年代よりも 500 年もさかのぼるので，考古学者のあいだでは大きな議論となったが，炭化米を直接測定した結果も同様の年代だったので（宮本 2018），大きな間違いはないだろう．いずれにせよ，この年代は長江流域で稲作が始まった約 1 万年前，朝鮮半島に伝播した約 5000 年前よりも数千年遅れての穀物栽培の導入を示す．

ヒトが食料を自ら生産する農業（agriculture）は，世界の十数カ所で完新世のはじめに独立して発生し，周辺環境にも社会にも大きな変化をもたらす人類史の画期とされる（Diamond 2002）．日本列島では，縄文時代中期から晩期にマメ類の栽培があった可能性が議論されているが（小畑 2016a），弥生時代の水田稲作農耕も含めて，生業が食料獲得から食料生産に変化した意義は，生物学の視点からはどのように理解できるだろうか？　日本史の枠組みで研究されてきた考古学では，栽培植物（作物）の出現は経済システムの大きな画期として注目されるが，本章では生物学からの再検討を試みる．

14.3 ヒトの生態学的特徴

ヒトはホモ・サピエンスという1つの種であるにもかかわらず，赤道直下の熱帯雨林から北極圏，砂漠や島嶼など多様な環境に分布している．これは他の生物種には見られないヒトの生態学的特徴だ．たとえば，ガラパゴス諸島で多様な環境や食物に適応したダーウィンフィンチと呼ばれる小鳥たちは，新たな環境（生態ニッチ）に適応する過程で別の種に分化した．ヒトのように，種分化することなくさまざまな環境に適応した生物はいない．このようなヒトの高い環境適応能を可能としたのが，「文化」とその結果の1つである多様な食生態だ．ここでは，ラルフ・リントンによる文化の定義「習得された行動と行動の諸結果との綜合体であり，その構成要素がある一つの社会のメンバーによって分有され伝達されているもの」を参照する（リントン 1952）．世代を超えて文化を蓄積することで，身体のハードウェアではなく，行動というソフトウェアを進化させ，ヒトは世界に拡散したのだ．

動物は主な食物の種類によって，植物中心の草食性，動物中心の肉食性，動物と植物の両者を利用する雑食性に大別される．このような食物の傾向を食性と呼び，大型類人猿は草食性の強い動物だが（1.1節参照），ヒトは例外的に雑食性が強く，「悪食のサル」とも呼ばれる（ワトソン 1980）．さらに動物の食性は，特定の資源に特化したスペシャリストと，多様な資源を利用するジェネラリストという区分もある．これを食性幅と呼ぶ．ヒトの食性は雑食性だが，その内容は海産物スペシャリストといえる北極圏の海獣狩猟民や，植物を中心にサバンナの多種の動植物を利用するカラハリ砂漠の狩猟採集民まで変化が大きく（田中 1971），食性の内容も幅も非常に変化にとんでいる．

ヒトはそれぞれの生息環境で，最大限の人口支持力を実現する食料資源の組み合わせを，世代を超えた試行錯誤の蓄積で実現したと考えられる．このように，ヒトの行動とくに獲物の選択は，生息環境にあわせて最適化しているという前提で，狩猟採集民を研究する分野に「人間行動生態学」がある（口蔵 2000; 米田 2018）．一方で，食生活には宗教的なタブーや伝統的な嗜好も反映すると考える，「食文化」という視点から食を考えることもできる（ハリス 2001 による批判を参照）．この視点では，エネルギーやタンパク質といった基準では説明できない食習慣も，文化的に大きな意味をもつこともある．生物としてのヒトと，文化をもつ人間という，われわれの多面性や重層性は食性にも現れているといえる．

14.4 食料獲得と食料生産の画期

天然の動植物を利用する食料獲得から，ヒトが食料資源の増産を期待して動植物に積極的にはたらきかける食料生産への移行は，人類史のなかで大きな画期の1つである（Diamond 2002; ダイアモンド 2013）．ヒトの影響下で野生種から遺伝的・形態的な変異を示す動物や植物を家畜あるいは栽培植物と呼び，それらが形成されるプロセスを家畜化・栽培化と呼ぶ．ただし栽培という用語は英語の cultivation の訳語として用いられ，野生種・栽培種にかかわらず植物の増産を意図して土地に改変を加えることを指す．したがって，「栽培化されていない野生植物を栽培する」という文が成り立ってしまう．混乱をさけるために，ここでは家畜化・栽培化を「ドメスティケーション」と呼ぶことにする（那須 2018）．日本列島では，動物や植物の1次的なドメスティケーションはなく，水稲をはじめとする栽培植物や家畜を他の文化とともに2次的に受容することで，縄文時代から弥生時代に移行したと考えられてきた．しかし，縄文時代から植物栽培があったのではないか，という議論が長年にわたり繰り返されている．

縄文時代の食生活は，遺跡から出土する動物骨や貝殻などの動物遺存体や，炭化種実や土器圧痕などの大型植物遺体と花粉や植物ケイ酸体，デンプン粒などの微細化石を調べる考古植物学に基づいて，食料として利用された動植物の詳細なリストがつくられてきた（工藤・国立歴史民俗博物館編 2014）．しかし，動植物遺存体が残存する堆積環境は限られる．有機物はバクテリアによって分解されるので，未炭化の植物組織は残存しない．例外的に，嫌気的な環境の低湿地では，木器などを含め植物組織が残存するので貴重な情報源となる（松井 2001）．一方，骨や貝殻など無機質からなる動物の硬組織は，バクテリアには分解されないが，酸性の土壌では溶解して残存しにくい．酸性土壌に覆われている日本列島で骨資料が出土する遺跡は，貝殻の炭酸カルシウムや木灰で堆積がアルカリ性になる貝塚や洞窟などに限られる．鳥浜貝塚のように低湿地の貝塚は，動物と植物を含めた食料の全体像をうかがいしれる貴重な情報源である（西田 1980）．しかし，そこで得られる情報も，人々によって食べ残された残渣である点には注意が必要だ．ヒトによって食べられて消化される食料は，遺物として残存しにくいものなのだ．

縄文時代にはイヌを除く家畜利用の証拠はなく，植物を栽培した遺構も発見されていない．縄文時代人は，基本的に食料資源の大部分を天然の動植物から得る「狩猟採集民」と考えられている（今村 2002）．日本の先史時代で耕作の証拠が確認できるのは，中国から朝鮮半島をへて水田稲作がもち込まれた弥生時代以降だ（田崎 2002）．動物考古学の研究からは，弥生時代には下顎骨や頸椎に形態的な変化が見られるブタがいたと指摘されている（西本 1997）．一般的な縄文時代の食料資源として，植物では堅果類，なかでもクリやトチが積極的に利用されたことが知られる（能城・佐々木 2014）．陸獣ではシカとイノシシが中心であり，海水，淡水をとわず魚介類も多く利用されている（西本編 2008）．これらの遺物から読み取れる縄文人の生活は，遺跡周辺の季節的な資源を組み合わせて利用するジェネラリストとしての性格が強く，生業の全体像は「縄文カレンダー」としてモデル化されている（小林 1977）．一方，弥生時代には，西日本ではイノシシ類（イノシシとブタの双方を含む名称）が多くなり，家畜利用の証拠とされているが，野生のシカや魚介類の利用も継続している．弥生時代の植物遺存体では，炭化米が多くなるが，堅果類や雑穀類の炭化種実も多くの遺跡で出土している（寺沢 2008）．ただし，弥生時代の水稲の寄与については意見が分かれており，弥生時代人が水稲のスペシャリストといえるか，現状では明言できない．

14.5　縄文農耕論

縄文時代の植物栽培に関する議論は「縄文農耕論」と呼ばれ，長野県・山梨県を中心とした中部高地に展開した縄文中期の大型集落（藤森 1970），あるいは縄文時代後晩期の九州北部での議論が学史上よく知られる（賀川 1966）．また，中国南部から西日本にかけて分布する「照葉樹林文化」のなかで，焼畑による雑穀農業が縄文時代後晩期に展開された可能性も議論された（佐々木 1991）．ただし「照葉樹林文化論」は，現代の民族学的な調査に基づいて，文化が一定のパターンをもって発展すると仮定しており，考古学的証拠には乏しい点には注意が必要だ．進化論をもとに文化を段階的に整理した「文化発展段階論」は日本考古学でしばしば用いられるが，生物学からみるとジャン・バティスト・ラマルクが提唱した定向進化と類似しており，近年では欧米の考古学や文化人類学では用いられない．

図 14. 1 東京都下野谷遺跡出土の縄文時代中期の土器破断面で見つかったダイズ属種子圧痕と，そのシリコンレプリカ（下野谷圧痕倶楽部提供）．

また近年では，土器に残された圧痕の研究から，縄文時代にマメ科植物（ダイズとアズキ）が栽培されていた可能性が注目を集めている（小畑 2016a；中山 2020）．具体的には，中部高地（長野県・山梨県）では縄文時代中期に現代の栽培種と同じくらい大きなマメ類が発見され（図 14. 1），マメ大型化を植物が栽培化されるときに見られる変化「栽培化徴候群（domestication syndrome）」と解釈して，縄文時代にマメ栽培があったと結論した．植物の栽培化徴候群は，遺跡から出土する植物遺存体では主に３つの形質の変化，①種子散布能力の退化・喪失，②種子の休眠性の喪失，③種子の大型化，で確認できる（Fuller 2007）．種子散布能力を失った植物は，天然では生存に不利なので，ヒトが穂や植物ごとに収穫したあと，意図的に播種した証拠と考えられる．数年にばらけて発芽する種子休眠性も，ヒトが意識しないでも収穫，播種する過程で，翌年発芽する変異が選択されると説明できる．植物体やさやごと収穫されることで，マメ類でもさやの裂開性が喪失すると想定されるが，この変異は炭化種実などの考古遺物では判別できない．

インドや南西アジアの青銅器時代にマメ類が大型化するのは，ウシなどに犂を引かせる耕起法の変化に関連していたようだ（Fuller and Harvey 2006）．種子が深く埋められると，大型の種子の方が成長に有利になるという説明だ．新石器時代には，畑を好む雑草と共伴すること，他の栽培植物とともに野生種が分布しない範囲にまで拡大することなどの証拠から，マメ類は栽培されていたと考えられるが，大型化するのは数千年後の青銅器時代になってからなのだ．一方，縄文時代では大型のマメ類が突然現れている点で，他地域のマメのドメスティケーションと異なる．縄文時代には犂を引かせる家畜もおらず，植物栽培の間接的な証拠もないので，人間の無意識な行動の影響で種子が大型化するプロセスを新たに考案する必要がある．

しかし，進化生物学の視点をとりいれた近年のドメスティケーション研究を参照すると，大型のマメが栽培されていたかに拘泥する必要はないかもしれない．この新しいモデルでは，ドメスティケーションを「ヒトと野生動植物との世代を超えた相利共生関係によって深化した共進化の過程」として定義する（Zeder 2015）．ヒトが野生の動物や植物を手なずけることを発明した，と考えるのでなく，ヒトと野生動植物の関係性の変化によって，おそらく無意識のうちにドメスティケーションは進んだと考える．たとえば，オオカミやイノシシは，ヒトが残す残飯や排泄物に引きよせられて，ヒトの撹乱した環境で暮らし始める．近くにオオカミやイノシシがいることが，肉食獣を追い払い，食料を得る確率を改善して，ヒトにとっても利益になる．生物学的には，動物がヒトに片利共生しはじめ，やがてヒトにも利益となる相利共生に変化したと説明できる．このような種間相互作用は，両者の自然選択にも影響がおよぶので，共進化と呼ぶこともできる．さらに，ヒトが共生関係にある動植物のメリットを自覚的に利用しはじめることが，（狭義の）ドメスティケーションのはじまりとなる．

縄文時代のマメ類では，大型のマメ類と打製石斧が同時期の同じ遺跡・地域に現れる（あるいは増加する）ことを根拠として，打製石斧による深耕がマメの大型化をもたらしたと推定された（小畑 2016b）．しかし，この説明は大型化の植物学的な仕組みを説明できていない．ある時代に起こった文化的事象を当時の環境変動で説明する場合，環境変動によってどのような資源や人間活動に影響がおよび，結果として文化的事象の変化にいたったかのプロセスを仮定し，それを考古学的な証拠で実証する必要がある．しかし，文化的事象と環境変動の同時代性が因果関係の根拠とされる場合がある．このような推論は「環境決定論」と呼ばれ，歴史科学の議論としては適切ではない（佐藤 1992）．今村啓爾は，打製石斧と貯蔵穴群の時空間の分布が相補的であることから，前者を季節性の弱いイモ類の採取，後者を堅果類の貯蔵と解釈して，イモ類の大量利用による人口増加という最節約な仮説を提示している（今村 1989）．マメ類の大型化という栽培化徴候群を，自動的に栽培の証拠として取り扱うのではなく，どのような過程でヒトと植物が共進化したか，それを打製石斧の機能復元など考古学的証拠から実証する必要があるだろう．

14.6 低水準食料生産——狩猟採集と農業のはざま

ヒトは世代を超えて周辺環境にはたらきかける行動によって，自らがより適応できる新しい環境をつくりだす．そのような行動を生態系エンジニアリングと呼び，ヒトによってつくられた環境を人為ニッチと呼ぶ．ダーウィンが提唱した自然選択による進化では，生物はあくまで選択される対象であったが，生物が環境にはたらきかけて創出したニッチが次世代の選択に影響を与える点を重視した「ニッチ構築」という概念は，生物が主体的に進化に関わる可能性を示し，ヒトの文化による適応を理解するための重要な視点を与えた（Odling-Smee, Laland and Feldman 2007）．

たとえば，ヒトが森林を切り開き，集落の広場を維持することで，成長が早く開けた環境を好むクリの適応度が上昇する．これはヒトが直接的に意図しなかったとしても，クリによる種内の生存競争や森林生態系内での種間競争の結果で起こりうる．このような状態はクリによるヒトへの片利共生と区分される．さらにヒトにとっては，より多くのクリを食料資源として利用できる利益がもたらされることでと，ヒトの適応度にも影響がおよぶ．このような関係は相利共生へと区分される．さらに，集落の近くにクリがあることの利益をヒトが明確に意識するようになって，意図的にクリの生育や結実に有利な環境を準備するのが，栽培化への大きな画期だ．このような積極的なはたらきかけを「資源管理」と呼び，単なる生態エンジニアリングとは区別する．

食料資源の増産を意図した資源管理を広義の「食料生産」と捉えて，食料獲得から食料生産への画期とするのが，「低水準食料生産」というパラダイムだ

(Smith 2001). 低水準食料生産では，管理対象の動植物は野生種でもよい．長年の共生関係の結果として，他の野生群と生殖隔離することで遺伝的・形態的変化が起こるかもしれないが，それは人間の意図とは関係なく，管理される動植物側の進化だ．遺伝的・形態的に変化した家畜・栽培植物の出現は，食料獲得から食料生産への通過点の1つにすぎず，大きな画期とは扱わないのが，この新しいパラダイムでの位置づけだ．縄文時代の大型ダイズが野生ツルマメと生殖隔離しているかどうかは大きな問題ではなく，どのような管理の結果なのか，ヒトが意図的に管理したと解釈できるか，それらが検証されるべき論点ということになる．

三内丸山遺跡の花粉分析からは，集落周辺にクリ純林があったと推定されており（吉川他 2006），資源管理を含む広義の食料生産が当時の食料調達で無視できない大きさだった可能性がある（Crawford 2011）．食料生産による寄与の増加は，栽培化・家畜化とは独立した，「農業（agriculture）」の成立過程として捉える必要がある．ここで検討すべき課題は，クリを対象として意図的な管理が行われていた証拠（食料生産開始の証拠）と，クリが食生活のなかで果たした栄養学的役割の評価（農業起源の証拠）の2点となる．三内丸山遺跡の人々にとって管理されたクリが，生存に不可欠なエネルギー源といえるならば，それは低水準ではなく農業と呼ばれるべき，新たな経済段階と評価できる．さらに，そのような資源管理・食料生産が三内丸山遺跡だけでなく，広く一般化していたかを検証することも必要になる．

しかし，現在までに得られている証拠をみると，一般的な縄文時代の遺跡では，動物も植物も特定の資源（メジャーフード）に偏るのではなく，利用可能なものを組み合わせて利用するジェネラリストの傾向が色濃い（今村 2002）．縄文時代人は資源管理をする低水準の食料生産を生業の一部として行っていたが，主たる生業は狩猟・採集・漁撈による食料獲得であり，一部の植物について資源増産を意図した管理による低水準の食料生産を行っていた可能性を検証する段階である．しかし，従来の考古学では有効な手法が示されていない．

14.7　弥生時代の食料生産

低水準食料生産という概念を導入すると，縄文時代に見つかった大型のマメが栽培種であるかは通過点の１つで，大きな画期ではないことになる．生産物の割合が低水準ではなく，農業と呼べるほど大きくなったタイミングを検討することが必要となるが，弥生時代の食料生産は農業と呼べるだろうか？　日本考古学では，弥生時代の定義を弥生土器の出現から「本格的な食糧生産のはじまり」（佐原 1975）に変更しており，日本列島における農業の成立が弥生時代のはじまりとなる．しかし，その縄文時代晩期から弥生時代にかけての大陸系穀物の利用に関する研究の進展から，穀物栽培の導入によって速やかに農業社会が成立したのではないことがわかってきた．近年の考古学と人類学の共同研究によって，稲作が多角的生業の１つではなく，社会の中心的生業になった変化を「農耕文化複合の形成」として捉えようという試みがなされている（設楽編 2019）．ここで注目されるのが，イネとともに導入されたアワとキビ，いわゆる雑穀である．

かつて，縄文時代には，雑穀の１つであるヒエが栽培された可能性が議論されており（Crawford 1983; 吉崎 1997），また「照葉樹林文化論」でも縄文時代後晩期に西日本で焼畑による雑穀栽培が想定され注目されたことがある（佐々木 1991）．照葉樹林文化論における雑穀栽培は「初期農耕」と区分され，食料調達で主要な役割を果たす生活，すなわち農業が想定された．しかし，縄文時代のヒエは栽培された可能性があるが，主要な生業として広まった様子はなく（那須 2019），また縄文時代の焼畑も考古学的には裏づけられていない．一方，近年の圧痕研究からは，大陸文化の影響を受けた土器（突帯文土器）の広がりとともに，イネやアワ，キビを含む大陸系穀類が日本列島に広がったことが示された（中沢 2012）．縄文時代に人口が多く，弥生文化の浸透が遅れたとされる中部高地では，イネに先立ってアワとキビが広まった様相がわかってきた．

私たちは「農耕文化複合」に関する共同研究のなかで，弥生時代に穀物が果たした役割を骨の化学分析から定量的評価に挑戦してきた（米田他 2019）．弥生時代以降，日本で主要な穀物であったイネは炭素同位体の特徴が，縄文時代に利用された堅果類と類似するので，その量を同位体分析で評価することが困難である．しかし，中部高地や関東ではイネに先立って受容されたアワとキビは，特殊な光合成回路をもつC4植物なので，雑穀を多く食べたヒトは骨の炭素同位体比で区別できるのだ．われわれは，長野県の生仁遺跡から出土した弥生時代人骨で高い炭素同位体比を確認することに成功した（設楽，守屋，佐々木 2020）．しかし，その寄与はわずかで，縄文時代から利用していた天然の食料資源に雑穀が加わったようだ（図14.3参照）．植物栽培の導入によって，生活が激変したのではなく，縄文時代からの伝統的な多角的生業に雑穀栽培が加わったと考えられた．興味深いことに，考古学的な視点からも，たとえば貯蔵容器である壺の割合が大きく増加するのは，雑穀導入よりも遅れて水稲導入期と一致した（設楽，守屋，佐々木 2019）．中部高地では，穀物の導入時には低水準食料生産にとどまり，農業の成立には時間差があったと解釈できる．

土器の圧痕だけでは雑穀が食料資源として利用された証拠にならないが，古人骨の同位体分析で確かに雑穀を食べた弥生時代人を確認できた．さらに縄文時代人の多角的適応の実態と，弥生時代人の食料生産を考えるために，同位体という指標を使って動物の生態的地位を読み解く「同位体生態学」の方法を簡単に紹介しよう．

14.8　同位体生態学で見た縄文時代人と弥生時代人

古人骨の同位体分析から食生活を復元する研究は，トウモロコシの食生活における重要性の時代変化を，北米の古人骨の炭素同位体比から復元した研究で始まった（van der Merwe and Vogel 1978）．トウモロコシは，ハッチ・スラック回路で炭酸同化するC4植物で，^{13}Cを多く含む特徴がある．一方，北米の生態系はカルビン・ベンソン回路をもつC3植物が主な生産者なので，動物も植物も^{13}Cが相対的に少ない．農作物としてトウモロコシ利用が始まることで，古人骨の炭素同位体比（^{13}C/^{12}C）も時代とともに上昇したことが示された．一方，北欧では狩猟採集漁撈を行っていた中石器時代人の炭素同位体比が高く，コムギ・オオムギを栽培した新石器時代人になると炭素同位体比が低くなることが示された（Tauber 1981）．同じ炭素同位体比の変化だが，C4植物の利用は北欧では知られておらず，この変化は海産物利用の減少と解釈された．海産物利用

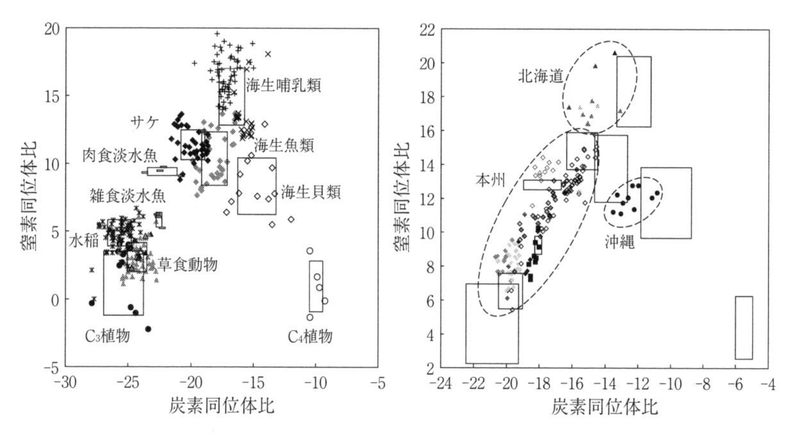

図 14. 2 日本列島の食料資源（左）と縄文時代後期人の骨コラーゲン（右）における同位体比（米田 2011）．コラーゲンでは炭素・窒素同位体比が食物より上昇するので，四角形で示した食物の範囲を補正している．シンボルは遺跡ごとの個体を示す．

の変化は窒素同位体比（$^{15}N/^{14}N$）が高くなることがわかっているので，今日では炭素と窒素の同位体比を測定することでC4植物と海産物の寄与を区別できる．

日本列島でもC3植物を基礎とする自然生態系の動植物と，雑穀として知られるアワ，ヒエ，キビといったC4植物，そして海産物という同位体の特徴が大きく異なる食資源の寄与率を古人骨の同位体分析から推定できる（南川 1990）．骨は無機質のヒドロキシアパタイトと，有機質のコラーゲンを主成分として構成されるが，同位体分析では主にコラーゲンが分析される．それは，土壌埋没中に起こるさまざまな化学変化（続成作用）の影響がヒドロキシアパタイトでは大きいが，コラーゲンでは小さく，生体由来の正確な情報を得られるからだ．

縄文時代人骨で炭素・窒素の同位体比から読み取れる食生活を見てみよう．縄文時代後期（4400-3200年前頃）の人骨の炭素・窒素同位体比を日本列島の食用になる動植物と比較した（図 14. 2，米田他 2011）．一目で明らかなのは，北海道と沖縄と本州周辺でまったく異なる同位体比を示すことだ．北海道と沖縄では海産物を中心とした食生活を有していたのに対し，本州では陸上資源と海生魚類の間を結ぶ直線状にデータが分布する．この３つの地域は，亜寒帯と温帯と亜熱帯という気候帯に対応しており，動物種の構成が変化するブラキストン

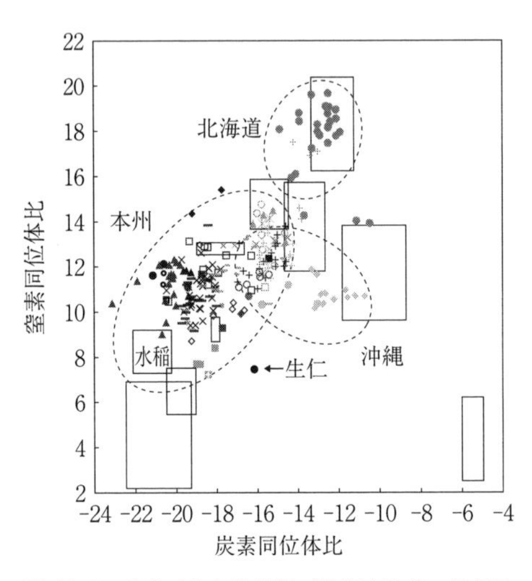

図 14. 3　弥生時代と併行期（続縄文時代・貝塚時代後期）の人骨コラーゲンにおける炭素・窒素同位体比．四角形は図 14. 2 と同様に食物から期待される範囲を，シンボルは遺跡ごとの個体を示す．

線（津軽海峡）や渡瀬線・三宅線（南西諸島）にも対応している（米田 2012）．一方，土器の文様や器形に基づく土器文化圏で見ると，北海道南部と東北北部は同じ土器文化圏に属し，沖縄でも九州南部の土器の影響が強い．物質文化の代表とされる土器型式では区別されなかった生態系の違いが，古人骨の同位体比で食生活の違いとしてはじめて示された．縄文人はなぜ同じ模様の土器をつくるのか，土器の模様や装飾は何を意味するのか，重要な考古学的なテーマだ．また，文化の境界と食生活の境界が一致しないことの意味は，さらに議論が必要だ．

弥生時代には，北海道と沖縄がそれぞれ続縄文文化と貝塚文化後期と呼ばれるようになり，弥生文化とは異なる文化と区分されている（藤本 1988）．本州周辺では，水稲栽培が重要な生業となり，農業を中心とした社会経済に移行した結果，国家成立にいたる社会の複雑化が進行した．一方，北海道の冷涼な環境と沖縄の隆起珊瑚礁地形は水田稲作に適しておらず，縄文時代の生業が継続したことが，この文化が分かれた理由だとされる．しかし，縄文時代人と弥生時代人の食生活を，古人骨の炭素・窒素同位体比で比較すると別の可能性も見えてくる（図 14. 3）．北海道と沖縄では海産物を多く利用する漁撈民としての生業が成立したので，陸上資源の水稲を生産するメリットは少なかった．一方，本州では堅果類などの陸上資源の代替品として，増産が可能な水稲に大きなメリットがあったと考えると，縄文時代の食生活の違いが，穀物栽培の受容にも影響したと考えられる．水稲を中心とした生業を受容したかどうかで，弥生時代から近世のアイヌ文化，江戸幕府，琉球王朝にいたる文化多様化が起こったと

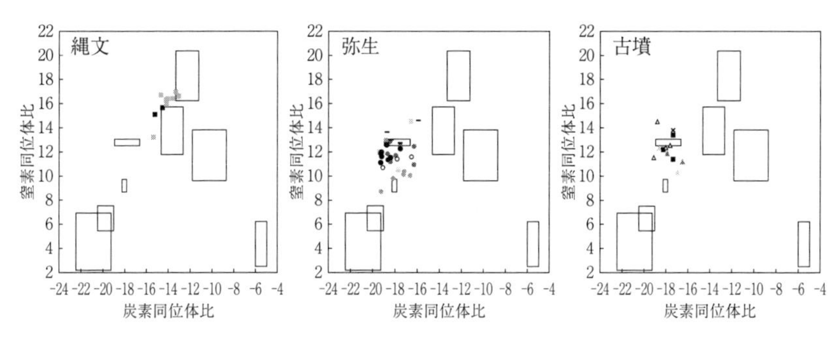

図 14. 4 三浦半島から出土した縄文時代・弥生時代・古墳時代の人骨コラーゲンにおける炭素・窒素同位体比．四角形は図 14. 2 と同様に食物から期待される範囲を，シンボルは遺跡ごとの個体を示す．

されてきたが，その源流は縄文時代の食生活に現れた適応戦略の違いにまでさかのぼることになる．

弥生時代人の食生活における水稲利用の影響は，空間解像度をあげると無視できない変化をもたらす．神奈川県の三浦半島は，縄文時代の貝塚遺跡と弥生・古墳時代の洞窟遺跡を有しており，先史時代人骨の時代変化を追跡できる稀有なフィールドだ．この限られた地域で縄文時代・弥生時代・古墳時代の人骨の同位体比を比較すると，縄文時代と弥生時代の間に大きな違いがあり，弥生時代の食生活は古墳時代とは似ていることがわかる（図 14. 4）．弥生時代と古墳時代に見られる，炭素同位体比が低いのに窒素同位体比が高い傾向は，嫌気的な土壌で育った水稲の傾向と一致する（米田他 2019）．三浦半島では弥生時代になると水稲を中心とする農業社会が成立したと，同位体分析からもいえるだろう．

全国規模で縄文時代と弥生時代を比較すると，弥生時代の食生活は縄文時代の伝統を引き継いでいるとみることができる．本州では陸上資源と水産物を組み合わせる戦略を継承しているが，地域を限定してみると陸上資源の内容が大きく変化した実態が見えてきた．しかし，このような粗い解像度の議論は今日の考古学にはなじまない点には注意が必要だ．考古学では，耕作や収穫に用いる農耕具や農耕儀礼に係わる道具の研究から，社会も水稲栽培を中心とする農業経済に移行した様相が詳細に復元されつつある（設楽，守屋，佐々木 2019）．

自然人類学では，考古学に比べると資料数が少ないため，数千年にわたる縄文時代の6区分や地方を一括して，1つの集団として扱うことがある．しかし，時間と空間の解像度を変えることで，見えてくる情報の粒度が大きく異なることには注意が必要だ．

14.9　考古学と人類学の協働

本章では，主に考古学で研究されてきた縄文時代から弥生時代にかけての生業の変化について，生態学や進化生物学の視点から紹介した．共生と共進化という視点を導入することで，縄文時代の植物管理とドメスティケーションについて，考古学が検証すべき課題が明らかになった．また，農業社会の成立の理解には，古人骨の同位体分析を用いた食料生産の定量的評価と，物質文化から精神世界までも探究する考古学の協働がかかせないことがわかった．文化の力をもってさまざまな環境に適応したヒトの歴史は，文化の側面だけでも，生物の側面だけでも，十分に描きだすことができない．その両者が交錯する領域こそが人類学の醍醐味であり，緻密な考古学資料と多様な生態学環境をもつ日本列島の先史時代文化は，ヒトの進化研究にとっても非常に魅力的な研究対象といえる（米田 2020）．

さらに勉強したい読者へ

アンソニー，デイヴィッド W.（2018）『馬・車輪・言語』（上・下）（東郷えりか訳），筑摩書房．
今村啓爾（2002）『縄文の豊かさと限界』山川出版社．
Odling-Smee, F. J., K. N. Laland and M. W. Feldman（2007）『ニッチ構築——忘れられていた進化過程』（佐倉統，山下篤子，徳永幸彦訳），共立出版．
小畑弘己（2016）『タネをまく縄文人——最新科学が覆す農耕の起源』吉川弘文館．
ダイアモンド，ジャレド（2000）『銃・病原菌・鉄』（上・下）（倉骨彰訳），草思社．
西田正規（2007）『人類史のなかの定住革命』講談社学術文庫．
ベルウッド，ピーター（2008）『農耕起源の人類史』（長田俊樹，佐藤洋一郎監訳），京都大学学術出版会．

第15章　人種と人種差別

——文化人類学と自然人類学の対話から

竹沢泰子

2020年5月，アメリカ合衆国（以下，アメリカ）ミネソタ州で，取り締まり中の白人警官の暴行によって黒人男性ジョージ・フロイドさんが命を落とした．その直後，全米で激しい抗議デモが連日繰り広げられ，ブラック・ライヴズ・マター（黒人の命を粗末にするな）運動はまたたくまに世界へと広がった．日本においても，東京，大阪，名古屋，京都などの主要都市においてデモ行進が行われ，東京では3500人以上が参加した日もあった．ブラック・ライヴズ・マター運動は，人種差別とは何か，なぜ差別はなくならないのか，私たちが改めて考えるきっかけをもたらした．

人種差別は，科学者の間でも自然科学とは無縁の，社会科学の問題だと考えられがちであるが，実は人類学の発祥や科学的人種主義，そして人体への影響など，人類学と関わりの深い問題である．また今日では，「人種」に生物学的実体が存在しないことが国際的な定説となっている．それは，20世紀後半から現在にいたるまで，文化人類学や社会学など文系の研究者と形質人類学や遺伝学などの理系の研究者が互いに知見を出しあってきた協働の成果である．

本章では，「人種」の成り立ちから，今日の私たちが向き合うべき人種差別をめぐる課題について，文化人類学と自然人類学の双方の観点からいくつかの問題系について論じていきたい．

15.1 「人種」とは何か

最新版の『広辞苑　第七版』によると，「人種」とは，「人間の皮膚の色を始め頭髪・身長・頭の形・血液型などの形質的な特徴による区分単位．もっとも一般的な分類は，コーカソイド（白色人種）・モンゴロイド（黄色人種）・ネグロイド（黒色人種）の3つに大別する物．オーストラロイドを加えることもある」と定義されている．最新版では，それに続いて，「今日では人類を形質的な基準で分類することはできないとの批判があり，遺伝する特性を共有すると考えられる集団を指すことが多い」という記述が加えられている．

「人種」が皮膚の色などの「形質的な特徴による区分単位」であるとするこうした理解は，この辞典に限らず社会に広く浸透している．結論を先取りするならば，これはすべて，時代遅れの誤った解釈だと言わざるをえない．また国際的に見ても，遺伝学を含めて，科学用語や医療用語として「人種」（“race”）を用いることは，人種主義的見解とみなされるのが一般的である．たとえば，後述するアメリカ自然人類学会が2019年に発表した「人種と人種主義」に関する声明では，人種に生物学的実体はなく，差別政策から生み出されたものであると明言している（American Association of Physical Anthropologists 2019）.

ちなみに，英語の“race”と日本語の「人種」がすべての用法において一致するわけではない．たとえば，古い表現ではあるが，“Japanese race”は，日本では「日本民族」と訳すのが一般的であろう．しかしながら，こと人種分類や人種概念に話を限定すれば，江戸末期から明治初期にかけて欧米から日本に紹介されたとき，“race”や“rasse”の訳語には，総称としてはほぼすべてにおいて「人種」があてがわれたことには目を向けるべきである．また「高加索（コーカサス）」，「蒙古」など個別のカテゴリーを指すときは，「〜種」あるいは「〜人種」が通常用いられた（竹沢 2019）．本章でも，上記のような「人種」の理解が人口に膾炙していることを踏まえ，「レイス」「レイシズム」などのカタカナは用いず，「人種」「人種差別」を用いることにする．

さて，上記のような理解に話を戻すと，そもそも，同じアフリカ人のなかには，世界一身長が低いとされるムブティ人もいれば，世界一身長が高い集団といわれるディンカ人もいる．皮膚の色が濃くても，眼の色が青い人は珍しくない．また血液型は，集団ごとにA型B型などの血液型の構成比率が異なるが，それと皮膚の色などの他の形質との関係性には根拠がない．つまり上記の辞典に定義されているような，皮膚の色や，頭髪・身長・頭の形・血液型などの形質的な特徴が，他集団と境界線を引けるほど明確な人類区分となる１つの人種を構成しているわけではないのである．

ヒトの多様性は，スペクトラム（連続体）を成しており，そのどこで区切るかは恣意的である．遺伝子のなかには，祖先の移動の歴史を刻むマーカーとなるものもあるので，それをターゲットとしてコンピュータに２分類を命じれば２つに，５分類を命じれば５つに塗り分けられる（Rosenberg *et al.* 2002）．どの数を入れるかは，入力次第である．これを報告したローゼンバーグらの同じ論文のなかで，他にも重要な指摘がなされている．それによると，研究に用いた4199個のアレル（対立遺伝子，5.1節参照）のなかで，１つの地域（region）に固有のものは7.4％にすぎず，その地域内でも平均1％の頻度しかない．つまりほとんどの遺伝子が地域を超えて共有されている．むしろ地域内の多様性の方が地域間の多様性よりはるかに大きいことがかねてから知られており，上記の研究でもそれは確認されている．

生物学的な人種は存在しないが，社会的な人種はリアルに存在するのだ．『ワシントン・ポスト』紙のデータベースによると，武器を所有しないにもかかわらず警察によって殺される黒人の人口比は，白人の４倍以上にのぼる．濃い皮膚の色という形質から「黒人」という人種カテゴリーとそれに結び付けられたさまざまな否定的ステレオタイプが連想される．それが警察のなかで，黒人の命を粗末に扱ってもよいという構造的土壌を生み出してきたのだ．

それでは，「人種」は何を意味するのか．人種とは，身体，能力，気質に関する特性が身体を通して世代から世代へと集団内で「遺伝するもの」として誤って信じられてきた，社会的に構築された概念である．ここでいう「遺伝する」と考えられてきた身体の特性とは，皮膚の色など可視的な形質だけではなく，たとえば日本社会における「血が違う」といった社会言説をも指す．差異の徴を利用して，序列化と分業による搾取を正当化するために人種は有用であった．

ちなみに，海外の多くの国では，国勢調査において人種を問う質問項目が存在するが，海外における「白人」「黒人」「アジア系」「先住民」などは，あくまでも本人の帰属意識を問う自己申請によるものである．すなわち本人がどのような集団的アイデンティティをもつかが尊重される．マイノリティの場合，文化的誇りやルーツもアイデンティティの重要なファクターになりうるが，

「黒人であるがゆえに人種差別を被ってきた」という差別体験や家族の記憶も大きな比重を占める場合が多いからである.

「人種差別」は，アメリカの黒人差別や南アフリカの旧アパルトヘイト政策など，形質的な特徴をもつ人々に対する差別だけを指すのではない．社会的に人種化されてきた人々に対して，その集団帰属ゆえに行われる差別は，人種差別である．国際連合の人種差別撤廃委員会は，日本に対して，在日コリアン，被差別部落，アイヌ，沖縄，外国人労働者などに対する「人種差別」への取り組みが不十分であるとして繰り返し勧告を行っている.

15.2 「モンゴロイド」「コーカソイド」「ネグロイド」

「モンゴロイド」や「コーカソイド」(-oid はのちにまとまりを意味する言葉としてつけられた）などの名称は，日本の高校の教科書や事典に登場する場合もあり，社会にも深く定着している．しかしこれらの名称が大きな問題を孕むことは，日本ではあまり知られていない.

「モンゴロイド」は，1990 年代から 2000 年代初めにかけて，日本の第一線で活躍する自然人類学者の間で積極的に使われ，シリーズ本やドキュメンタリーテレビ番組のタイトル，大型共同研究プロジェクトの題目にも使われていた．また今日でも，たとえば新型コロナウイルス感染率が「モンゴロイド人種」の間では低いのではないかといった見解が大手の Web ニュースで流れた．現在にいたるまで日本の医学関係者の間で使われている場合も稀ではないようである.

筆者と共同研究者たちが，2004 年から 2013 年の 10 年間に出版された論文で，タイトルや要旨に「モンゴロイド」を含むものを PubMed で検索したところ，113 件見つかった．さらに年度による推移にはほとんど変化が見られず，一定数使い続けられていることがわかった．さらに著者名から判断すると，北米やヨーロッパにいる研究者ではなく，日本や他のアジア地域，あるいはそれらに出自をもつと思われる研究者が「モンゴロイド」を使い続けているようである．またそれが何を指すのかも研究者によって異なり，東アジア人のみを指す場合もあれば，アジア人の総称として用いられている場合もあった（Takezawa *et al.* 2014).

それでは，日本でも馴染みのある「モンゴロイド」「コーカソイド」や「ネグロイド」などの名称の何が問題なのか．

現代は個々人のヒトゲノムの配列を調べる時代であるが，人種分類を生み出した18世紀の博物学は，対象を眼で観察し，その形や色，大きさなどによって分類し，命名した．「コーカソイド」「モンゴロイド」の基となる語を命名したのは，頭蓋学の祖と呼ばれるドイツの人類学者，ヨハン・ブルーメンバッハである．蒐集した頭蓋骨を基に人種分類論を呈示したブルーメンバッハは，「人類の自然的変異について」の初版（1775年）で，「コーカシア」「モンゴリア」「エチオピア」（サハラ砂漠以南の人々を指す当時の呼称）「アメリカーナ」（先住アメリカ人）の4つの変異（varietatis）への分類を提唱した．なお5つ目の変異として「マレー」を追加したのは，第三版（1795年）においてである（Blumenbach 2001［1795］; 1865［1775］）.

ブルーメンバッハは，啓蒙主義に感化されたリベラルな科学者であり，人類は1つの種からなり，人類に明瞭な境界を引くことなどできないこと，5つは「変異」にすぎないこと，そしてそれらに優劣は存在しないと，当時の白人至上主義が当然であった時代に訴えていたことは，注目に値する．ブルーメンバッハは，長年，研究者の間でも「コーカシアの頭蓋骨がもっとも美しい」と書いていたとして，彼自身も強い人種偏見があったとみなされてきたが，最近の研究で，1865年英語に翻訳されたとき，翻訳者によって，ブルーメンバッハの意図とは異なる人種主義的な言葉や表現に変えられていたことが明らかとなっている（Michael 2017）.

まず，日本人は「モンゴロイド」に属すると考えている日本人が多いが，「モンゴロイド」は，国際的には差別語であると認識されている．2012年のロンドン・オリンピックにおいて，スイスのサッカー選手が，ツィッターで相手チームの韓国人選手らを「モンゴロイドの奴ら」と呼び，人種差別的発言をしたとして，選手団から追放された事件があった．

「モンゴリア」は，ヨーロッパをたびたび脅かしたモンゴル帝国の名に由来している．18世紀のヨーロッパでは，ジンギス・カンやその孫クビライ・カンの時代のモンゴルの軍事力が広く認知されており，中国や日本よりもヨーロッパへの襲来を繰り返したモンゴルの方が知名度が高かったからであると考えられている（Buxton and Dudley 1925）.

さらに「モンゴロイド」は，21番染色体の異常によって生じるダウン症を指す言葉としても長く用いられていた．ジョン・ラングドン・ダウンが，1866年に発表した論文でモンゴロイドとダウン症の人との顔つきが似ているとして「モンゴリアン・イディオット」（「白痴」のような差別的意味合いをもつ）という表現を使用した．ダウン症の子供に見受けられる眼窩間の骨の発達や知的障害が，ヨーロッパ人が抱く東アジアの人々のステレオタイプと一致して，その症状を指す言葉となった（Brace 2000）．実際，F. G. クルックシャンクが著した *The Mongol in Our Midst*（1924）という書物は，「蒙古襞（もうこひだ）」と呼ばれていた上まぶたから目頭に広がる皮膚の襞を，知的障害の徴候として論じていた．

1960年代前半，モンゴルがWHOに加入した頃から，ダウン症の人々を指す言葉としてモンゴロイドを使用するのは差別的であるという認識が高まり，ダウンの名をとって現在の「ダウン症」（Down syndrome）という名称が定着した．

それでは「コーカソイド」の問題は何か．旧約聖書の創世記に，「［ノアの］箱舟はアララト山の上に止まった」（創世記8章4）という有名なくだりがある．アララト山とは，コーカサス山脈の南側で，トルコの最東端に位置する標高5137 mの山を指す．キリスト教世界では，ここにノアの箱船が漂着した，すなわち人類繁栄の起源となる地だと信じられていたがゆえに，ヨーロッパの中心から離れているにもかかわらず，ヨーロッパ人を指す語として「コーカシア」の名前が誕生したのである（Gossett 1963; Barkan 1992）.

ブルーメンバッハは，サハラ砂漠以南のアフリカ人の指示語として当時用いられていた「エチオピア」を用いていたが，のちに「ネグロイド」という言葉が，アフリカ人を指す言葉として流通するようになる．「ネグロイド」は，「黒」を意味するラテン語 “niger” を語源とする言葉である．皮膚の色からいえば，アフリカ人だけではなく，オーストラリアのアボリジニやフィジー人，南アジア人などの皮膚の色も濃い．しかし，集団遺伝学的には，これらの集団間にはそれぞれ距離があり，アボリジニやフィジー人はアフリカ人よりもむしろ日本人に近い．皮膚の色で人類を分類できない証左の1つである（Brace 2000）.

このように「モンゴロイド」「コーカソイド」「ネグロイド」「白色人種」「黄

色人種」「黒色人種」などは，西欧中心的な世界観から生まれたものであり，いずれも，遺伝学的・形質人類学的観点からいって，また歴史的な経緯から考えても，現代のゲノム科学とはかけ離れた，社会的に創られた概念である．

15.3 ヒトの多様性

すでに説明したように，「人種」は生物学的実体をともなわない．しかし，ここでもっとも重要となるポイントは，生物学的な意味での人種は存在しないが，ヒトの多様性は存在すること，そして両者はまったく別の話であることである．つまり生物学的な意味での「人種」は存在しないが，エチオピア出身の人の肌の色と先祖から長く日本に住んできた人の肌の色の違いは，スペクトラムのなかから，離れた距離の2点を選べば，当然出てくる違いである．

最新の説によると，ヒトは今から約20-30万年前にアフリカで誕生し，6-7万年前にアフリカを出たとされる（3.5節，8.2節参照）．その後，地球上を移動し，さまざまな地域に住むようになった．各地域の自然環境に適応するため，選択圧がかかり，それぞれの環境に有利な身体的特徴が長いタイムスパンをかけて生き残ってきたと考えられている．

たとえば，緯度が高い北欧では，紫外線が弱いため，紫外線を吸収するために，皮膚の色は薄い方が有利である．皮膚の色が濃いと，紫外線をブロックしてしまい十分なビタミンDが形成されず，ビタミンDが不足するとカルシウム摂取が十分にはたらかず，骨の病気を患いやすくなるからである．逆に，赤道に近い緯度の低い地域では，皮膚の色が薄いと，紫外線を吸収しすぎて皮膚ガンに罹患しやすくなるので，紫外線をブロックするために皮膚の色が濃い方が有利である．

ただし，すべてが環境適応による自然選択で説明できるわけではなく，地球上には，大きな川や山脈などでヒトの移動が遮られる場合もある．集団内の婚姻などによる遺伝的浮動（7.2節参照）は集団の規模によって左右される．また植民地主義による征服や男性の虐殺などの歴史により，遺伝子レベルにおいて人為的な混淆が生じる場合もある．

それでは，ヒトゲノム配列から人種のような人類の分類が可能なのだろうか．

ヒトのゲノムには，移動の歴史が刻まれている．A集団とB集団が分岐して，遺伝的交流をもたなくなり，それぞれの集団内で遺伝的浮動が生じると，配列のわずかな違いをもつ人が多くなる．しかしそれがA集団とB集団の機能的な違いを意味するわけではない．また何か機能をもつ遺伝子の分布が地域や集団により異なるとしても，大半の場合，「頻度」が異なるだけで，集団によって明確な境界線が引けるわけではない．またたとえ特定の地域にしか見いだせない遺伝子があるとしても，その地域の住民の間でさえごく少数の人しかもたないきわめて稀な遺伝子であることが一般的である．たとえば日本の遺伝学でよく引き合いにだされる耳垢の型を決める遺伝子を例にすると（7.1節参照），耳垢には，湿型と乾型があり，ヨーロッパやアフリカ地域に住む人々の間ではほとんどが湿型である．他方東北アジア地域では，乾型が多く，日本人の7-8割が乾型だとされる．しかし残り2-3割は湿型である．アルコール脱水素酵素遺伝子も，日本人のなかでも両親から受け継いでいる人から，一方からだけ受け継いでいる人，まったく受け継いでいない人など，混合している．あくまでも頻度の問題であることを認識しなければならない．

さらに，同じ遺伝子をもっていても，環境が人体に果たす役割は大きいので，遺伝と環境の相互作用として捉えることが重要である．環境には，生活習慣や差別など外的要因が含まれ，糖尿病や心臓疾患などさまざまな病気を誘発する．それはオリンピック競技などで語られる身体能力についても同様であり，国の政策や企業のバックアップ，練習環境などの外的要素が大きく左右する．

さらに遺伝学的に「〜人」と報告されても，それがサンプルの実態と合わない，より広範な名称がつけられる場合が多々ある．「中国人」といっても本来多様であるが，北京市という限定された都市に住む，漢族という多数派のみがサンプルに利用されているのが一般的である．また日本人や中国人だけのサンプルであっても，よりインパクトが大きいように見える「アジア人」として記載されることも稀ではない．しかしアジアのなかでの遺伝的多様性はきわめて大きく（HUGO Pan-Asian SNP Consortium 2009），また同じ日本人のなかでさえ地域による有意の遺伝的差異も見いだされているので（Yamaguchi-Kabata *et al.* 2008），サンプルとかけ離れたラベリング（名称）を行うことは，大きな誤解を招きうる．

ヒトゲノム配列の差異を語るとき，それがどのような機能をもつ遺伝子なのか，その場合，集団間の頻度はどの程度異なるのか，さらにその集団のラベリングは実際のサンプルを忠実に反映しているのかについて注意を払うことが大切である．

15.4 創られた人種イメージ

「黒人と白人とでは，明らかに肌の色も顔の形も違う」という皮膚感覚の「違い」について，もう一点注意しなければならないことがある．メディアや映画などを通して私たちに刷り込まれた「白人」「黒人」イメージは，実際のヒトの多様性を反映していない．まず人種イメージの発信源として世界的に絶大なる影響力をもつアメリカは，けっして「世界の縮図」ではない．アメリカの建国の歴史や移民史を紐解けば，伝統的には，北西ヨーロッパからの移民を積極的に受け入れる政策が1965年の移民法改正まで続いていたからである．アラブやアフガニスタン，ロシア東部，中国，東南アジア，ポリネシアなどの地域を移民禁止地域に指定した1917年の移民法が廃止されたのも，1952年のことであった（日本に対しては，1924年に制限）．その後，1965年移民法制定の後は，難民や亡命者，家族の呼び寄せ，そして熟練労働者へと方針が転換したため，世界諸地域からアメリカへと移住が進んだ．

したがって歴史的にみて，アメリカにおけるマイノリティの代表格は，アフリカ西海岸から連れてこられた奴隷の子孫，先住アメリカ人であり，続いて19世紀中庸の奴隷制廃止後のゴールドラッシュや西部の鉄道建設において，黒人の代替労働力として受け入れた中国人移民と日本人移民である．むろんそれ以外の地域からの移民もいたが，移民の受け入れには地域的に大きな偏りがあった．言い換えれば，男性の権力者像，女性の美の理想像は，北西ヨーロッパ系をモデルとし，黒人イメージは，アフリカ西海岸にルーツをもつ奴隷の子孫，そしてアジア人といえば中国人か日本人といったイメージが強固に創られてきたのである（Brace 2000）．すなわち私たちのなかに築き上げられているステレオタイプ的な人種イメージは，現実の多様な世界諸地域の人々とは一致せず，恣意的に選ばれ，創られてきたイメージであるということである．

15.5　人種差別が与える生物学的影響

近年，欧米の自然人類学や医学，心理学などの領域では，人種差別がいかなる影響を健康にもたらすかについて関心が高まっている．日常生活において本人が受ける人種差別の頻度と，がんなど疾病を誘因する喫煙，飲酒，不健康な食事といったハイリスク行動との関連性が明らかになっているのである（Cuevas *et al.* 2014）．

まず 2019 年，アメリカ自然人類学会（American Association of Physical Anthropologists 2019）が発表した「人種と人種主義」に関する声明の一部を抜粋しよう．

> 西洋の人種概念は，ヨーロッパの植民地主義，抑圧，差別から誕生し，それを根拠づけるための分類システムであったと理解されるべきである．したがって人種概念は，生物学的リアリティからではなく，差別政策から生み出されたものである．……人種主義がいかにわれわれの身体や，免疫システム，さらには認知プロセスにまで作用を及ぼし，発症をきたすかは，数多くの研究によって証明されている．つまり，「人種」なるものは，科学的に正確な生物学的概念ではないが，人種主義がもたらす作用があるゆえに，重大な生物学的結果をもたらしうるものなのである．

この声明で重要なポイントは，人種概念の生物学的実体を否定していること，また人種差別が生物学的に悪影響をもたらしていると明言していることである．実際さまざまな医学研究で，人種差別がもたらすストレスや鬱状態によってがんの罹患率が高まるという相互関係が指摘されている．

米国保健福祉省のマイノリティ健康局によると，黒人は白人に比べて心臓疾患で死亡する割合が 2 割（女性は 3 割）高い．関連して，またメンタルヘルスに深刻な問題を抱える先住アメリカ人・アラスカ先住民の成人の割合は，白人の成人のそれと比べると 2.5 倍高く，自殺者の人口比は，白人に比べて 2 割高い（US Department of Health and Human Services, Office of Minority Health 2020）．健康は貧困と大きく関係するのが一般的であるが，かならずしもそうとはいえない例もある．たとえば 25 歳の大学卒の黒人の方が，高校卒の白人やヒスパニック系よりも予測される平均寿命が短いと報告されている（Braveman *et al.* 2010）．オーストラリアでは，アボリジニ（先住民）のなかでもとりわけ辺境地域に住む人々は，高血圧と糖尿病といった持病を抱える人が多い（Australian Institute of Health Welfare 2018）．イギリスでは，カリブ系アフリカ人と南アジア人の脳卒中の罹患率は平均よりそれぞれ40%，70%高い（NHF Foundation）．新型コロナウイルス感染症については，マイノリティ集団や移民の感染比率が多数派集団より高いことが諸外国で報告されている．

このようなマイノリティの健康リスク要因や罹病率に関する調査が行われている国では，ほぼ共通して差別を受けている人々のリスクが高いことが報告されている．人種的マイノリティや移民の健康状態が多数派集団に比べて悪いのはなぜか．デイヴィッド・R・ウィリアムズらは，*Annual Review of Public Health* において人種差別と健康への影響について以下のように述べている．

> 居住区による人種隔離は，もっとも研究されてきた人種主義の制度的メカニズムの1つである．それら居住区には健康への悪影響を広範囲に及ばせる複数の経路があるため，人種間の健康格差の根源的原因となっていることが確認されている．（Williams, Jourdyn and Davis. 2019）

居住区の人種隔離が健康に悪影響をもたらすとは，具体的にはどういうことか．アメリカのレッドライニング（赤線引き）と呼ばれる住宅隔離政策を例にもう少し深く追ってみよう．

アメリカ政府当局は，1934年「連邦住宅法」を制定し，それに基づいて，全米239都市において，住宅ローンの貸し付けの安全性を示す地域の色分けを行った．貸し付けの安全性がもっとも高いと判断された居住区は緑色，続いて青色，注意が必要だと判断した居住区は黄色，そしてもっとも安全性が低いと判断した居住区は赤色と地域の色分けをした．「好ましくない人口集団」と名指された黒人居住区は，たとえ白人居住区と同程度の平均所得があっても赤い線が引かれ，そこに居住する住人に対しては，銀行などがローンや保険を拒絶できる仕組みがつくられた．この線引きは，すべて連邦住宅法に基づいて行われた．つまり政府による構造的な人種差別制度がつくられたのである．

この政策は法的には1968年に廃止されたにもかかわらず，半世紀以上経った現在においてもその遺産があらゆる領域において人種間格差を再生産している．たとえば，全米において黒人は白人に比べ，持ち家保有率が約半分であり，旧赤色地区は土地評価額が低いままである．

健康への悪影響に関してとくに重要なことは，赤色地区への投資が避けられたため，多くの黒人居住区には，まともなスーパーマーケットや病院がないことである．そのため，黒人貧困層をターゲットとするファーストフード店やコンビニ店で，非健康的な食べ物を摂取することが日常的となっている．新鮮な野菜や果物は，入手しにくいか，高値である．また旧赤色地区には，良質の病院や医師も少なく，医療へのアクセスにおいても格差が生じているのが現状である．

人種差別が健康にいかなる影響を及ぼすかについては，さまざまなアプローチの研究が蓄積されてきているが，単に「人種」だけではなく，同じ黒人内でも，皮膚の色の濃淡によっても，健康への影響に違いがみられることが指摘されている．エリス・モンクが被験者の主観を基に調査したところ，皮膚の色の濃淡が，差別体験の頻度の違いと相関関係をもっており，実際，高血圧，鬱病などの罹患率の違いを生み出しているという（Monk 2015）．

罹患率や健康状態の人種間の違いはかねてから指摘されているが，かつてはそうした違いは，人種が異なるため，すなわち人種間の身体の違いにあるとみなされていた．それが今日では反対に，人種差別が社会的な意味での人種に生物学的・身体的影響を及ぼすことが知られるようになったのである．

15.6　日本における人種差別

前節では，研究の蓄積があるヨーロッパやアメリカの事例を紹介した．しかし人種差別は，イギリスやアメリカの黒人差別，オーストラリアの先住民差別といった，対岸の火事ではない．

日本国内で，人種・民族差別が健康にいかなる影響をもたらしているかといった同種の研究は，管見の限り，行われていない．しかしアイヌの健康リスク要因に関する調査結果に関しては，『2008年 北海道アイヌ民族生活実態調査報

告書　その1現代アイヌの生活と意識』のなかで公表されている．それによると，全国と比べて喫煙率の高い北海道の平均と比べても，アイヌの喫煙率は高く，男性は56.9%（北海道の平均は45.7%，全国平均は38.9%），女性は35.7%である（同20.0%および11.9%）．また道内でアイヌ人口は0.5%しか占めないにもかかわらず，習慣的に大量飲酒している人の比率は，道内全体の3割近くを占める（27.4%）．さらにギャンブルの比率も高く，過去1年間にギャンブルをしたことがないと回答した人はアイヌのうちの3割にとどまっている．とくにパチンコやパチスロが多い．ただし健康診断の受診率には全国と比較しても大きな違いは見られなかったという（品川，小野寺 2010）．

今後こうした健康リスク要因と，本人が受けている人種差別経験の頻度，あるいは社会経済的環境との相関関係に関する調査が，アイヌの生活実態を知る上で重要であろう．

またマイノリティについては，ジェンダーや階級と交錯した「複合差別」が世界に共通して見受けられ，問題視されている．日本においても，アイヌ，被差別部落，在日コリアンのマイノリティ女性の実態が，限定的ではあるが報告されている．たとえば，アイヌ女性の半数が中学卒であり，また3割前後が読み書きに不自由を感じている．被差別部落の女性も，50代（調査時）までは1割以下だが，60代以上の世代になると識字率が低くなり，60代で3割，80代以上は半数以上が読み書きに不自由を感じている．さらに3割弱の在日コリアン女性が，在日だと知られた場合，相手から交際の別れを告げられた，婚約を破棄された，あるいは結婚には帰化が条件だと言われた，と回答している．ヘイトスピーチの心理的影響も看過できない．女性の3分の1が「怖かった」，女性の半数，男性の4割が「悲しくなった・悔しかった」と答えている（札幌アイヌ協会ほか 2016）．こうした心理的影響がストレスとなり，身体に不調をきたす可能性は，諸外国の事例を鑑みれば十分に考えられる．

マイノリティの女性は，日本だけでなく世界的にほぼ共通して家庭内暴力を振るわれるケースが多く，マイノリティの男性が家庭外で受ける差別のはけ口となっている可能性が高い．一方，マイノリティの男性や性的マイノリティも，人種とジェンダー・性的指向が交錯したそれぞれの差別形態が生み出されるが，その実態についてはさらに不透明である．諸課題対応のためには，諸外国に倣い，まず詳細な実態調査を行うことが喫緊の課題であろう．

冒頭で述べたように，日本においてもさまざまな人種差別がすでに問題視されているが，露骨な差別だけではなく，「マイクロアグレッション（microaggression）」と呼ばれる日常における無意識の差別に対しても，意識的であることが望まれる．長く日本に住む外国出身者に対して「日本語が上手ですね」，アフリカ系の人に対して，「バスケットとかなさるのですか」，「ハーフ」や「ミックスルーツ」と呼ばれる人々に対して，「ハーフの子はかわいい」というのは，一種のステレオタイプである．彼らや彼女らを他者化しており，一人ひとりの人格をもった人間として扱っていないと不愉快な気持ちにさせる場合もある．あくまでも個人の受け止め方によるが，そうした事例がマイクロアグレッションに当たることは，デラルド・ウィング・スーが彼の有名な著書『日常生活におけるマイクロアグレッション』において具体例をあげて説明している（Sue 2010; 2020）．

他方，いったん日本人が海外に出向くと，差別的な言葉を浴びせかけられたり，差別的扱いを受けたりする場合も，本人が気づくか否かは別として，珍しいことではない．海外で生きる日本人の就職差別・昇進差別は，縁遠い話かもしれないが，旅行者としてであっても，レストランで空席が多いのに出入口や厨房に近い席に案内される，順番を並んでいたのに割り込まれそうになる，といった露骨ではないが，人種差別と思われる状況は珍しくない．そうした場合には，後に続く日本人のためにも，感情的にならずに，適切な対応を望むコミュニケーション力を身につけることが望まれる．

最後に，文化人類学も自然人類学も，内外植民地主義におけるマイノリティの支配・統治という時代の申し子として誕生した学問である．日本における両人類学も，植民地主義に加担した過去をもつ．文化人類学者も自然人類学者もその過去から引き継いだ遺産に向き合い，調査対象者に寄り添いながら，研究成果を学界だけではなく，コミュニティや社会に還元していくことが求められている．その上で，現代社会を生きる人間の，価値観，慣習，生活様式の多様性や，遺伝的・形質的多様性が，いかに人類の思考や営みを豊かにできるのかを伝えられるのは，文化人類学・自然人類学の醍醐味である．

コラム　人新世：ヒトが地球を変える時代

渡辺知保

日本の歴史に元号という区切りがあるように，地球の歴史には地質時代区分という区切りがある．ジュラ紀，カンブリア紀などの区分名はきいたことがある人も多いだろう．私たちはおよそ1万年前から続く holocene（完新世）に生きているが，パウル・クルッツェンら（Crutzen and Stoermer 2000）は，すでに完新世は終わって新たな時代区分に入っており，これを anthropocene と呼ぶのが妥当ではないかと提唱した．「人新世（ひとしんせい，じんしんせい）」は，その訳語である．2020年12月現在，公式な学術用語ではない（地質時代区分の設定に関わる諸国際的組織では承認の方向で検討中）が，この語をタイトルに含む論文は *Nature*，*Science* などを含め累積で約2500編，科学コミュニティや国際機関において使用頻度が増えている．

人新世は，人類の活動が地球規模の環境を変化させるようになったことで特徴付けられる．代表的なものが気候変動で，人間活動の結果排出された CO_2 などの温室効果ガスによる温暖化や，それが惹き起こす豪雨や超巨大台風などの「極端現象（extreme events）」を含む．2009年，スウェーデンの気候学者らが，気候変動以外にも生物多様性，窒素とリンの循環など8つの領域で，人為活動が地球規模で環境を脅かしつつある可能性を指摘し，大きな衝撃を与えた．これらの領域にはそれぞれ限界値（planetary boundary）があると想定され，限界値を超えると不可逆な変化が惹き起こされる懸念がある．たとえば気候変動領域においては，大気中 CO_2 濃度が 350 ppm に達することが限界値とされ，これを超えると，極地方の氷床の消失などが懸念される（Rockstrom *et al.* 2009a; Steffen *et al.* 2015a）．人工照明で明るくなった夜空，生息地を細分化する森林開発が，動物の行動パターンの変化につながるなど，ヒト以外の種も人新世の影響を受けることが明らかになってきた．地質時代区分にはその境となる地球規模のマーカーが必要なので，何をマーカーに選ぶかについての議論も盛んである．

とるに足らない哺乳類の一種にすぎなかった人間がこのような「猛威」の立役者となったのには多くの要因が関与しており，本書の中にもそのヒントを見いだせるだろう．完新世に焦点を絞れば，洗練された情報技術とともに，食糧生産の開始（いわゆる農耕革命）と工業化（産業革命）がもたらしたヒトのライフスタイルの変化によって，人口とエネルギー消費が幾何級数的に増大したことが重要な要因であるのは間違いない．とりわけ20世紀後半，さまざまな資源の消費量を急速に増やす「大加速（great acceleration）」の時代に入り，複数の領域で限界値が一気に近づいた（Whitmee *et al.* 2015）．

人新世がいつ始まったのかについてはさまざまな意見がある．前述のクルッツェンらは，人間活動が目に見えて大きくなると同時に（氷河コア試料測定で）温室効果ガス濃度の上昇が明確になった18世紀後半を起点として提案した．しかし，気候システムをはじめとする「地球システム」に大きな変化が検出されるようになったのは20世紀後半であるから，「大加速」時代の始まりが人新世の始まりであるとする見方（Steffen *et al.* 2015b）が主流になりつつある．現在の公式な地質時代区分である完新世は，数万年続いた氷期が終了した約1万年前に農耕革命とほぼ同時期に始まった．完新世の地球の気候は，古気候学的な証拠（化石に含まれる酸素同位体の存在比）によれば，それまでの時代と比べれば温暖で安定していた（Rockstrom *et al.* 2009b）．つまりヒトは，現代社会につながるさまざまな技術や文化を，安定した完新世の“ゆりかご”の中で発展させてきたともいえる．人新世という時代区分は，私たちが住み心地のよいゆりかごを離れつつあり，これから先のすみかをつくるのは私たち自身なのだという自覚を促しているともいえる．

人新世を出現させた現生人類は，人間の本質からもっとも離れてしまったのだろうか，それとももっとも本質に近づいたと考えるべきだろうか．もし，化石人類の中に人新世をもたらすヒントが見つかるならば，人新世は，数百万年を経て人間の本質が開花した時代ということになるのかもしれない．

引用文献

Crutzen, P. J. and Stoermer, E. F. (2000), “The Anthropocene,” *IGBP News Letter*, 41, 17-18.
Rockstrom, J. *et al.* (2009a) “A safe operating space for humanity,” *Nature*, 461, 472-475.
Rockstrom, J. *et al.* (2009b), “Planetary boundaries: Exploring the safe operating space for humanity,” *Ecology and Society*, 14(2), 32.
Steffen, W. *et al.* (2015a) Planetary boundaries: Guiding human development on a changing planet,” *Science*, 347 [doi: 10.1126/science.1259855].
Steffen, W. *et al.* (2015b), “The trajectory of the Anthropocene: the Great Acceleration,” *Anthropocene Review*. [doi.org/10.1177/2053019614564785]
Whitmee, S. *et al.* (2015), “Safeguarding human health in the Anthropocene epoch: report of the Rockefeller Foundation- Lancet Commission on planetary health,” *Lancet* [doi.org/10.1016/S0140-6736(15) 60901-1]

引用文献

第1章

Arcadi, A. C. and Wrangham, R. W. (1999), "Infanticide in chimpanzees: review of cases and a new within group observation from the Kanyawara study group in Kibale National Park," *Primates*, 40, 337–351.

Aureli, F., Schaffner, C. M., Boesch, C., *et al.* (2008), "Fission-fusion dynamics: new research frameworks," *Current Anthropology*, 49, 627–654.

Dunbar, R. I. M. (1992), "Neocortex size as a constraint on group size in primates," *Journal of Human Evolution*, 20, 469–493.

Gómez, J. M., Verdú, M., González-Megías, A., *et al.* (2016), "The phylogenetic roots of human lethal violence," *Nature*, 538, 233–237.

Hosaka, K., Nakamura, M. and Takahata, Y. (2020), "Longitudinal changes in the targets of chimpanzee (*Pan troglodytes*) hunts at Mahale Mountains National Park: how and why did they begin to intensively hunt red colobus (*Piliocolobus rufomitratus*) in the 1980s?," *Primates*, 61, 391–401.

Itani, J. and Nishimura, A. (1973), "The study of infrahuman culture in Japan," In: *Precultural Primate Behavior* (Menzel, E. W. ed.), Karger, Basel, pp. 26–50.

Kappeler, P. M. and van Schaik, C. P. (2002), "Evolution of primate social systems," *International Journal of Primatology*, 23, 707–740.

Kawai, M. (1965), "Newly-acquired pre-cultural behavior of the natural troop of Japanese monkeys of Koshima Islet," *Primates*, 6, 1–30.

McGrew, W. C. and Tutin, C. E. G. (1978), "Evidence for a social custom in wild chimpanzees?," *Man*, 13, 234–251.

Nakamura, M., McGrew, W. C., Marchant, L. F., *et al.* (2000), "Social scratch: another custom in wild chimpanzees?," *Primates*, 41, 237–248.

Nakamura, M. and Nishida, T. (2006), "Subtle behavioral variation in wild chimpanzees, with special reference to Imanishi's concept of *kaluchua*," *Primates*, 47, 35–42.

Nakamura, M., Hosaka, K., Itoh, N., *et al.* (2019), "Wild chimpanzees deprived a leopard of its kill: implications for the origin of hominin confrontational scavenging," *Journal of Human Evolution*, 131, 129–138.

Nishida, T. (1983), "Alpha status and agonistic alliance in wild chimpanzees (*Pan troglodytes schweinfurthii*)," *Primates*, 24, 318–336.

Nishida, T., Mitani, J. C. and Watts, D. P. (2004), "Variable grooming behaviours in wild chimpanzees," *Folia Primatologica*, 75, 31–36.

Suzuki, S., Kuroda, S. and Nishihara, T. (1995), "Tool-set for termite-fishing by chimpanzees in the Ndoki Forest, Congo," *Behaviour*, 132, 219–235.

Tanaka, I. and Takefushi, H. (1993), "Elimination of external parasite (lice) is the primary function of grooming in free-ranging Japanese macaques," *Anthropological Science*, 101, 187–193.

Whiten, A., Goodall, J., McGrew, W. C., *et al.* (1999), "Cultures in chimpanzees," *Nature*, 399, 682–685.

Whiten, A., Horner, V. and de Waal, F. B. M. (2005), "Conformity to cultural norms of tool use in chimpanzees," *Nature*, 437, 737–740.

Wilson, M. L., Boesch, C., Fruth, B., *et al.* (2014), "Lethal aggression in *Pan* is better explained by adaptive strategies than human impacts," *Nature*, 513, 414–417.

Wrangham, R. W. (1999), "Evolution of coalitionary killing," *Yearbook of Physical Anthropology*, 42,

1-30.

第2章

Asfaw, B. *et al.* (1999), "*Australopithecus garhi*: A new species of early hominid from Ethiopia," *Science*, 284, 629-635.

Berger, L. *et al.* (2010), "*Australopithecus sediba*: A new species of *Homo*-like australopith from South Africa," *Science*, 328, 195-204.

Brunet, M. *et al.* (1996), "*Australopithecus bahrelghazali*, une nouvelle espe`ce d'hominide ancien de la region de Koro Toro (Tchad)," *Comptes rendus de l'Académie des sciences*, 322, 907-913.

Brunet, M. *et al.* (2002), "A new hominid from the Upper Miocene of Chad, Central Africa," *Nature*, 418, 145-151.

Clarke, R. J. (2019), "Excavation, reconstruction and taphonomy of the StW 573 *Australopithecus prometheus* skeleton from Sterkfontein Caves, South Africa," *Journal of Human Evolution*, 127, 41-53.

Dart, R. A. (1925), "*Australopithecus africanus*: the man-ape of South Africa," *Nature*, 115, 195-199.

Haile-Selassie, Y. (2001), "Late Miocene hominids from the Middle Awash, Ethiopia," *Nature*, 412, 178-181.

Haile-Selassie, Y. *et al.* (2012), "A new hominin foot from Ethiopia shows multiple Pliocene bipedal adaptations," *Nature*, 483, 565-569.

Haile-Selassie, Y. *et al.* (2015), "New species from Ethiopia further expands Middle Pliocene hominin diversity," *Nature*, 521, 483-488.

Haile-Selassie, Y. *et al.* (2019), "3.8-million-year-old hominin cranium from Woranso-Mille, Ethiopia," *Nature*, 573, 214-219.

Harmand, S. *et al.* (2015), "3.3-million-year-old stone tools from Lomekwi 3, West Turkana, Kenya," *Nature*, 521, 310-315.

Johanson, D. C., White, T. D. and Coppens, Y. (1978), "A new species of the genus *Australopithecus* (Primates: Hominidae) from the Pliocene of Eastern Africa," *Kirtlandia*, 28, 1-14.

Kimble, W. H. (2007), "The species and diversity of Australopiths," in Rothe, H., Tattersall, I. and Henke, W., eds., *Handbook of Paleoanthropology*, Volume 3. *Phylogeny of Hominids*, Springer-Verlag, Berlin, pp. 1539-1573.

Leakey, L. S. B. (1959), "A new fossil skull from Olduvai," *Nature*, 184, 491-493.

Leakey, M. G. *et al.* (1995), "New four-million-year-old hominid species from Kanapoi and Allia Bay, Kenya," *Nature*, 376, 565-571.

Leakey, M. G. *et al.* (2001), "A new hominin genus from eastern Africa shows diverse middle Pliocene lineages," *Nature*, 410, 433-440.

Lovejoy, C. O. (2009), "Reexamining human origins in light of *Ardipithecus ramidus*," *Science*, 326, 74e1-e8.

Senut, B. *et al.* (2001), "First hominid from the Miocene (Lukeino formation, Kenya)," *Comptes rendus de l'Académie des sciences*, 332, 137-144.

諏訪元（1994）「初期人類系統論の現状」『Anthropological Science』102(5), 479-488.

諏訪元（2006）「化石からみた人類の進化」斎藤成也他編『シリーズ進化学5 ヒトの進化』岩波書店, pp. 13-64.

諏訪元（2012）「ラミダスが解き明かす初期人類の進化的変遷」『季刊考古学』118, 24-29.

Suwa, G. *et al.* (1997) "The first skull of *Australopethicus boisei*," *Nature*, 389, 489-492.

Suwa, G. *et al.* (2009) "Paleobiological implications of the *Ardipithecus ramidus* dentition," *Science*, 326, 94-99.

Villmoare, B. *et al.* (2015), "Early *Homo* at 2.8 Ma from Ledi-Geraru, Afar, Ethiopia," *Science*, 347,

1352-1355.
Walker, A. C. *et al.* (1986) "2.5-Myr *Australopithecus boisei* from Lake Turkana, Kenya," *Nature*, 322, 517-522.
White, T.D., Suwa, G. and Asfaw, B. (1994), "*Australopithecus ramidus*, a new species of early hominid from Aramis Ethiopia," *Nature*, 371, 306-312.
White, T. D. *et al.* (2009), "*Ardipithecus ramidus* and the paleobiology of early hominids," *Science*, 326, 64-86.
Wood, B. and Constantino, P. (2007), "*Paranthropus boisei*: Fifty Years of Evidence and Analysis," *Yearbook of Physical Anthropology*, 50, 106-132.

第3章

Beyene, Y., Katoh, S., Woldegabriel, G., *et al.* (2013), "The characteristics and chronology of the earliest Acheulean at Konso, Ethiopia," *Proceedings of the National Academy of Sciences, USA*, 110 (5), 1584-1591.
Chang, C. H., Kaifu, Y., Takai, M., *et al.* (2015), "The first archaic *Homo* from Taiwan," *Nature Communications*, 6, 6037. doi:10.1038/ncomms7037.
Detroit, F., Mijares, A. S., Corny, J., *et al.* (2019), "A new species of *Homo* from the Late Pleistocene of the Philippines," *Nature*, 568(7751), 181-186.
ダイアモンド, J. (2000)『銃・病原菌・鉄（上・下)』(倉骨彰訳), 草思社.
Fujita, M., Yamasaki, S., Katagiri, C., *et al.* (2016), "Advanced maritime adaptation in the western Pacific coastal region extends back to 35,000-30,000 years before present," *Proceedings of the National Academy of Sciences, USA*, 113(40), 11184-11189.
ハラリ, Y. N. (2016)『サピエンス全史（上・下)』(柴田裕之訳), 河出書房新社.
海部陽介 (2005)『人類がたどってきた道——"文化の多様性"の起源を探る』NHK ブックス.
Kaifu, Y. (2017), "Archaic hominin populations in Asia before the arrival of modern humans: Their phylogeny and implications for the "Southern Denisovan's," *Curr. Anthropol.*, 58, S418-433.
海部陽介 (2020a)『サピエンス日本上陸——3万年前の大航海』講談社.
海部陽介 (2020b)「差別をどう乗り越えるのか——人類史の視点から」. https://youtu.be/DwVjpDxNQQ
Kaifu, Y., Izuho, M., and Goebel, T. (2015), "Modern human dispersal and behavior in Paleolithic Asia: Summary and discussion," In Kaifu, Y., Izuho, M., Goebel, T., *et al.*, (eds.), *Emergence and Diversity of Modern Human Behavior in Paleolithic Asia*, College Station: Texas A&M University Press, pp. 535-566.
Kubo, D., Kono, R. T., and Kaifu, Y. (2013), "Brain size of *Homo floresiensis* and its evolutionary implications," *Proceedings of the Royal Society. B* 280(1760), 20130338.
Matsu'ura, S., Kondo, M., Danhara, T., *et al.* (2020), "Age control of the first appearance datum for Javanese *Homo erectus* in the Sangiran area," *Science*, 367(6474), 210-214.
ネイピア, J. R., ネイピア, P. H. (1987)『世界の霊長類』(伊沢紘生訳), どうぶつ社.
Nesse, R. M., and Williams, G. C. (1998), "Evolution and the origins of disease," *Scientific American*, 279(5), 86-93.
Prado-Martinez, J. *et al.* (2013), "Great ape genetic diversity and population history," *Nature*, 499, 471-475.
リーバーマン, D. E. (2015)『人体600万年史——科学が解き明かす進化・健康・疾病』(上・下) (塩原通緒訳), 早川書房.
佐藤宏之 (2019)『旧石器時代——日本文化のはじまり』敬文舎.
諏訪元 (2014)「人類が辿ってきた進化段階」『生物科学』65(4), 195-204.
van den Bergh, G. D., Kaifu, Y., Kurniawan, I., *et al.* (2016), "*Homo floresiensis*-like fossils from the

early Middle Pleistocene of Flores," *Nature*, 534(7606), 245-248.
Zhu, Z., Dennell, R., Huang, W., *et al.* (2018), "Hominin occupation of the Chinese Loess Plateau since about 2.1 million years ago," *Nature*, 559(7715), 608-612.

第4章

赤澤威（2005）『ネアンデルタール人の正体──彼らの「悩み」に迫る』朝日選書，朝日新聞社.
d'Errico, F. (2003), "The invisible frontier. A multiple species model for the origin of behavioral modernity," *Evolutionary Anthropology*, 12(4), 188-202.
フィンレイソン，クライブ（2013）『そして最後にヒトが残った──ネアンデルタール人と私たちの50万年史』（上原直子訳，近藤修解説），白揚社.
Green, R. E., Krause, J., Briggs, A. W., *et al.* (2010), "A draft sequence of the Neandertal genome," *Science*, 328(5979), 710-722.
Greenbaum, G., Getz, W. M., Rosenberg, N. A., *et al.* (2019), "Disease transmission and introgression can explain the long-lasting contact zone of modern humans and Neanderthals," *Nature Communications*, 10(1), 1-12.
Hardy, B. L., Moncel, M. H., Daujeard, C., *et al.* (2013), "Impossible Neanderthals? Making string, throwing projectiles and catching small game during Marine Isotope Stage 4 (Abri du Maras, France)," *Quaternary Science Reviews*, 82, 23-40.
Henshilwood, C. S., d'Errico, F., Yates, R., *et al.* (2002), "Emergence of modern human behavior: Middle Stone Age engravings from South Africa," *Science*, 295(5558), 1278-1280.
Higham, T., Douka, K., Wood, R., *et al.* (2014), "The timing and spatiotemporal patterning of Neanderthal disappearance," *Nature*, 512(7514), 306-309.
Houldcroft, C. J. and Underdown, S. J. (2016), "Neanderthal genomics suggests a pleistocene time frame for the first epidemiologic transition," *American Journal of Physical Anthropology*, 160(3), 379-388.
Howells, W. W. (1976), "Explaining modern man: Evolutionists versus migrationists," *Journal of Human Evolution*, 5, 477-495.
Hublin, J. J. (2009), "The origin of Neandertals," *Proceedings of the National Academy of Sciences*, 106(38), 16022-16027.
Jaubert, J., Verheyden, S., Genty, D., *et al.* (2016), "Early Neanderthal constructions deep in Bruniquel Cave in southwestern France," *Nature*, 534(7605), 111-114.
Karakostis, F. A., Hotz, G., Tourloukis, V., *et al.* (2018), "Evidence for precision grasping in Neandertal daily activities," *Science Advances*, 4(9), eaat2369.
Klein, R. G. (2008), "Out of Africa and the Evolution of Human Behavior," *Evolutionary Anthropology*, 17, 267-281.
Kochiyama, T., Ogihara, N., Tanabe, H. C., *et al.* (2018), "Reconstructing the Neanderthal brain using computational anatomy," *Scientific Reports*, 8(1), 1-9.
McBrearty, S. and Brooks, A. S. (2000), "The revolution that wasn't: a new interpretation of the origin of modern human behavior," *Journal of Human Evolution*, 39(5), 453-563.
Mellars, P. (1989), "Major issues in the emergence of modern humans," *Current Anthropology*, 30(3), 349-385.
ペーボ，スヴァンテ（2015）『ネアンデルタール人は私たちと交配した』（野中香方子訳），文藝春秋.
Power, R. C., Salazar-García, D. C., Rubini, M., *et al.* (2018), "Dental calculus indicates widespread plant use within the stable Neanderthal dietary niche," *Journal of Human Evolution*, 119, 27-41.
Sano, K., Arrighi, S., Stani, C., *et al.* (2019), The earliest evidence for mechanically delivered projectile weapons in Europe. *Nature ecology & evolution*, 3(10), 1409-1414.
Van Andel, T. H., Davies, W., and Weninger, B. (2003), "The human presence in Europe during the

last glacial period I: human migrations and the changing climate," In van Andel, T. H. and Davies, W. (eds.), *Neanderthals and modern humans in the European landscape during the last glaciation* (pp. 31-56). Cambridge, UK. McDonald Institute for Archaeological Research.

Villa, P. and Roebroeks, W. (2014), "Neandertal demise: an archaeological analysis of the modern human superiority complex," *PLoS One*, 9(4), e96424.

Wynn, T. and Coolidge, F. L. (2008), "A Stone-Age Meeting of Minds: Neandertals became extinct while Homo sapiens prospered, A marked contrast in mental capacities may account for these different fates," *American Scientist*, 96(1), 44-51.

第5章

Fujimoto, A., *et al.* (2008a), "A scan for genetic determinants of human hair morphology: *EDAR* is associated with Asian hair thickness," *Human Molecular Genetics*, 17(6), 835-843.

Fujimoto, A., *et al.* (2008b), "A replication study confirmed the *EDAR* gene to be a major contributor to population differentiation regarding head hair thickness in Asia," *Human Genetics*, 124(2), 179-185.

埴原和郎（1994）「二重構造モデル——日本人集団の形成に関わる一仮説」, *Anthropological Science*, 102, 455-477.

Kanzawa-Kiriyama, H., *et al.* (2019), "Late Jomon male and female genome sequences from the Funadomari site in Hokkaido, Japan," *Anthropological Science*, 127(2), 83-108.

Kimura, R., *et al.* (2009), "A common variation in *EDAR* is a genetic determinant of shovel-shaped incisors," *American Journal of Human Genetics*, 85(4), 528-535.

Ohashi, J., Naka, I., and Tsuchiya, N. (2011), "The impact of natural selection on an *ABCC11* SNP determining earwax type," *Molecular Biology and Evolution*, 28(1), 849-857.

Tajima, A., *et al.* (2004), "Genetic origins of the Ainu inferred from combined DNA analyses of maternal and paternal lineages," *Journal of Human Genetics*, 49(4), 187-193.

The HUGO Pan-Asian SNP Consortium (2009), "Mapping Human Genetic Diversity in Asia," *Science*, 326(5959), 1541-1545.

Watanabe, Y., Isshiki, M. and Ohashi, J. (2020), "Prefecture-level population structure of the Japanese based on SNP genotypes of 11,069 individuals," *Journal of Human Genetics* (in press).

Watanabe, Y., *et al.* (2019), "Analysis of whole Y-chromosome sequences reveals the Japanese population history in the Jomon period," *Scientific Reports*, 9(1), 8556.

Yoshiura, K., *et al.* (2006), "A SNP in the *ABCC11* gene is the determinant of human earwax type," *Nature Genetics*, 38(3), 324-330.

第6章

Adewoye, A. B., Lindsay, S. J., Dubrova, Y. E. *et al.* (2015), "The genome-wide effects of ionizing radiation on mutation induction in the mammalian germline," *Nature Communications*, doi:10.1038/ncomms7684.

Altshuler, D. L. *et al.* (2010), "A map of human genome variation from population-scale sequencing," *Nature*, 467, 1061-1073.

Auton, A. *et al.* (2015), "A global reference for human genetic variation," *Nature*, 526, 68-74.

Blokzijl, F. *et al.* (2016), "Tissue-specific mutation accumulation in human adult stem cells during life," *Nature*, doi:10.1038/nature19768.

Campbell, P. J. *et al.* (2020), "Pan-cancer analysis of whole genomes," *Nature*, 578, 82-93.

Fujimoto, A. *et al.* (2010), "Whole-genome sequencing and comprehensive variant analysis of a Japanese individual using massively parallel sequencing," *Nature Genetics*, 42, 931-936.

Fujimoto, A. *et al.* (2016), "Whole-genome mutational landscape and characterization of noncoding and structural mutations in liver cancer," *Nature Genetics*, 48., 500–509.

Gonzalez-Perez, A., Sabarinathan, R. and Lopez-Bigas, N. (2019), "Local Determinants of the Mutational Landscape of the Human Genome," *Cell*, doi:10.1016/j.cell.2019.02.051.

Jónsson, H. *et al.* (2017), "Parental influence on human germline de novo mutations in 1,548 trios from Iceland," *Nature*, 549, 519–522.

Lappalainen, T., Scott, A. J., Brandt, M. *et al.* (2019), "Genomic Analysis in the Age of Human Genome Sequencing," *Cell*, doi:10.1016/j.cell.2019.02.032.

Miga, K. H. *et al.* (2020), "Telomere-to-telomere assembly of a complete human X chromosome," *Nature*, doi:10.1038/s41586-020-2547-7.

Mizuno, K. *et al.* (2019), "EVIDENCE: a practical variant filtering for low-frequency variants detection in cell-free DNA," *Scientific Reports*, doi:10.1038/s41598-019-51459-4.

Sone, J. *et al.* (2019), "Long-read sequencing identifies GGC repeat expansions in NOTCH2NLC associated with neuronal intranuclear inclusion disease," *Nature Genetics*, doi:10.1038/s41588-019-0459-y.

Stephens, Z. D. *et al.* (2015), "Big data: Astronomical or genomical?," *PLoS Biology*, doi:10.1371/journal.pbio.1002195.

Ton, N. D. *et al.* (2018), "Whole genome sequencing and mutation rate analysis of trios with paternal dioxin exposure," *Human Mutation*, 39, 1384–1392.

Vogelstein, B. *et al.* (2013), "Cancer genome landscapes," *Science*, doi:10.1126/science.1235122.

Yokoyama, A. *et al.* (2019), "Age-related remodelling of oesophageal epithelia by mutated cancer drivers," *Nature*, doi:10.1038/s41586-018-0811-x.

Zhu, M. *et al.* (2019), "Somatic Mutations Increase Hepatic Clonal Fitness and Regeneration in Chronic Liver Disease," *Cell*, doi:10.1016/j.cell.2019.03.026.

第7章

Fan, S., Hansen, M. E., Lo, Y., *et al.* (2016), "Going global by adapting local: A review of recent human adaptation," *Science*, 354(6308), 54–59.

Field, Y., Boyle, E. A., Telis, N., *et al.* (2016), "Detection of human adaptation during the past 2000 years," *Science*, 354(6313), 760–764.

Fumagalli, M., Moltke, I., Grarup, N., *et al.* (2015), "Greenlandic Inuit show genetic signatures of diet and climate adaptation," *Science*, 349(6254), 1343–1347.

Itan, Y., Powell, A., Beaumont, M. A., *et al.* (2009), "The origins of lactase persistence in Europe," *PLoS Computational Biology*, 5, e1000491.

Minster, R. L., Hawley, N. L., Su, C. T., *et al.* (2016), "A thrifty variant in CREBRF strongly influences body mass index in Samoans." *Nature Genetics*, 48, 1049–1054.

Nakayama, K. and Inaba, Y. (2019), "Genetic variants influencing obesity-related traits in Japanese population," *Annals of Human Biology*, 46(4), 298–304.

Ohashi, J., Naka, I., and Tsuchiya, N. (2011), "The impact of natural selection on an ABCC11 SNP determining earwax type," *Molecular Biology and Evolution*, 28(1), 849–857.

Sabeti, P. C., Reich, D. E., Higgins, J. M., *et al.* (2002), "Detecting recent positive selection in the human genome from haplotype structure," *Nature*, 419(6909), 832–837.

The 1000 Genomes Project Consortium (2015), "A global reference for human genetic variation," *Nature*, 526, 68–74.

Tishkoff, S. A., Reed, F. A., Ranciaro, A., *et al.* (2007), "Convergent adaptation of human lactase persistence in Africa and Europe," *Nature Genetics*, 39, 31–40.

Voight, B. F., Kudaravalli, S., Wen, X., *et al.* (2006), "A map of recent positive selection in the human genome," *PLoS Biology*, 4(3), e72.

第8章

Cann, R. L., Stoneking, M. and Wilson, A. C. (1987), "Mitochondrial DNA and human evolution," *Nature*, 325 (6099), 31–36.

Dannemann, M., He, Z., Heide, C., *et al.* (2020), "Human stem cell resources are an inroad to Neandertal DNA functions," *Stem Cell Reports*, 15(1), 214–225.

Gakuhari, T., Nakagome, S., Rasmussen, S., *et al.* (2020), "Ancient Jomon genome sequence analysis sheds light on migration patterns of early East Asian populations," *Communications Biology*, 3(1), 437.

Gokhman, D., Lavi, E., Prüfer, K., *et al.* (2014), "Reconstructing the DNA methylation maps of the Neandertal and the Denisovan," *Science*, 344(6183), 523–527.

Gokhman, D., Mishol, N., de Manuel, M., *et al.* (2019), "Reconstructing denisovan anatomy using DNA methylation maps," *Cell*, 179(1), 180–192.e10.

Green, R. E., Krause, J., Briggs, A. W., *et al.* (2010), "A draft sequence of the Neandertal genome," *Science*, 328(5979), 710–722.

Green, R. E., Krause, J., Ptak, S. E., *et al.* (2006), "Analysis of one million base pairs of Neanderthal DNA," *Nature*, 444(7117), 330–336.

Higuchi, R., Bowman, B., Freiberger, M., *et al.* (1984), "DNA sequences from the quagga, an extinct member of the horse family," *Nature*, 312(5991), 282–284.

Horai, S., Kondo, R., Murayama, K., *et al.* (1991), "Phylogenetic affiliation of ancient and contemporary humans inferred from mitochondrial DNA," *Proceedings of the Royal Society of London B Biological Siences*, 333(1268), 409–416.

Kanzawa-Kiriyama, H., Jinam, T. A., Kawai, Y., *et al.* (2019), "Late Jomon male and female genome sequences from the Funadomari site in Hokkaido, Japan," *Anthropological Science*, 127(2), 83–108.

Kanzawa-Kiriyama, H., Kryukov, K., Jinam, T. A., *et al.* (2017), "A partial nuclear genome of the Jomons who lived 3000 years ago in Fukushima, Japan," *Journal of Human Genetics*, 62(2), 213–221.

Krause, J., Fu, Q., Good, J. M., *et al.* (2010), "The complete mitochondrial DNA genome of an unknown hominin from southern Siberia," *Nature*, 464(7290), 894–897.

Krings, M., Stone, A., Schmitz, R. W., *et al.* (1997), "Neandertal DNA sequences and the origin of modern humans," *Cell*, 90(1), 19–30.

Kurosaki K., Matsushita, T. and Ueda, S. (1993), "Individual DNA identification from ancient human remains," *The American Journal of Human Genetics*, 53(3), 638–643.

McColl, H., Racimo, F., Vinner, L., *et al.* (2018), "The prehistoric peopling of Southeast Asia," *Science*, 361(6397), 88–92.

Meyer, M., Kircher, M., Gansauge, M-T., *et al.* (2012), "A high-coverage genome sequence from an archaic Denisovan individual," *Science*, 338(6104), 222–226.

Pääbo, S. (1985), "Molecular cloning of Ancient Egyptian mummy DNA," *Nature*, 314(6012), 644–645.

Raghavan, M., Skoglund, P., Graf, K. E., *et al.* (2014), "Upper Palaeolisthic Siberian genome reveals dual ancestry of Native Americans," *Natare*, 505, 87–91.

Reich, D., Green, R. E., Kircher, M., *et al.* (2010), "Genetic history of an archaic hominin group from Denisova Cave in Siberia," *Nature*, 468(7327), 1053–1060.

Sawafuji, R., Saso, A., Suda, W., *et al.* (2020), "Ancient DNA analysis of food remains in human dental calculus from the Edo period, Japan," *PLoS One*, 15(3), e0226654.

Weyrich, L. S., Duchene, S., Soubrier, L., *et al.* (2017), "Neanderthal behaviour, diet, and disease inferred from ancient DNA in dental calculus," *Nature*, 544(7650), 357–361.

Woodward, S. R., Weyand, N. J. and Bunnell, M. (1994), "DNA sequence from Cretaceous period bone fragments," *Science*, 266(5188), 1229–1232.

第9章

Aoi, S., Ogihara, N., Funato, T. *et al.* (2010), "Evaluating functional roles of phase resetting in generation of adaptive human bipedal walking with a physiologically based model of the spinal pattern generator," *Biological Cybernetics*, 102, 373-387.

Bennett, M. R., Harris, J. W. K., Richmond, B. G. *et al.* (2009), "Early hominin foot morphology based on 1.5-million-year-old footprints from Ileret," *Kenya, Science*, 323, 1197-1201.

Brunet, M., Guy, F., Pilbeam, D. *et al.* (2002), "A new hominid from the Upper Miocene of Chad, Central Africa," *Nature*, 418, 145-151.

Cavagna, G. A., Heglund, N. C. and Taylor, C. R. (1977), "Mechanical work in terrestrial locomotion: two basic mechanisms for minimizing energy expenditure," *The American Journal of Physiology*, 233, R243-R261.

Crompton, R. H., Pataky, T. C., Savage, R., *et al.* (2012), "Human-like external function of the foot, and fully upright gait, confirmed in the 3.66 million year old Laetoli hominin footprints by topographic statistics, experimental footprint-formation and computer simulation," *Journal of the Royal Society, Interface*, 9, 707-719.

DeSilva, J. M. (2009), "Functional morphology of the ankle and the likelihood of climbing in early hominins," *Proceedings of the National Academy of Sciences of the United States of America*, 106, 6567-6572.

Fleagle, J. G., Stern, J. T., Jungers, W. L. *et al.* (1981), "Climbing: a biomechanical link with brachiation and with bipedalism," *Symposia of the Zoological Society of London*, 48, 359-375.

Hunt, K. D. (1994), "The evolution of human bipedality: ecology and functional morphology," *Journal of Human Evolution*, 26, 183-202.

Jablonski, N. G. and Chaplin, G. (1993), "Origin of habitual terrestrial bipedalism in the ancestor of the Hominidae," *Journal of Human Evolution*, 24, 259-280.

Johanson, D. C. and Taieb, M. (1976), "Plio-Pleistocene hominid discoveries in Hadar, Ethiopia," *Nature*, 260, 293-297.

Lovejoy, C. O. (1988), "Evolution of human walking," *Scientific American*, 259, 118-125.

Lovejoy, C. O. (2009), "Reexamining human origins in light of Ardipithecus ramidus," *Science*, 326, 74e1-74e8.

Lovejoy, C. O., Latimer, B., Suwa, G. *et al.* (2009a), "Combining prehension and propulsion: the foot of Ardipithecus ramidus," *Science*, 326, 72e1-e8.

Lovejoy, C. O., Suwa, G., Spurlock, L. *et al.* (2009b), "The pelvis and femur of Ardipithecus ramidus: the emergence of upright walking," *Science*, 326, 71e1-e6.

Maus, H. M., Lipfert, S. W., Gross, M., *et al.* (2010), "Upright human gait did not provide a major mechanical challenge for our ancestors," *Nature Communications*, 1, 70.

Nakatsukasa, M., Ogihara, N., Hamada, Y. *et al.* (2004), "Energetic costs of bipedal and quadrupedal walking in Japanese macaques," *American Journal of Physical Anthropology*, 124, 248-256.

Ogihara, N., Hirasaki, E., Kumakura, H. *et al.* (2007), "Ground-Reaction-Force profiles of bipedal walking in bipedally trained Japanese Monkeys," *Journal of Human Evolution*, 53, 302-308.

Ogihara, N., Makishima, H., Aoi, S. *et al.* (2009), "Development of an anatomically based whole-body musculoskeletal model of the Japanese macaque (Macaca fuscata)," *American Journal of Physical Anthropology*, 139, 323-338.

Ogihara, N., Makishima, H. and Nakatsukasa, M. (2010), "Three-dimensional musculoskeletal kinematics during bipedal locomotion in the Japanese macaque reconstructed based on an anatomical model-matching method," *Journal of Human Evolution*, 58, 252-261.

Oku, H., Ide, N. and Ogihara, N. (2021), "Forward dynamic simulation of Japanese macaque bipedal locomotion demonstrates better energetic economy in a virtualised plantigrade posture,"*Commu-*

nications Biology, 4, 308.

Richmond, B. G. and Strait, D. S. (2000), "Evidence that humans evolved from a knuckle-walking ancestor," *Nature*, 404, 382–385.

Rodman, P. S. and McHenry, H. M. (1980), "Bioenergetics and the origin of hominid bipedalism," *American Journal of Physical Anthropology*, 52, 103–106.

Senut, B., Pickford, M., Gommery, D. *et al.* (2001), "First hominid from the Miocene (Lukeino Formation, Kenya)," *Comptes Rendus de l'Académie des Sciences - Series IIA - Earth and Planetary Science*, 332, 137–144.

Sockol, M. D., Raichlen, D. A. and Pontzer, H. (2007), "Chimpanzee locomotor energetics and the origin of human bipedalism," *Proceedings of the National Academy of Sciences of the United States of America*, 104(30), 12265–12269.

Thorpe, S. K., Holder, R. L. and Crompton, R. H. (2007), "Origin of human bipedalism as an adaptation for locomotion on flexible branches," *Science*, 316, 1328–1331.

Tuttle, R. H. (1967), "Knuckle-walking and the evolution of hominoid hands," *American Journal of Physical Anthropology*, 26, 171–206.

Vukobratović, M. and Stepanenko, J. (1972), "On the stability of anthropomorphic systems," *Mathematical Biosciences*, 15, 1–37.

Wheeler, P. E. (1991), "The thermoregulatory advantages of hominid bipedalism in open equatorial environments: the contribution of increased convective heat loss and cutaneous evaporative cooling," *Journal of Human Evolution*, 21, 107–115.

White, T. D., Asfaw, B., Beyene, Y. *et al.* (2009), "Ardipithecus ramidus and the paleobiology of early hominids," *Science*, 326, 75–86.

White, T. D, Lovejoy, C. O., Asfaw, B. *et al.* (2015), "Neither chimpanzee nor human, Ardipithecus reveals the surprising ancestry of both," *Proceedings of the Natinoal Academy of Sciences of the United States of America*, 112, 4877–4884.

第10章

Changizi, M. A., Zhang, Q., and Shimojo, S. (2006), "Bare skin, blood and the evolution of primate colour vision," *Biology Letters.*, 2(2), 217–221.

Davies, W. I., Collin, S. P., and Hunt, D. M. (2012), "Molecular ecology and adaptation of visual photopigments in craniates," *Molecular Ecology.*, 21(13), 3121–3158.

Deeb. S. S. (2006), "Genetics of variation in human color vision and the retinal cone mosaic," *Current Opinion in Genetics & Development,* 16, 301–307.

Dominy, N. J. and Lucas, P. W. (2001), "Ecological importance of trichromatic vision to primates," *Nature,* 410 (6826), 363–366.

Dominy, N. J., Svenning, J. C., and Li, W.-H. (2003), "Historical contingency in the evolution of primate color vision," *Journal of Human Evolution,* 44 (1), 25–45.

Fedigan, L. M., Melin, A. D., Addicott, J. F., *et al.* (2014), "The heterozygote superiority hypothesis for polymorphic color vision is not supported by long-term fitness data from wild neotropical monkeys," *PLoS ONE,* 9 (1), e84872.

Fernandez, A. A. and Morris, M. R. (2007), "Sexual selection and trichromatic color vision in primates: statistical support for the preexisting-bias hypothesis, "*The American Naturalist,* 170(1), 10–20.

Hiramatsu, C., Melin, A.D., Aureli, F., *et al.* (2008), "Importance of achromatic contrast in short-range fruit foraging of primates," *PLoS ONE,* 3(10), e3356.

Hiramatsu, C., Melin, A. D., Aureli, F., *et al.* (2009), "Interplay of olfaction and vision in fruit foraging of spider monkeys," *Animal Behaviour,* 77(6), 1421–1426.

Hiramatsu, C., Radlwimmer, F. B., Yokoyama, S., *et al.* (2004). "Mutagenesis and reconstitution of middle-to-long-wave-sensitive visual pigments of New World monkeys for testing the tuning effect of residues at sites 229 and 233," *Vision Research,* 44(19), 2225–2231.

Hiramatsu, C., Tsutsui, T., Matsumoto, Y., *et al.* (2005), "Color-vision polymorphism in wild capuchins (*Cebus capucinus*) and spider monkeys (*Ateles geoffroyi*) in Costa Rica," *American Journal of Primatology.,* 67(4), 447–461.

Hiwatashi, T., Mikami, A., Katsumura, T., *et al.* (2011), "Gene conversion and purifying selection shape nucleotide variation in gibbon L/M opsin genes," *BMC Evolutionary Biology,* 11(1), 312.

Hiwatashi, T., Okabe, Y., Tsutsui, T., *et al.* (2010), "An explicit signature of balancing selection for color-vision variation in New World monkeys," *Molecular Biology and Evolution,* 27(2), 453–464.

Hogan, J. D., Fedigan, L. M., Hiramatsu, C., *et al.* (2018), "Trichromatic perception of flower colour improves resource detection among New World monkeys," *Scientific Reports,* 8(1), 10883.

Jacobs, R. L., MacFie, T. S., Spriggs, A. N., *et al.* (2017), "Novel opsin gene variation in large-bodied, diurnal lemurs," *Biology Letters,* 13(3), 20170050.

Kawamura, S. (2016), "Color vision diversity and significance in primates inferred from genetic and field studies," *Genes Genom,* 38(9), 779–791.

Matsushita, Y., Oota, H., Welker, B. J., *et al.* (2014). "Color vision variation as evidenced by hybrid L/M opsin genes in wild populations of trichromatic *Alouatta* New World monkeys," *International Journal of Primatology,* 35(1), 71–87.

Melin, A. D., Chiou, K. L., Walco, E. R., *et al.* (2017), "Trichromacy increases fruit intake rates of wild capuchins (*Cebus capucinus imitator*)," *Proceedings of the National Academy of Sciences USA,* 114(39), 10402–10407.

Melin, A. D., Fedigan, L. M., Hiramatsu, C., *et al.* (2007), "Effects of colour vision phenotype on insect capture by a free-ranging population of white-faced capuchins (*Cebus capucinus*)," *Animal Behaviour,* 73(1), 205–214.

Melin, A. D., Matsushita, Y., Moritz, G. L., *et al.* (2013), "Inferred L/M cone opsin polymorphism of ancestral tarsiers sheds dim light on the origin of anthropoid primates," *Proceedings of the Royal Society B,* 280(1759), 20130189.

Osorio, D. and Vorobyev, M. (1996), "Colour vision as an adaptation to frugivory in primates," *Proceeding of the Royal Society of London B,* 263(1370), 593–599.

Regan, B. C., Julliot, C., Simmen, B., *et al.* (1998), "Frugivory and colour vision in *Alouatta seniculus*, a trichromatic platyrrhine monkey," *Vision Research,* 38, 3321–3327.

Saito, A., Mikami, A., Kawamura, S., *et al.* (2005), "Advantage of dichromats over trichromats in discrimination of color-camouflaged stimuli in nonhuman primates," *American Journal of Primatology,* 67(4), 425–436.

Sumner, P. and Mollon, J. D. (2000), "Catarrhine photopigments are optimized for detecting targets against a foliage background," *Journal of Experimental Biology,* 203, 1963–1986.

Veilleux, C. C., Louis, E. E. Jr. and Bolnick, D. A. (2013), "Nocturnal light environments influence color vision and signatures of selection on the *OPN1SW* opsin gene in nocturnal lemurs," *Molecular Biology and Evolution,* 30(6), 1420–1437.

Verrelli, B. C. and Tishkoff, S. A. (2004), "Signatures of selection and gene conversion associated with human color vision variation," *The American Journal of Human Genetics,* 75(3), 363–375.

Winderickx, J., Battisti, L., Hibiya, Y., *et al.* (1993), "Haplotype diversity in the human red and green opsin genes: evidence for frequent sequence exchange in exon 3," *Human Molecular Genetics,* 2(9), 1413–1421.

Yokoyama, S. (2000), "Molecular evolution of vertebrate visual pigments," *Progress in Retinal and Eye Research,* 19(4), 385–419.

第11章

Bae, J. S. *et al.* (2006), "Prolonged residence of temperate natives in the tropics produces a suppression of sweating," *Pflügers Archiv*, 453, 67-72.

Beall, C. M. (2000), "Tibetan and Andean patterns of adaptation to high-altitude hypoxia," *Human Biology*, 72(1), 201-228.

Beall, C. M. *et al.* (2010), "Natural selection on EPAS1 (HIF2alpha) associated with low hemoglobin concentration in Tibetan highlanders," *Proceedings of the National Academy of Sciences of the United States of America*, 22; 107(25), 11459-11464.

Erzurum, S. C. *et al.* (2007), "Higher blood flow and circulating NO products offset high-altitude hypoxia among Tibetans," *Proceedings of the National Academy of Sciences of the United States of America*, 104(45), 17593-17598.

Hart, J. S. *et al.* (1962), "Thermal and metabolic responses of coastal Eskimos during a cold night," *Journal of Applied Physiology*, 17, 953-960.

Higuchi, S., Motohashi, Y., Ishibashi, K., *et al.* (2007), "Influence of eye colors of Caucasians and Asians on suppression of melatonin secretion by light," *American Journal of Physiology - Regulatory Integrative and Comparative Physiology*, 92(6), R2352-6.

Hildes, J. A. (1963), "Comparison of coastal Eskimos and Kalahari Bushmen," *Federation Proceedings*, 22, 843-845.

Huerta-Sánchez, *et al.* (2014), "Altitude adaptation in Tibetans caused by introgression of Denisovan-like DNA," *Nature*, 512, 194-197.

Kuno, Y. (1956), *Human perspiration*, Thomas, Spring-filed.

黒島晨汎（2001）「体温調節適応性熱産生・非ふるえ熱産生の調節機構」『旭川医科大学研究フォーラム』2, 3-13.

Lee, J. B., Matsumoto, T., Othman, T., *et al.* (1998), "Suppression of the sweat gland sensitivity to acetylcholine applied iontophoretically in tropical Africans compared to temperate Japanese," *Tropical Medicine*, 39, 111-121.

Lee, J. B. *et al.* (2004), "The change in peripheral sweating mechanisms of the tropical Malaysian who stays in Japan," *Journal of Thermal Biology*, 29, 743-747.

Lichtenbelt, W. D. *et al.* (2009), "Cold-activated brown adipose tissue in healthy men," *The New England Journal of Medicine*, 360, 1500-1508.

Matsumoto, T. *et al.* (1993), "Study on mechanisms of heat acclimatization due to thermal sweating: comparison of heat-tolerance between Japanese and Thai subjects," *Tropical Medicine*, 35, 23-34.

Nishimura, T. *et al.* (2015), "Seasonal variation of non-shivering thermogenesis (NST) during mild cold exposure," *Journal of Physiological Anthropolog*, 13, 34(1), 11.

Nishimura, T. *et al.* (2017), "Experimental evidence reveals the *UCP1* genotype changes the oxygen consumption attributed to non-shivering thermogenesis in humans," *Scientific. Reports*, 7, 5570.

Nishimura, T. *et al.* (2020), "Individual variations and sex differences in hemodynamics with percutaneous arterial oxygen saturation (SpO_2) in young Andean highlanders in Bolivia," *Journal of Physiological Anthropology*, 39, 31.

Scholander, P. F. *et al.* (1958), "Cold adaptation in Australian aborigines," *Journal of Applied Physiology*, 13, 211-218.

Wakabayashi, H. *et al.* (2020), "Multiorgan contribution to non-shivering and shivering thermogenesis and vascular responses during gradual cold exposure in humans," *European Journal of Applied Physiology*, 120, 2737-2747.

第12章

Denham, T. P, Haberle, S. G., Lentfer, C., *et al.* (2003), "Origins of agriculture at Kuk Swamp in the

Highlands of New Guinea," *Science*, 301, 189-193.

Draper, H. H. (1977), "The aboriginal Eskimo diet in modern perspective," *American Anthropologist*, 37, 309-316.

Harrison, G. A., Tanner. J. M., Pilbeam, D. R., *et al.* (1988), *Human Biology : An Introduction to Human Evolution, Variation, Growth, and Adaptability*, Oxford University Press.

Igai, K., Itakura, M., Nishijima, S., *et al.* (2016), "Nitrogen fixation and nifH diversity in human gut microbiota," *Scientific Reports*, 6, 31942.

Koishi, H. (1990), "Nutritional adaptation of Papua New Guinea highlanders," *European Journal of Clinical Nutrition*, 12, 853-885.

Little, M. A. (1997), "Adaptability of African pastoralists," In Ulijaszek, S. J. and Huss-Ashmore, R. (eds.), *Human Adaptability: Past, Present, and Future*, Oxford University Press.

Miyoshi, H., Okuda, T., Fujita, Y., *et al.* (1986), "Effect of dietary protein levels on urea utilization in Papua New Guinea Highlanders," *Japanese Journal of Physiology*, 36, 761-771.

Morita, A., Natsuhara, K., Tomitsuka, E., *et al.* (2015), "Development, validation, and use of a semi-quantitative food frequency questionnaire for assessing protein intake in Papua New Guinean Highlanders," *American Journal of Human Biology*, 27, 349-357.

Naito, Y., Morita, A., Natsuhara, K., *et al.* (2015), "Association of protein intakes and variation of diet-scalp hair nitrogen isotopic discrimination factor in Papua New Guinea Highlanders," *American Journal of Physical Anthropology*, 158, 359-370.

Oomen, H. A. P. C. (1970), "Interrelationship of the human intestinal flora and protein utilization," *Proceedings of the Nutrition Society*., 29, 197-206.

Roscoe, P. (2002), "The hunters and gatherers of New Guinea," *Current Anthropology*, 43, 153-162.

Tomitsuka E, Igai K, Tadokoro K., *et al.* (2017), "Profiling of faecal water and urine metabolites among Papua New Guinea highlanders believed to be adapted to low protein intake," *Metabolomics*, 13, 105.

梅﨑昌裕 (2007)「パプアニューギニア高地農耕の持続性をささえるもの——タリ盆地における選択的植樹と除草」, 河合香吏編著『生きる場の人類学——土地と自然の認識・実践・表象過程』京都大学学術出版会.

第13章

Bickerton, D. (2009), *Adam's Tongue: How Humans Made Language, How Language Made Humans*, Hill and Wang.

Domínguez-Rodrigo, M., Pickering, T. R., Semaw, S. *et al.* (2005), "Cutmarked bones from Pliocene archaeological sites at Gona, Afar, Ethiopia: implications for the function of the world's oldest stone tools," *Journal of Human Evolution*, 48, 109-121.

Enard, W., Przeworski, M., Fisher, S. E., *et al.* (2002), "Molecular evolution of *FOXP2*, a gene involved in speech and language," *Nature*, 418, 869-872.

Fisher, S. E. (2019), "Human genetics: The evolving story of *FOXP2*," *Current Biology*, 29, R65-R67.

Fujita, K. (2009), "A prospect for evolutionary adequacy: Merge and the evolution and development of human language," *Biolinguistics*, 3, 128-153.

Gärdenfors, P. and Högberg, A. (2017), "The archaeology of teaching and the evolution of *Homo docens*," *Current Anthropology*, 58, 188-208.

Greenfield, P. M., Nelson, K. and Saltzman, E. (1972), "The development of rulebound strategies for manipulating seriated cups: A parallel between action and grammar," *Cognitive Psychology*, 3, 291-310.

Hauser, M. D., Chomsky, N. and Fitch, W. T. (2002), "The faculty of language: What is it, who has it, and how did it evolve?" *Science*, 298, 1569-1579.

Henshilwood, C., d'Errico, F., Canhaeren, M., *et al.* (2004), "Middle Stone Age shell beads from South Africa," *Science*, 304, 404.

Krause, J., Lalueza-Fox, C., Orlando, L., *et al.* (2007), "The derived *FOXP2* variant of modern humans was shared with Neandertals," *Current Biology*, 17, 1908-1912.

Morgan, T. H. H., Uomini, N. T., Rendell, L. E., *et al.* (2015), "Experimental evidence for the co-evolution of hominin tool-making teaching and language," *Nature Communications*, 6, 6029.

Ohnuma, K., Aoki, K. and Akazawa, T. (1997), "Transmission of tool-making through verbal and non-verbal communication: preliminary experiments in Levallois flake production," *Anthropological Science*, 105, 159-168.

Okanoya, K. (2004), "Song syntax in Bengalese Finches: Proximate and ultimate analyses," *Advances in the Study of Behavior*, 34, 297-346.

Seyfarth, R. M., Cheney, D. L. and Marler, P. (1980), "Monkey responses to three different alarm calls: Evidence of predator classification and semantic communication," *Science*, 210, 801-803.

Stout, D. (2011), "Stone toolmaking and the evolution of human culture and cognition," *Philosophical Transactions of the Royal Society B*, 366, 1050-1059.

Tomasello, M. (2008), *Origins of Human Communication*, MIT Press.

Tomasello, M., Melis, A. P., Tennie, C., *et al.* (2012), "Two key steps in the evolution of human cooperation: the interdependence hypothesis," *Current Anthropology*, 53, 673-692.

Toth, N. and Schick, K. (2009), "The Oldowan: The tool making of early hominins and chimpanzees compared," *Annual Review of Anthropology*, 38, 209-305.

Wilkins, J., Schoville, B. J., Brown, K. S. *et al.* (2012), "Evidence for early hafted hunting technology," *Science*, 338, 942-946.

第14章

アンソニー，デイヴィッド W.（2018）『馬・車輪・言語』（上・下）（東郷えりか訳），筑摩書房.

馬場伸一郎・遠藤英子（2017）「弥生時代中期の栗林式土器分布圏における栽培穀物」『資源環境と人類』7, 1-22.

ベルウッド，ピーター（2008）『農耕起源の人類史』（長田俊樹，佐藤洋一郎監訳），京都大学学術出版会.

Crawford, G. W. (1983), *Paleoethnobotany of the Kameda Peninsula Jomon*, Ann Arbor, Museum of Anthropology, University of Michigan, Anthropological Papers 73.

Crawford, G.W. (2011), "Advances in understanding early agriculture in Japan," *Current Anthropology*, 52, S331-S345.

Diamond, J. (2002), "Evolution, consequences and future of plant and animal domestication," *Nature*, 418, 700-707.

ダイアモンド，ジャレド（2013）『銃・病原菌・鉄』（倉骨彰訳）草思社.

遠藤英子・高瀬克範（2011）「伊那盆地における縄文時代晩期の雑穀」『考古学鵜研究』58, 74-83.

藤森栄一（1970）『縄文農耕』学生社.

藤本強（1988）『もう二つの日本文化――北海道と南島の文化』東京大学出版会.

Fuller, D. and E. Harvey (2006), *The archaeobotany of Indian pulses: identification, processing and evidence for cultivation. Environmental Archaeology*, 11, 219-246.

Fuller, D. (2007), "Constructing patterns in crop domestication and domestication rates: recent archaeobotanical insights from the Old World," *Annals of Botany*, 100, 903-924.

ハリス，マーヴィン（2001）『食と文化の謎』（板橋作美訳），岩波現代文庫.

春成秀爾・今村峯雄編（2004）『弥生時代の実年代――炭素14世代をめぐって』学生社.

今村啓爾（1989）「群集貯蔵穴と打製石斧」『考古学と民族誌』，pp. 61-94，六興出版.

今村啓爾（2002）『縄文の豊かさと限界』山川出版社.

Jordan, P. and Zvelebil, M. eds. (2009), *Ceramics before Farming: the Dispersal of Pottery among Prehistoric Eurasian Hunter-Gatherers*, Walnut Creek (CA): Left Coast.
賀川光夫（1966）「縄文時代の農耕」『考古学ジャーナル』2, 2-5.
小林達雄（1977）『日本原始美術大系 I 縄文土器』講談社.
口蔵幸雄（2000）「最適採食戦略——食物獲得の行動生態学」『国立民族学博物館研究報告』24, 767-872.
工藤雄一郎・国立歴史民俗博物館編（2014）『ここまでわかった！縄文人の植物利用』新泉社.
松井章（2001）『環境考古学（日本の美術 423）』至文堂.
南川雅男（1990）「人類の食生態——同位体地球化学による解析」『科学』60, 439-445.
宮本一夫（2018）「弥生時代開始期の実年代再考」『考古学雑誌』100, 1-27.
中村俊夫・辻誠一郎（1999）「青森県東津軽郡蟹田町大平山元 I 遺跡出土の土器破片表面に付着した微量炭化物の加速器 ^{14}C 年代」『大平山元 I 遺跡の考古学調査』（大平山元 I 遺跡発掘調査団編）, pp. 107-111, 大平山元 I 遺跡発掘調査団.
中山誠二（2020）『マメと縄文人』同成社.
中沢道彦（2012）「氷 I 式期におけるアワ・キビ栽培に関する試論」『古代』128, 71-94.
那須浩郎（2018）「縄文時代の植物のドメスティケーション」『第四紀研究』57, 109-126.
那須浩郎（2019）「ヒエはなぜ農耕社会を生み出さなかったのか？」『農耕文化複合形成の考古学 下』（設楽博己編）, pp. 161-176, 雄山閣.
西田正規（1980）「縄文時代の食料資源と生業活動——鳥浜貝塚の自然遺物を中心として」『季刊人類学』11, 3-41.
西田正規（2007）『人類史のなかの定住革命』講談社学術文庫.
西本豊弘（1997）「弥生時代の動物質食料」『国立歴史民俗博物館研究報告』70, 255-265.
西本豊弘編（2008）『人と動物の日本史 1(1) 動物の考古学』吉川弘文館.
能城修一・佐々木由香（2014）「遺跡出土植物遺体からみた縄文時代の森林資源利用」『国立歴史民俗博物館研究報告』187, 15-47.
小畑弘己（2016a）『タネをまく縄文人——最新科学が覆す農耕の起源』吉川弘文館.
小畑弘己（2016b）「縄文時代の環境変動と植物利用戦略」『考古学研究』63-3, 24-37.
Odling-Smee, F.J., Laland, K.N. and Feldman, M.W. (2007)『ニッチ構築——忘れられていた進化過程』（佐倉統, 山下篤子, 徳永幸彦訳）, 共立出版.
リントン, ラルフ（1952）『文化人類学入門』（清水幾太郎, 犬養康彦訳）, 東京創元社.
佐原眞（1975）「農業の開地と階級社会の形成」『岩波講座 日本歴史 1 原始および古代 1』, pp. 114-182, 岩波書店.
佐原眞（1983）「弥生土器入門」『弥生土器 I』（佐原眞編）, pp. 1-24, ニュー・サイエンス社.
佐々木高明（1991）『集英社版日本の歴史① 日本史誕生』集英社.
佐藤宏之（1992）『日本旧石器文化の構造と進化』柏書房.
設楽博己編（2019）『農耕文化複合形成の考古学 上・下』雄山閣.
設楽博己, 近藤修, 米田穣他（2020）「長野県生仁遺跡出土抜歯人骨の年代をめぐって」『物質文化』100, 95-104.
設楽博己, 守屋亮, 佐々木由香（2019）「縄文時代後期——弥生時代の植物利用と土器組成」『農耕文化複合形成の考古学 下』（設楽博己編）, pp. 245-258, 雄山閣.
Smith, B. D. (2001), "Low-level food production," *Journal of Archaeological Research*, 9, 1-43.
田中二郎（1971）『ブッシュマン——生態人類学的研究』思索社.
田崎博之（2002）「日本列島の水田稲作——紀元前 1 千年紀の水田遺構からの検討」『東アジアと日本の考古学 IV　生業』（後藤直, 茂木雅博編）, pp. 73-117, 同成社.
Tauber, H. (1981), "13C evidence for dietary habits of prehistoric man in Denmark," *Nature*, 292, 332-333.
寺沢薫（2008）『日本の歴史 02 王権誕生』講談社学術文庫.

van der Merwe, N. J. and J. C. Vogel (1978), "13C contents of human collagen as a measure of prehistoric diet in Woodland North America," *Nature*, 276, 815-816.
ワトソン，ライアル（1980）『悪食のサル——食性からみた人間像』（餌取章男訳），河出書房新社.
米田穣（2012）「縄文時代における環境と食生態の関係——円筒土器文化とブラキストン線」『季刊考古学』118, 91-95.
米田穣（2018）「骨考古学からせまる社会の複雑化——人間行動生態学の視点」『季刊考古学』143, 61-64.
米田穣（2020）「人骨の分析から先史時代の個人と社会にせまる」『季刊考古学』別冊 31，44-68.
米田穣，菊地有希子，那須浩郎他（2019）「同位体分析による弥生時代の水稲利用の評価にむけて——同位体生態学的な背景と実験水田における基礎研究」『農耕文化複合形成の考古学・下』（設楽博己編），pp. 209-230，雄山閣.
米田穣，陀安一郎，石丸恵利子他（2011）「同位体からみた日本列島の食生態の変遷」『環境史をとらえる技法』（湯本貴和編），pp. 85-103，文一総合出版.
吉川昌信，鈴木茂，辻誠一郎他（2006）「三内丸山遺跡の植生史と人の活動」植生史研究 特別第 2 号『三内丸山遺跡の生態系誌』，49-82.
吉崎昌一（1997）「縄文時代の栽培植物」『第四紀研究』36, 343-346.
Zeder, M. A. (2015), "Core questions in domestication research," *Proceedings of National Academy of Sciences of the United States of America*, 112, 3191-3198.

第 15 章

American Association of Physical Anthropologists (2019), "AAPA Statement on Race & Racism." https://physanth.org/about/position-statements/aapa-statement-race-and-racism-2019/ (2020 年 11 月 23 日閲覧).
Australian Institute of Health Welfare (2018), "Aboriginal and Torres Strait Islander Health Performance Framework 2017: Supplementary Online Tables." https://www.aihw.gov.au/reports/indigenous-australians/health-performance-framework/contents/overview (2020 年 11 月 7 日閲覧)
Barkan, E. (1992), *The Retreat of Scientific Racism: Changing Concepts of Race in Britain and the United States between the World Wars*, Cambridge University Press.
Blumenbach, J. F. (1865) [1775], "Natural Variety of Mankind," In *Anthropological Treatises of Johann Friedrich Blumenbach*, edited by Bendyshe, T. Longman, Green, Longman, Roberts, & Green.
Blumenbach, J. F. (2001) [1776, 1781, 1795], *De Generis Humani Varietate Nativa*, edited by Bernasconi, R., Concepts of Race in the Eighteenth Century. Bristol: Thoemmes Press.
Brace, c. L. (2000), *Evolution in an Anthropological View*, Lanham: Rowman & Littlefield.
Braveman, P. A. *et al.* (2010), "Socioeconomic Disparities in Health in the United States: What the Patterns Tell Us," *American Journal of Public Health*, 100 (Suppl 1), S186-S196.
Buxton, L. and Dudley, H. (1925), *The Peoples of Asia*, Alfred A. Knop.
Cuevas, A. G. *et al.* (2014), "Discrimination, Affect, and Cancer Risk Factors among African Americans," *American Journal of Health Behaviour*, 38(1), 31-41.
Gossett, T. F. (1963), *Race: The History of an Idea in America*, Southern Methodist University Press.
HUGO Pan-Asian SNP Consortium, Abdulla, M. A. Ahmed, I. *et al.* (2009), "Mapping Human Genetic Diversity in Asia," *Science*, 326 (5959), 1541-1545.
Lee, D. L. and Ahn, S. (2011), "Racial Discrimination and Asian Mental Health: A Meta-Analysis," *The Counseling Psychologist*, 39(3), 463-489.
Michael, J. S. (2017), "Nuance Lost in Translation: Interpretations of J. F. Blumenbach's Anthropology in the English Speaking World," *N.T.M. Zeitschrift für Geschichte der Wissenschaften, Tech-*

nik und Medizin, 25, 281-309.

Monk, E. P. Jr. (2015), "The Cost of Color: Skin Color, Discrimination, and Health among African-Americans," *American Journal of Sociology*, 121(2), 396-444.

Rosenberg, *et al.* (2002), "Genetic Structure of Human Populations," *Science*, 298, 20 Dec. 2002, 2381-2385.

札幌アイヌ協会ほか (2016)『マイノリティ女性の現状と課題——部落・アイヌ・在日コリアン女性の声』http://imadr.net/wordpress/wp-content/uploads/2016/12/afb4085a070c5945387dab348d2e7f55.pdf. (2020 年 6 月 28 日閲覧)

品川ひろみ，小野寺理佳 (2010)「健康のリスク要因とその現状」北海道大学アイヌ・先住民研究センター編『2008 年 北海道アイヌ民族生活実態調査報告書　その 1 現代アイヌの生活と意識』, pp. 73-88，北大アイヌ・先住民研究センター叢書.

Sue, D. W. (2010), *Microaggressions in Everyday Life: Race, Gender, and Sexual Orientation*, Wiley.

Sue, D. W. (2020), *Microaggressions in Everyday Life*, Second Edition. Hoboken, NJ: Wiley.

竹沢泰子 (2019)「明治期の地理教科書にみる人種・種・民族」『人文学報』114 号，pp. 205-238. (https://repository.kulib.kyoto-u.ac.jp/dspace/bitstream/2433/252461/1/114_205.pdf).

Takezawa, Y. *et al.* (2014), "Human Genetic Research, Race, Ethnicity and the Labeling of Populations: Recommendations based on an interdisciplinary workshop in Japan," *BMC Medical Ethics*, 15, 33.

US Department of Health and Human Services, Office of Minority Health (2020), "Obesity and African Americans." https://minorityhealth.hhs.gov/omh/browse.aspx?lvl=4&lvlid=25. (2020 年 11 月 10 日閲覧)

Williams, D. R., Jourdyn, A. L. and Davis, B. A. (2019), "Racism and Health: Evidence and Needed Research," *Annual Review of Public Health*, 40, 105-125.

Yamaguchi-Kabata, Y. *et al.* (2008), "Japanese Population Structure, Based on SNP Genotypes from 7003 Individuals Compared to Other Ethnic Groups: Effects on Population-Based Association Studies," *The American Journal of Human Genetics*, 83(4), 445-456.

Yashadhana, A., Pollard-Wharton, N., Zwi, A. B. *et al.* (2020), "Indigenous Australians at Increased Risk of COVID-19 Due to Existing Health and Socioeconomic Inequities," *The Lancet Regional Health Western Pacific*, 1, 1-3.

自然人類学を学べる大学院（2020年12月時点での日本人類学会会員アンケートに基づく．五十音順・（　）はキーワード）

・北里大学大学院医療系研究科生体構造学（遺伝的多様性，表現型可塑性，モデル動物）
・九州大学大学院芸術工学研究院デザイン人間科学コース生体情報数理学講座（数理生物学（人類を含む），数理社会学，生物進化理論（人類を含む），文化進化理論）
・九州大学大学院芸術工学研究院デザイン人間科学コース生理人類学講座（環境適応，生理，人工気候室）
・京都大学大学院アジア・アフリカ地域研究研究科東南アジア地域研究専攻生態環境論講座（フィールドワーク，生業，健康）
・京都大学大学院理学研究科生物科学専攻自然人類学分科（古人類学，比較解剖学，骨考古学，古環境）
・京都大学大学院理学研究科生物科学専攻人類進化論分科（霊長類の行動，生態，社会）
・九州大学大学院地球社会統合科学府包括的東アジア・日本研究コース／総合人類史研究コース（生物考古学，身体形質の環境・文化適応，3次元形態分析）
・慶應義塾大学文学部民族学考古学専攻（骨・歯の形態，生業）
・佐賀大学大学院農学研究科地域資源学分野（生態人類学）
・札幌医科大学大学院保健医療学研究科理学療法・作業療法学専攻（骨形態変異，環境適応，理学療法，小進化）
・信州大学学術研究院理学系松本研究室（進化人類学）（霊長類，行動生態，ゲノム解析，生活史）
・総合研究大学院大学先導科学研究科生命科学専攻進化生物学分野五條堀研究室（集団遺伝学，分子進化学）
・総合研究大学院大学先導科学研究科生命共生体進化学専攻統合人類学分野（人間行動生態，人類進化，環境考古，霊長類，比較認知科学，生物考古学）
・東京医科歯科大学大学院医歯学総合研究科法歯学分野（法人類学：修士，博士）
・東京大学大学院医学系研究科国際保健学専攻人類遺伝学分野（ヒトゲノム多様性，疾患研究）
・東京大学大学院医学系研究科人類生態学分野（環境適応，人口分析，生業研究，栄養適応）
・東京大学大学院新領域創成科学研究科自然環境学専攻（進化生態，古生態，動物考古，古環境復元）
・東京大学大学院新領域創成科学研究科先端生命科学専攻人類進化システム分野河村研

究室（感覚進化，色覚，嗅覚，味覚，霊長類，環境適応，自然選択）

・東京大学大学院新領域創成科学研究科先端生命科学専攻人類進化システム分野中山研究室（環境適応，生活習慣病，自然選択）
・東京大学大学院新領域創成科学研究科先端生命科学専攻同位体生態学分野（考古科学，文化的適応，食生態）
・東京大学大学院理学系研究科生物科学専攻形態人類学研究室（形態人類学一般）
・東京大学大学院理学系研究科生物科学専攻ゲノム人類学研究室（人類集団遺伝学，分子人類進化学，古代ゲノム学）
・東京大学大学院理学系研究科生物科学専攻進化人類学研究室（行動進化，文化進化，数理モデル）
・東京大学大学院理学系研究科生物科学専攻人類史研究室（人類化石形態学，遺跡出土人骨形態学）
・東京大学大学院理学系研究科生物科学専攻人類進化生体力学研究室（生体力学，動作解析，機能形態学，ロコモーション，歩行シミュレーション）
・東京大学大学院理学系研究科生物科学専攻ヒトゲノム多様性研究室（人類進化，遺伝的適応，感染症）
・新潟医療福祉大学大学院医療福祉学研究科保健学専攻理学療法学分野人類解剖 Lab.（骨考古学・古組織学・バイオメカニクス）
・北海道大学大学院保健科学研究院人類生態学研究室（生理，生態，子供の成長，栄養，健康，フィールドワーク）
・明治大学先端数理科学研究科現象数理学専攻（文化進化の数理モデル，旧人から新人への交替，石器技術のモデリング）
・琉球大学大学院医学研究科人体解剖学講座（形態，ゲノム，集団遺伝，適応形質）
・早稲田大学大学院社会科学研究科中橋研究室（人類進化，数理モデル，文化進化，生活史戦略）
・Trinity College Dublin, School of Medicine 中込研究室（人類進化，多因子疾患，古代ゲノム，集団遺伝学）

索引

ア 行

カ 行

サ 行

タ　行

ナ　行

ハ 行

マ 行

ヤ 行

ラ・ワ行

A-W

執筆者一覧（執筆順，＊は編者）

長谷川壽一（はせがわ・としかず） 東京大学名誉教授，大学改革支援・学位授与機構名誉教授（はじめに）

主要著書：『進化と人間行動　第2版』（共著，東京大学出版会，2020年），『進化心理学を学びたいあなたへ——パイオニアからのメッセージ』（共監訳，分担執筆，東京大学出版会，2018年）．

中村美知夫（なかむら・みちお） 京都大学大学院理学研究科生物科学専攻准教授（第1章）

主要著書：『チンパンジー——ことばのない彼らが語ること』（中公新書，2009年），『「サル学」の系譜——人とチンパンジーの50年』（中公叢書，2019年）．

齋藤慈子（さいとう・あつこ） 上智大学総合人間科学部准教授（コラム）

主要著書：『ベーシック発達心理学』（共編，東京大学出版会，2018年），『正解は一つじゃない　子育てする動物たち』（共編，東京大学出版会，2019年）．

河野礼子（こうの・れいこ） 慶應義塾大学文学部教授（第2章）

主要著書・論文："A 3-dimensional assessment of molar enamel thickness and distribution pattern in *Gigantopithecus blacki*," *Quaternary International*, 354, 46-51（共著，2014），『人類の進化大研究——700万年の歴史がわかる』（監修，PHP研究所，2015年）．

諏訪 元（すわ・げん） 東京大学特別教授／東京大学総合研究博物館特任教授（コラム）

主要論文："Paleobiological implications of the *Ardipithecus ramidus* dentition," *Science*, 326, 94-99（共著，2009），"Neither chimpanzee nor human, *Ardipithecus* reveals the surprising ancestry of both," *Proceedings of the National Academy of Sciences of the United States of America*, 112, 4879-4884（共著，2015）．

海部陽介（かいふ・ようすけ） 東京大学総合研究博物館キュラトリアル・ワーク研究系教授（第3章）

主要著書：*Emergence and Diversity of Modern Human Behavior in Paleolithic Asia*（共編，Texas A&M University Press, 2014），『サピエンス日本上陸——3万年前の大航海』（講談社，2020年）．

近藤 修（こんどう・おさむ） 東京大学大学院理学系研究科生物科学専攻准教授（第4章）

主要論文："Estimation of stature from the skeletal reconstruction of an immature Neandertal from Dederiyeh Cave, Syria," *Journal of Human Evolution*, 38(4), 457–473 (共著, 2000), "The postcranial bones of the Neanderthal child burial no. 1," in *Neanderthal Burials, Excavations of the Dederiyeh Cave, Afrin, Syria* (KW Publications, 2003).

西秋良宏（にしあき・よしひろ） 東京大学総合研究博物館教授・館長（コラム）

主要著書：『アフリカからアジアへ――現生人類はどう拡散したか』（朝日新聞出版, 2020年）, 『中央アジアのネアンデルタール』（同成社, 2021年）.

大橋 順（おおはし・じゅん） 東京大学大学院理学系研究科生物科学専攻教授（第5章）

主要論文："Analysis of whole Y-chromosome sequences reveals the Japanese population history in the Jomon period," *Scientific Reports*, 9, 8556（共著, 2019）, "Prefecture-level population structure of the Japanese based on SNP genotypes of 11,069 individuals," *Journal of Human Genetics* (in press)（共著, 2020）.

徳永勝士（とくなが・かつし） 国立国際医療研究センター・ゲノム医科学プロジェクト・プロジェクト長（コラム）

主要著書：『人類遺伝学ノート』（編著, 南山堂, 2007年）, 『社会を変える健康のサイエンス――健康総合科学への21の扉』（共著, 東京大学出版会, 2016年）.

藤本明洋（ふじもと・あきひろ） 東京大学大学院医学系研究科教授（第6章）

主要論文："Whole-genome sequencing and comprehensive variant analysis of a Japanese individual using massively parallel sequencing," *Nature Genetics*, 42, 931–936（共著, 2010）, "Whole genome mutational landscape and characterization of non-coding and structural mutations in liver cancer," *Nature Genetics*, 48, 500–509（共著, 2016）.

中山一大（なかやま・かずひろ） 東京大学大学院新領域創成科学研究科・先端生命科学専攻准教授（第7章）

主要著書・論文：『つい誰かに教えたくなる人類学63の大疑問』（共編, 講談社, 2015）, "Evidence for Very Recent Positive Selection in Mongolians," *Molecular Biology and Evolution*, 34(8), 1936–1946（共著, 2017）.

太田博樹（おおた・ひろき） 東京大学大学院理学系研究科生物科学専攻教授（第8章）

主要著書：『ヒトは病気とともに進化した』（共編者, 勁草書房, 2013年）, 『遺伝人類学入門――チンギス・ハンのDNAは何を語るか』（ちくま新書, 2018年）.

石田貴文（いしだ・たかふみ） 東京大学名誉教授, 京都大学特任教授（コラム）

主要論文："Short dispersal distance of males in a wild white-handed gibbon (*Hylobates lar*) population," *American Journal of Physical Anthropology*, 167, 61–71（共著, 2018）, "Molecular

Evolution of the semenogelin 1 and 2 and mating system in gibbons," *American Journal of Physical Anthropology*, 168, 364-369（共著，2019）.

荻原直道（おぎはら・なおみち） 東京大学大学院理学系研究科生物科学専攻教授（第 9 章）

主要著書：『身体適応――歩行運動の神経機構とシステムモデル』（共編，オーム社，2010 年），*Digital Endocasts: From Skulls to Brains*（共編，Springer，2018）.

河村正二（かわむら・しょうじ） 東京大学大学院新領域創成科学研究科先端生命科学専攻教授（第 10 章）

代表論文：「霊長類の色覚進化」，『遺伝子医学』，9, 153-158（2019），"Fruit scent and observer colour vision shape food-selection strategies in wild capuchin monkeys," *Nature Communications*, 10, 2407（共著，2019）.

西村貴孝（にしむら・たかゆき） 九州大学大学院芸術工学研究院講師（第 11 章）

主要著書・論文：『人間科学の百科事典』（共著，丸善出版，2015 年），"Experimental evidence reveals the UCP1 genotype changes the oxygen consumption attributed to non-shivering thermogenesis in humans," *Scientific Reports*, 7, 5570（共著，2017）.

梅﨑昌裕*（うめざき・まさひろ） 東京大学大学院医学系研究科教授（第 12 章）

主要著書・論文：『ブタとサツマイモ――自然のなかに生きるしくみ』（小峰書店，2007 年），"Association between sex inequality in animal protein intake and economic development in the Papua New Guinea Highlands: the carbon and nitrogen isotopic composition of scalp hair and fingernail," *American Journal of Physical Anthropology*, 159, 164-173（共著，2017）.

大塚柳太郎（おおつか・りゅうたろう） 東京大学名誉教授（コラム）

主要著書：『ヒトはこうして増えてきた――20 万年の人口変遷史』（新潮選書，2015），『生態人類学は挑む Session 1――動く・集まる』（編著，京都大学学術出版会，2020 年）.

井原泰雄*（いはら やすお） 東京大学大学院理学系研究科生物科学専攻准教授（第 13 章）

主要論文："Cultural niche construction and the evolution of small family size." *Theoretical Population Biology*, 65, 105-111（共著，2004）. "A mathematical model of social selection favoring reduced aggression," *Behavioral Ecology and Sociobiology* 74, 91(2020).

米田 穣*（よねだ・みのる） 東京大学総合研究博物館教授（第 14 章）

主要論文："Interpretation of bulk nitrogen and carbon isotopes in archaeological foodcrusts on potshards," *Rapid Communications in Mass Spectrometry*, 33, 1097-1106（共著，2019），「人骨の分析から先史時代の個人と社会にせまる」『季刊考古学 別冊 31「縄文文化と学際研究のいま」』, 44-68, (2020).

竹沢泰子（たけざわ・やすこ）　京都大学人文科学研究所教授（第15章）

主要著書：『人種神話を解体する』（全3巻）（編集責任，東京大学出版会，2016），『新装版 日系アメリカ人のエスニシティ――強制収容と補償運動による変遷』（東京大学出版会，2017年）．

渡辺知保（わたなべ・ちほ）　長崎大学大学院熱帯医学・グローバルヘルス研究科教授，東京大学名誉教授（コラム）

主要著書：『人間の生態学』（共著，朝倉書店，2011年），『毒性の科学――分子・細胞から人間集団まで』（共編，東京大学出版会，2014年）．

人間の本質にせまる科学
自然人類学の挑戦

2021年 3 月 24 日　初　版
2023年 6 月 20 日　第 2 刷

［検印廃止］

編　者　井原泰雄・梅﨑昌裕・米田穣

発行所　一般財団法人　東京大学出版会
代表者　吉見俊哉
153-0041 東京都目黒区駒場4-5-29
https://www.utp.or.jp/
電話 03-6407-1069　Fax 03-6407-1991
振替 00160-6-59964

組　版　有限会社プログレス
印刷所　株式会社ヒライ
製本所　牧製本印刷株式会社

ISBN 978-4-13-062228-8　Printed in Japan